Universität Stuttgart
Institut für Energieübertragung und Hochspannungstechnik, Band 42

Multi-Agenten-basierte Strategien zum Teilnetzbetrieb und zur Unterstützung des Netzwiederaufbaus aus Verteilnetzen

D1670990

Multi-Agenten-basierte Strategien zum Teilnetzbetrieb und zur Unterstützung des Netzwiederaufbaus aus Verteilnetzen

Von der Fakultät
Informatik, Elektrotechnik und Informationstechnik
der Universität Stuttgart
zur Erlangung der Würde eines Doktor-Ingenieurs (Dr.-Ing.)
genehmigte Abhandlung

Vorgelegt von
Manswet Banka
aus Stettin, Polen

Hauptberichter: Prof. Dr.-Ing. habil. Krzysztof Rudion
Mitberichterin: Prof. Dr.-Ing. Ines Hauer
Tag der mündlichen Prüfung: 10.11.2023

Institut für Energieübertragung und Hochspannungstechnik
der Universität Stuttgart

2024

Bibliografische Information der Deutschen Nationalbibliothek:

Die Deutsche Nationalbibliothek verzeichnet diese Publikation in der Deutschen Natio-nalbibliografie, detaillierte bibliografische Daten sind im Internet über http://dnb.dnb.de abrufbar.

Universität Stuttgart
Institut für Energieübertragung und Hochspannungstechnik, Band 42

D 93 (Dissertation Universität Stuttgart)

Multi-Agenten-basierte Strategien zum Teilnetzbetrieb und zur Unterstützung des Netzwiederaufbaus aus Verteilnetzen

Autor: Manswet Banka

© 2024 Manswet Banka

Herstellung und Verlag: BoD – Books on Demand, Norderstedt

ISBN: 978-3-75836-684-0

Danksagung

Die vorliegende Dissertation entstand im Rahmen meiner Tätigkeit als wissenschaftlicher Mitarbeiter am Institut für Energieübertragung und Hochspannungstechnik (IEH) der Universität Stuttgart.

Mein Dank gilt meinem Doktorvater, Prof. Dr.-Ing. habil. Krzysztof Rudion, Leiter des Fachgebietes ‚Netzintegration Erneuerbarer Energien' am IEH, der es mir ermöglicht hat, den Doktortitel in seiner Gruppe anzustreben, und mich während des Prozesses mit vielen Anregungen, Kommentaren und Diskussionen unterstützt hat.

Ich danke Prof. Dr.-Ing. Ines Hauer für die Begutachtung meiner Dissertation und den interessanten Austausch während der Verteidigung.

Ebenfalls möchte ich mich bei meinen Kolleginnen und Kollegen am Institut bedanken, die während meines gesamten Aufenthalts am Institut für eine einzigartige Arbeitsatmosphäre voller Kreativität und Humor gesorgt haben. Ich danke insbesondere meinem Bürokollegen Dr.-Ing. Daniel Groß. Unsere langen Diskussionen über Fachthemen sowie unser Doktorandenschicksal werde ich vermissen. Seine Anmerkungen zum Dissertationsmanuskript weiß ich zu schätzen. Ebenso bedanke ich mich bei Saeed Khandan Siar für seine kollegiale Unterstützung und den Austausch kulturübergreifender Erfahrungen. Meinem Kollegen Dr.-Ing. Simon Eberlein danke ich für seine effiziente Durchsicht des Manuskripts der Dissertation und seine scharfsinnigen Kommentare. Matthias Buchner wird für die Zusammenarbeit beim Aufbau des ‚Power Hardware in the Loop'-Labors des Instituts gedankt und Dr.-Ing. Daniel Contreras für die Zusammenarbeit am Forschungsprojekt ‚Callia'.

Dank gebührt auch der Verwaltung des Instituts, insbesondere Annette Gugel, Nicole Schärli, Janja Schulz und Dr.-Ing. Ulrich Schärli, die dafür sorgten, dass bürokratische Aufgaben uns nicht von unserer wissenschaftlichen Arbeit ablenkten.

Einen besonderen Dank möchte ich meiner Familie und meinen Freunden für ihre moralische Unterstützung aussprechen, ohne die diese Arbeit nicht das Licht der Welt erblickt hätte. Ich bedanke mich bei meinen Eltern, Elżbieta und Dariusz, die immer an meine Fähigkeiten geglaubt haben und mich ermutigt haben, mich ständig weiterzuentwickeln. Ebenso danke ich meiner Frau Magdalena für ihre Geduld und ihre ermutigenden Worte, die während der Arbeit an dieser Dissertation von unschätzbarem Wert waren.

Ende gut, alles gut.

Podziękowania

Niniejsza dysertacja powstała w ramach mojej pracy w Instytucie Przesyłu Energii i Techniki Wysokich Napięć (IEH) Uniwersytetu w Stuttgarcie.

Chciałbym wyrazić podziękowania mojemu promotorowi, Prof. Dr.-Ing. habil. Krzysztofowi Rudionowi, kierownikowi katedry Integracji Odnawialnych Źródeł Energii IEH, za umożliwienie podjęcia pracy nad doktoratem w jego grupie, a także liczne sugestie, uwagi i dyskusje w trakcie jej trwania.

Prof. Dr.-Ing. Ines Hauer za recenzję niniejszej dysertacji oraz interesującą wymianę argumentów podczas jej obrony.

Koleżankom i kolegom z Instytutu dziękuję niniejszym za niepowtarzalną atmosferę pracy, pełną kreatywności i poczucia humoru, podczas całego mojego pobytu w Instytucie. W szczególności chciałbym wyrazić wdzięczność mojemu biurowemu koledze, Dr.-Ing. Danielowi Großowi, za godziny rozmów fachowych, ale i tych dotyczących naszego doktoranckiego losu, oraz za wnikliwe przeczytanie manuskryptu i podzielenie się uwagami. Saeedowi Khandan Siarowi za koleżeńskie wsparcie i wymianę międzykulturowych doświadczeń. Koledze Dr.-Ing. Simonowi Eberleinowi dziękuję za sprawne przeczytanie manuskryptu i sformułowanie celnych uwag. Matthiasowi Buchnerowi za współpracę przy uruchamianiu instytutowego laboratorium Power Hardware in the Loop. Dr.-Ing. Danielowi Contrerasowi za współpracę w projekcie naukowym 'Callia'.

Podziękowania należą się również administracji Instytutu, czyli paniom Annette Gugel, Nicole Schärli, Janji Schulz i panu Dr.-Ing. Ulrichowi Schärliemu, którzy dbali, aby biurokratyczne obowiązki nie odwracały naszej uwagi od pracy naukowej.

Szczególne podziękowania, których nie wyrażą te proste słowa, chciałbym złożyć mojej rodzinie i przyjaciołom, bez moralnego wsparcia których niniejsza praca nie ujrzałaby światła dziennego. Moim rodzicom, Elżbiecie i Dariuszowi za niezachwianą wiarę w moje możliwości oraz zachęty do ciągłego rozwoju. Mojej żonie, Magdalenie, za cierpliwość i słowa otuchy, nieocenione podczas trudu pisania niniejszej dysertacji.

Wszystko dobre, co się dobrze kończy.

Kurzfassung

Die vorliegende Arbeit adressiert die Unterstützung der Netzführung nach Störungen und während des Netzwiederaufbaus durch aktive Verteilnetze. Die herkömmlichen Strategien des Netzwiederaufbaus nutzen bisher das steigende Potential der auf Verteilerebene installierten Erzeuger nicht aus. Dies wird jedoch mit einer fortschreitenden Dezentralisierung der Erzeugung notwendig werden.

In dieser Arbeit wird ein System dargestellt, das aus einem virtuellen Bereich in Form eines Multi-Agenten-Systems und aus einem Bereich des elektrischen Energieversorgungssystems in Form eines 20-kV-Netzgebiets besteht. Das Multi-Agenten-System ist für die hochautomatisierte Koordination des Betriebes im Netzgebiet während einer Störung im überlagerten Netz verantwortlich. Das System weist dabei drei Hauptfunktionalitäten auf: Es soll ein stabiles Teilnetz bei drohendem Blackout bilden können und dabei das Teilnetz hochfahren, falls die Teilnetzbildung nicht erfolgreich ist. Ist dies der Fall, soll sich das Teilnetz mit dem überlagerten Netz resynchronisieren, wenn der Fehler behoben wurde. Die vorgeschlagenen Konzepte, in denen diese Funktionalitäten implementiert sind, wurden simulativ in speziell dafür vorbereiteter Ko-Simulationsumgebung untersucht. Hierbei wurden für die Definition der Last-/Erzeugungsvarianten unter anderem die Prognosen aus dem Szenariorahmen für den Netzentwicklungsplan 2035 verwendet.

Bei der Modellierung des elektrischen Bereiches wurden wichtige Aspekte wie Kommunikationslatenzen bei der zeitkritischen Teilnetzbildung, der Cold-Load-Pickup-Effekt und das Verhalten der Erzeugungsanlagen nach VDE-AR-N 4105 berücksichtigt. Die für die Netzführung notwendigen Daten wurden mittels Zustandsschätzung ermittelt.

Die Simulationen haben bestätigt, dass die erwartete Funktionalität des Systems erzielt wird. Die Ergebnisse der Simulationen lassen erwarten, dass die aktiven Verteilnetze die Qualität des Netzwiederaufbaus aufgrund der Nutzung dezentraler Anlagen erhöhen können.

Abstract

This thesis addresses the support of the system operation after grid faults and during grid restoration by active distribution grids. The traditional strategies of grid restoration do not use the growing potential of the generation installed at the distribution level. This will be however a necessity taking into account the ongoing decentralization of the generation of electric power.

Within the conducted work a system was created, which combines a virtual domain in a form of a multi-agent system, and a domain of electric energy system in form of 20 kV distribution grid area. The multi-agent system is responsible for high automated coordination of the operation of the grid area during faults in the overlaid grid levels. The system has three main features. Firstly, it should build a stable grid island in case of threatening black-out. If this was not successful, the multi-agent system should energize and perform the start-up of the grid area. After the fault in the overlaid grid was cleared, the islanded grid area should be resynchronized with the bulk system. The proposed concepts, which implement these functionalities, were tested by the means of simulations using a co-simulation environment, which was developed specially for this purpose.

The most important aspects were taken into account during modelling of the electric domain. Among other things the forecasts from the German Network Development Plan 2035 were used to define the load/generation scenarios for the simulations. The behavior of the generation units was modelled to fulfill the requirements of the German standard VDE-AR-N 4105, whereas the loads exhibited Cold Load Pickup effect. Moreover, the communication delays during the time critical building of island grid were taken into account. The most important data required for the operation of the analyzed grid area are determined using state estimation techniques.

The performed simulations have confirmed that the expected features can be achieved. They anticipate that the active distribution grids will help enhancing the quality of the grid restoration service thanks to the usage of the distribution energy resources.

Inhaltsverzeichnis

Abbildungsverzeichnis

Tabellenverzeichnis

Abkürzungsverzeichnis

Abkürzung	Bedeutung
ACL	Engl. *Agent Communication Language*
AFD	Engl. *Active Frequency Drift*
AGC	Engl. *Automatic Generator Controller*
AMS	Engl. *Agent Management System*
AVR	Engl. *Automatic Voltage Regulator*
BHKW	Blockheizkraftwerk
BSS	Batteriespeichersystem
BW	Baden-Württemberg
CF	Engl. *Chopping Fraction*
CLPU	Engl. *Cold Load Pickup*
CT	Engl. *Container Table*
DEA	Dezentrale Erzeugungsanlagen
DER	Engl. *Distributed Energy Resources*
DF	Engl. *Directory Facilitator*
EAS	Engl. *European Awarness System*
EE	erneuerbare Energie
EEA	Erneuerbare Energie Anlage
EMT	elektromagnetische Transiente
FACTS	Engl. *Flexible AC Transmission System*
FIPA	Foundation for Intelligent Physical Agents
FSPC	Engl. *Frequency Shift Power Control*
GA	Genetische Algorithmen
GADT	Engl. *Global Agent Description Table*
HEM	Engl. *Home-Energy-Management*
HGÜ	Hochspannungs-Gleichstrom-Übertragung
HöS	Höchstspannung
HS	Hochspannung

IKT	Informations- und Kommunikationstechnik
JADE	Java Agent DEvelopement Framework
KW	Kraftwerk
LADT	Engl. *Local Agent Description Table*
LWA	Lastwiederanschaltung
MAS	Engl. *Multi Agent System*
MPP	Engl. *Maximal Power Point*
MPPT	Engl. *Maximal Power Point Tracking*
MS	Mittelspannung
MTS	Engl. *Message Transport Service*
MTP	Engl. *Message Transport Protocol*
NDZ	Engl. *Non Detection Zone*
NEP	Netzentwicklungsplan
NS	Niederspannung
NWA	Netzwiederaufbau
OPF	Engl. *Optimal Power Flow*
PB	Engl. *Periodic Behaviour*
PBP	Engl. *Periodic Behaviour Pool*
PMU	Engl. *Phasor Measurement Units*
PR	Primärregelung
PRL	Primärregelleistung
PSS	Engl. *Power System Stabilizer*
PVR	Engl. *Primary Voltage Regulation*
PV	Photovoltaik
PWM	Engl. *Pulse Width Modulation*
RB	Engl. *Reactive Behaviour*
RBP	Engl. *Reactive Behaviour Pool*
ROCOF	Engl. *Rate of Change of Frequency*
SLP	Standardlastprofil
SNN	Signifikanter Netznutzer
SR	Sekundärregelung

SoC	Engl. *State of Charge*
SVR	Engl. *Secondary Voltage Regulation*
SQP	Engl. *Sequential Quadratic Programming*
TAB	Technische Anschlussbedingungen
ÜN	Übertragungsnetz
ÜNB	Übertragungsnetzbetreiber
V2G	Engl. *Vehicle-2-Grid*
VKK	Virtuelles Kraftwerk
VN	Verteilnetz
VNB	Verteilnetzbetreiber
VSG	Engl. *Virtual Synchronous Generator*
VSM	Engl. *Virtual Synchronous Machine*
WKW	Wasserkraftwerk
WLS	Engl. *Weighted Least Squares*
WR	Wechselrichter
ZS	Zustandsschätzung

Verwendete Formelzeichen und Symbole

Lateinische Buchstaben

Symbol	Einheit	Bedeutung
C	F	Kapazität
C_p	-	Verstärkung des proportionalen Gliedes des AGC-Reglers
cf	-	Engl. *Chopping-Fraction*
$Ctrl$	-	Steuerung (engl. *Control*)
D	p.u.	Dämpfungskonstante
e	-	Vektor der Messabweichung
E	W/m²	Bestrahlungsstärke
E_{fd}	p.u.	Elektromotorische Kraft des Erregers
e_1	V	Elektromotorische Kraft am Eingang des LCL-Filters
e_2	V	Elektromotorische Kraft am Ausgang des LCL-Filters
f	Hz	Frequenz
g_i	-	Gewichtungsfaktor einer Messung
G	-, p.u.	Übertragungsfunktion, Öffnung des Schiebers
H	s	Trägheitskonstante
H_x	-	Jakobi-Matrix
i	A, p.u.	Strom
I_K	A	Kurzschlussstrom einzelner Solarzellen bei Standard-Testbedingungen
I_{KTE}	A	temperatur- und bestrahlungsabhängiger Kurzschlussstrom einzelner Solarzellen
I_Z	A	Strom einzelner Solarzellen
j	-	Imaginärzahl
J	kg·m²	Trägheitsmoment
k	W/Hz, Var	Droop-Proportionsfaktor
K	W/Hz	Leistungszahl

K_V	-	Proportionalverstärkung der Spannungsregelungstrecke des BHKW-Reglers
L	H	Induktivität
LCL	-	Ausgangsfilter mit zwei induktiven und einem kapazitiven Element
m	-	Emissionskoeffizient, Anzahl der Messungen
M	-	Betriebsmodus: Verbundbetrieb, Teilnetzbetrieb
m_p	-	Gewichtungsfaktor der Wirkleistung
m_q	-	Gewichtungsfaktor der Blindleistung
ng	-	Anzahl der Generatoren in betrachteten Mittelspannungsnetz
$ngan$	-	Anzahl von Generatoren, die gerade am Netz angeschlossen sind
$ngaus$	-	Anzahl von Generatoren, die noch ausgeschaltet sind
nk	-	Anzahl der Netzknoten in betrachteten Mittelspannungsnetz
nl	-	Anzahl der Lasten in betrachteten Mittelspannungsnetz
$nlan$	-	Anzahl von Lasten, die gerade an Netz angeschlossen sind
$nlaus$	-	Anzahl von Lasten, die noch ausgeschaltet sind
p	-	Polpaarzahl
P	W	Wirkleistung
P_{Amax}	W	Maximale Wirkleistung einer Anlage
$P_{@50,2}$	W	Maximale Wirkleistung einer Anlage
$P_{L,K,i}$	W	Wirkleistung der am i-ten Knoten auf NS Ebene installierten Lasten, die während des Netzhochfahrens zugeschaltet wurden, aber noch nicht voll eingeschwungen sind
$P_{G,K,i}$	W	Summe der nicht versorgten Lasten nach dem Hochfahren des i-ten Generators
$p_{PV,K,i}$	p.u.	Wirkleistung der am i-ten Knoten auf NS Ebene installierten Erzeuger, die während des Netzhochfahrens zugeschaltet aber noch nicht voll aktiviert wurden
$P_{techMin}$	W	Technische Mindestleistung

r	Ω, p.u.	Widerstand
R	Ω, -	Widerstand, Gewichtungsmatrix
s	-	Komplexer Frequenzparameter
S_d	%	Statik
T	Nm^2, °C, s	Drehmoment, Temperatur, Zeitkonstante
T_{Absch}	s	Die Zeit zwischen der Abschaltung und der Rückkehr der Spannung
$t_{An,L,K,i}$	s	die Zeit, die die Lasten am i-ten Knoten bis zum aktuellen Abruf des Algorithmus bereits angeschlossen war
$t_{An,PV,K,i}$	s	die Zeit, die die Anlage am i-ten Knoten bis zum aktuellen Abruf des Algorithmus bereits angeschlossen war
t_{hL}	s	Zeit zum Hochfahren einer Last
t_{Hoch}	s	Zeitpunkt des Hochfahrens der Generatoren
$t_{L,K,i}$	s	die zum Einschwung der am i-ten Knoten auf NS-Ebene installierten und zugeschalteten Lasten verbleibenden Zeiten
$t_{L,K,iSort}$	s	Aufsteigend sortierte Zeiten $t_{L,K,i}$
T_{max}	s	Das maximale Intervall zwischen zwei nachstehenden Iterationen des Netzhochfahrens
T_N	s	Zeitkonstante der Wirkleistungssekundärregelung des BHKW-Reglers
t_{Opf}	s	Zeitpunkt der letzten Berechnung von OPF
$t_{PV,K,i}$	s	die zur vollen Aktivierung der am i-ten Knoten auf NS-Ebene installierten und zugeschalteten Erzeuger verbleibenden Zeiten
$t_{PV,K,iSort}$	s	Aufsteigend sortierte Zeiten $t_{PV,K,i}$
t_{Res}	s	Abgelaufene Zeit der Resynchronisation des Teilnetzes
$T_{Rück}$	s	Die Zeit zwischen Rückkehr der Spannung zur akzeptablen Grenzen und Wiederzuschaltung einer PV Anlage
t_{Sim}	s	Aktuelle Simulationszeit
T_U	s	Periode der Netzspannung
T_V	s	Zeitkonstante der Blindleistungssekundärregelung des BHKW-Reglers

t_z	s	Totzeit
t_{3s}	s	Die Dauer zum Starten, Synchronisieren und Stabilisieren eines Generators
u	V, p.u.	Spannung
U	V, p.u.	Spannung
U_{D0T}	V	temperaturabhängige Leerlaufspannung einzelner Solarzellen
U_T	V	Temperaturspannung einzelner Solarzellen
$Q_{L,K,i}$	Var	Blindleistung der am i-ten Knoten auf NS Ebene installierten Lasten, die während des Netzhochfahrens zugeschaltet wurden, aber noch nicht voll eingeschwungen sind
$q_{PV,K,i}$	p.u.	Blindleistung der am i-ten Knoten auf NS Ebene installierten Erzeuger, die während des Netzhochfahrens zugeschaltet aber noch nicht voll aktiviert wurden
W^-	Wh	Nichtgelieferte Energiemenge
x	-	Zustand
X	Ω	Reaktanz
z_i	-	gemessene Wert
Z	Ω	Impedanz

Griechische Buchstaben

Symbol	Einheit	Bedeutung
δ	Rad	Läuferswinkel, Winkel zwischen stationärer a-Achse und der rotierenden d-Achse des Läufers
Θ	rad, °	Knotenspannungswinkel, $0dq$-Transformationswinkel
Ψ	Wb, p.u.	Fluss
ω	rad/s, p.u.	Winkelgeschwindigkeit
τ	s	Abklingkonstante

Tiefstellungen

Tiefstellung	Bedeutung
0	Initialwert
a, b, c	Größe verbunden mit der Phase a, bzw. b oder c
ac	Wechselstrom
aus	Ausgangsgröße
Aus	Ausfall
BHKW	Größe verbunden mit der modellierten BHKW-Anlage
bss, BSS	Größe verbunden mit dem modellierten Batteriespeichersystem
C	Größe verbunden mit Kondensator, Größe verbunden mit Regler
CLPU	Größe verbunden mit Cold Load Pickup
dc	Gleichstrom
e	Elektrische Größe
E	Erzeugung
ein	Eingangsgröße
f	Größe verbunden mit der Erregung einer Synchronmaschine, Größe verbunden mit der Frequenz, Größe verbunden mit de
fl	Elementen des LCL-Filters
G	Größe verbunden mit einem Generator
gef	Vom Netzbetreiber geforderte Wert
gek	Tiefstellung, die darauf hinweist, dass der Vektor gekürzt ist und beinhaltet nur die Indizien der Lasten oder Generatoren, die noch nicht angeschaltet wurden
HS	Größe verbunden mit der Hochspannungsseite des HS/MS-Transformators
HS/MS	Größe verbunden mit dem Leistungsaustausch zwischen HS- und MS-Netzen
ist	Istwert einer Größe
K	Größe verbunden mit Netzknoten
kd	Größe verbunden mit der Dämpfungswicklung einer Synchronmaschine in der Achse d

$kq1$	Größe verbunden mit der ersten Dämpfungswicklung einer Synchronmaschine in der Achse q
$kq2$	Größe verbunden mit der zweiten Dämpfungswicklung einer Synchronmaschine in der Achse q
L	Größe verbunden mit Last
lim	Größe limitiert wegen Umgebungsbedingungen
m	Mechanische Größe
$mangel$	Mangelnde Menge
max	Maximale Wert
$mess$	Gemessene Größe
min	Minimale Wert
MS	Größe verbunden mit der Mittelspannungsseite des HS/MS-Transformators
$MSPV$	Größe verbunden mit Mittelspannung PV-Anlage
n	Nenngröße
N	Größe verbunden mit Netz
neu	Neu errechnete Wert einer Größe
OB	Objekt
P	Größe verbunden mit Wirkleistung
pv	Größe verbunden mit einer PV-Anlage
$PV5$	Größe verbunden mit der modellierten Mittelspannung PV-Anlage in Knoten Nr. 5
$PV9$	Größe verbunden mit der modellierten Mittelspannung PV-Anlage in Knoten Nr. 9
r	Größe verbunden mit dem Läufers der Synchronmaschine
ref	Referenz
s	Größe des Stators der Synchronmaschine
sg	Größe verbunden mit Synchrongenerator
$soll$	Sollwert einer Größe
$SollAgent$	Sollwert vom Agent
t	Größe verbunden mit Klemmen
$techMin$	Technische Mindestleistung

tln	Größe verbunden mit Teilnetz
u	Größe verbunden mit der Spannung
umg	Größe verbunden mit Umgebung
q	Größe verbunden mit Blindleistung
vrb	Größe verbunden mit Verbundsystem
W	Wiedereinschalten

Hochstellung

Hochstellung	Bedeutung
(i)	Größe während *i*-ter Iteration
*	Ausgangswert eines Reglers
(^)	Iterativ erhöhte Größe

Operatoren

Symbol	Bedeutung
$\dot{x}$	Zeitableitung der Funktion x
Δx	Abweichung der Größe x
$\underline{x}$	Komplexe Größe
$\mathbf{X}$	Matrix

1 Einleitung

1.1 Motivation und Hintergrund

Das elektrische Energieversorgungssystem ist in vielen Teilen der Welt und speziell in den Industriestaaten Europas so etabliert, dass seine zuverlässige Verfügbarkeit mittlerweile als selbstverständlich betrachtet wird. In Deutschland lag die Nichtverfügbarkeit der Versorgung mit elektrischer Energie 2019 bei 12,0 Minuten pro Kunde und ist damit eine der niedrigsten weltweit [1]. Basierend darauf werden immer mehr Sektoren der Wirtschaft und des öffentlichen Lebens stärker von elektrischer Energie abhängig, wobei die Konsequenzen längerer Stromausfälle oft vernachlässigt werden. Je nach Umfang und Dauer eines Ausfalls können die Schäden von kurzen, kaum wahrnehmbaren Versorgungsunterbrechungen bei den Kunden bis hin zum „Auslöser von nationaler Katastrophe" reichen [2]. Die Schäden, die großflächige Versorgungsstörungen verursachen können, sind enorm, was sowohl die wirtschaftliche als auch die soziale Bedeutung betrifft. Es wurde ermittelt, dass eine einstündige Versorgungsunterbrechung in einem Automobilwerk bis zu 15 Mio. Euro kosten kann [3]. Die Kosten einer einstündigen Versorgungsunterbrechung in Deutschland wurden auf bis zu 600 Mio. Euro geschätzt [4]. Darüber hinaus ist mit einer Gefahr für Leib und Leben zu rechnen, da selbst bei funktionsfähigen Notstromaggregaten in Krankenhäusern damit zu rechnen ist, dass Notfallpatienten in dringenden Fällen die medizinischen Dienste aufgrund ausgefallener Kommunikationswege nicht in Anspruch nehmen können. Zu Beginn der COVID-19-Pandemie im Jahr 2019/2020 hat sich gezeigt, dass es in einer Krisensituation zu einer Panikstimmung kommen kann, da die Gesellschaft nicht auf Zeiten ohne kontinuierliche Lebensmittelversorgung vorbereitet ist. Dies geschah, obwohl der Vertrieb von Lebensmitteln nicht eingestellt wurde. In Bezug auf die Versorgungslage hätte eine flächendeckende Versorgungsunterbrechung deutlich drastischere Folgen.

Szenarien mit einer solchen flächendeckenden Versorgungsunterbrechung sind unwahrscheinlich, jedoch nicht komplett auszuschließen. Deswegen wurden spezielle Notfallpläne durch verschiedene Gremien vorbereitet und deren Umsetzung wird regelmäßig von Netz- und Anlagenbetreibern geübt. Es muss allerdings festgestellt werden, dass diese Pläne, aufgrund der Energiewende und der aktuell laufenden Transformation des elektrischen Energieversorgungssystems von einer zentralisierten zu einer dezentralisierten Struktur, in Bezug auf ihre Anwendbarkeit geprüft und ggf. revidiert werden müssen. Die Notwendigkeit der Aufrechterhaltung der Versorgungssicherheit und Zuverlässigkeit des elektrischen Energieversorgungssystems motiviert diese Arbeit.

1.2   Thema und Zielsetzung

Der Fokus der Arbeit liegt auf den Strategien der Netzführung im Verteilnetz (VN) nach einer großflächigen Störung und den wichtigsten Aspekten derartiger Strategien. In diesem Kontext ist das Ziel dieser Arbeit die Entwicklung eines Ansatzes, der den Koordinationsaufwand der Netzbetreiber während eines Netzwiederaufbaus reduziert und dabei die Qualität der Netzführung aufrechterhält. Das System basiert auf einer Multi-Agenten-Architektur – einer bekannten Technologie, die in der Energiebranche bereits erfolgreich umgesetzt wurde und die im Verteilnetz installierte Erzeugung zum Vorteil nutzt. Idealerweise soll das System neben den bereits verfügbaren keine zusätzlichen Daten benötigen. Das System soll stabile Teilnetze bilden, diese hochfahren und anschließend mit dem überlagerten Netz resynchronisieren. Es soll möglichst flexibel sein, um bei verschiedenen Last-Erzeugung-Verhältnissen funktionieren zu können. Die Implementierung einer solchen Strategie ist vom konkreten Fall abhängig, jedoch soll die Struktur des Systems allgemein gültig bleiben, um nach der notwendigen Parametrierung für verschiedene Fälle umsetzbar zu sein. Die Entwicklung soll sowohl die herkömmlichen Ansätze als auch die, an denen aktuell geforscht wird, berücksichtigen.

1.3   Struktur der Arbeit

Die Arbeit beginnt in Kapitel 2 mit der Charakteristik moderner elektrischer Energieversorgungssysteme und der Klassifikation von Störungen. Die Beispiele zu reellen Störungen in Kapitel 2.3 sollen die während Störungen zu erwartenden Gradienten veranschaulichen, die bei der Definition des Simulationsszenarios berücksichtigt wurden.

In Kapitel 3 werden der Stand der Technik auf dem Gebiet des Netzwiederaufbaus und diesbezüglich herkömmliche Strategien beschrieben, gefolgt von einer Kurzfassung und der Abgrenzung zu anderen relevanten Arbeiten, die diese Thematik behandeln.

Im Kapitel 4 wird das untersuchte System zusammen mit den wichtigsten Aspekten dargestellt, die bei der Entwicklung von Multi-Agenten-basierten Strategien zur Unterstützung des Netzwiederaufbaus eine besondere Rolle spielen. Die Auswahl der zu modellierenden Aspekte wird hierbei begründet.

Die Details der Modellierung und Implementierung sind in Kapitel 5 dargestellt. Dabei werden sowohl die modellierten Komponenten des Energieversorgungssystems sowie des Multi-Agenten-Systems als auch die entwickelte Ko-Simulationsumgebung beschrieben.

In Kapitel 6 werden die entwickelten Multi-Agenten-basierten Strategien für die Netzführung bei Großstörungen und beim Netzwiederaufbau präsentiert, die simulierten Szenarien definiert und die Ergebnisse der Simulationen dargestellt und bewertet. Die Unterkapitel 6.2, 6.3 und 6.4 enden jeweils mit einem Zwischenfazit.

Die Zusammenfassung der gesamten Arbeit erfolgt in Kapitel 7, in dem auch ein Ausblick gegeben wird.

1.4   Relevante Terminologie

Auf dem betrachteten Gebiet werden häufig sinnverwandte oder gleichlautende Begriffe mit verschiedener Bedeutung verwendet. Um Missverständnisse zu vermeiden, werden im Folgenden die wichtigsten Termini mit den in dieser Arbeit genutzten Bedeutungen aufgeführt.

Nach der Verordnung der EU-Kommission [5]:

- *Netzwiederaufbau-Zustand* – „der Netzzustand, in dem das Ziel sämtlicher Tätigkeiten im Übertragungsnetz darin besteht, die Betriebssicherheit nach einem Blackout- oder Notzustand wiederherzustellen." [5] Der Zustand wird oft als ‚Versorgungswiederaufbau' bezeichnet, was im TransmissionCode 2007 [6] definiert wurde.

- *Blackout-Zustand (Schwarzfall-Zustand)* – „der Netzzustand, in dem der Betrieb des Übertragungsnetzes ganz oder teilweise eingestellt ist." [5]

- *Notzustand* – „der Netzzustand, in dem einer oder mehrere betriebliche Sicherheitsgrenzwerte überschritten wird/werden." [5]

Eine *Großstörung* wird vom Blackout abgegrenzt und lässt sich allgemein in die folgenden Kategorien einteilen [7]:

- regionaler Versorgungsausfall,
- stabiles Teilnetz nach Lastabwurf,
- Blackout mit Spannung beim benachbarten Übertragungsnetzbetreiber (ÜNB),
- Blackout ohne Spannung beim benachbarten ÜNB.

Die Begriffe ‚Inselnetzbetrieb' und ‚Teilnetzbetrieb' werden häufig synonym verwendet. In dieser Arbeit werden die Begriffe ‚Inselbetrieb' und ‚Teilnetzbetrieb' jedoch gemäß den folgenden Definitionen nach VDE-AR-N 4120 [8] verstanden und verwendet:

- *Inselbetrieb* – „Kundenanlagen mit Erzeugungsanlagen können bei Störungen im vorgelagerten Netz zur Deckung des eigenen Energiebedarfes in den Inselbetrieb gehen. Ein vom Kunden vorgesehener Inselbetrieb ist vertraglich mit dem Netzbetreiber zu vereinbaren." [8]

- *Teilnetzbetrieb* – „Teilnetzbetrieb bezeichnet den unabhängigen Betrieb eines ganzen Netzbetreiber-Netzes oder eines Teils eines Netzbetreiber-Netzes, das nach der Trennung vom Verbundnetz isoliert ist, wobei mindestens eine teilnetzbetriebsfähige Erzeugungsanlage einen Strom an dieses Netz liefert und seine Frequenz und seine Spannung regelt." [8]

1.5 Wissenschaftliche These

Aufgrund der andauernden Änderungen der Struktur des elektrischen Energieversorgungssystems und der damit verbundenen Notwendigkeit der Anpassung der Strategien zum Schutz der Kunden vor Großstörungen wird die folgende wissenschaftliche These formuliert:

Durch eine entsprechende hochautomatisierte Koordination geeigneter gruppierter dezentraler Anlagen kann ein Beitrag geleistet werden, die Anzahl der von Abschaltungen betroffenen Kunden bei Großstörungen zu reduzieren und den Netzwiederaufbauprozess nach Beseitigung der Störungsursache zu unterstützen und somit den Netzwiederaufbau zu beschleunigen.

Um diese These zu überprüfen, wurden im Rahmen dieser Arbeit entsprechende Strategien entwickelt, simulativ getestet und die Ergebnisse bewertet.

2 Großstörungen in elektrischen Netzen

2.1 Charakteristik der elektrischen Energieversorgungssysteme

Das elektrische Energieversorgungssystem wurde zum Zweck der Versorgung von Verbrauchern mit elektrischer Energie entwickelt, was unverändert der wichtigste Zweck seines Betriebes ist. Zu Beginn der Elektrifizierung wurden getrennte Netze mit eigenen Generatoren für die Versorgung einzelner Lasten betrieben. Diese unabhängigen Einzelnetze wurden dann aber sukzessive miteinander verbunden und bilden nun seit vielen Jahrzehnten ein nahezu in ganz Europa flächendeckendes, physikalisch gekoppeltes und synchrones Verbundsystem wie in Abbildung 2-1 dargestellt. Aus regelungstechnischer Sicht ist es das umfangreichste, nichtlineare Regelungssystem, das jemals entwickelt wurde, und besteht dabei aus Kraftwerken, die der Umwandlung von Primärenergie in elektrische Energie dienen, Übertragungs- und Verteilungsnetzen sowie Verbrauchern.

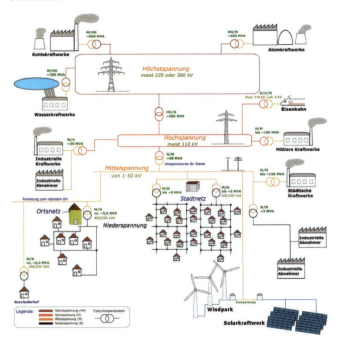

Abbildung 2-1: Übersicht über das elektrische Energiesysteme [9]

Die Kraftwerke können nach unterschiedlichen Kriterien kategorisiert werden. Konventionelle Kraftwerke werden mit rotierenden Generatoren ausgestattet, meistens einem Synchrongenerator, der an einer Turbine angekoppelt ist. Die Turbine kann durch Wind- oder Wasserkraft oder den Druck eines heißen Gases, wie es bei thermischen Kraftwerken der Fall ist, angetrieben werden. Thermische Kraftwerke verwenden als Primärenergieträger Stein- und Braunkohle, Kernbrennstoff, Öl oder ein Verbrennungsgas. Die Wärme, die als Nebenprodukt erzeugt wird, kann zur Erhöhung des Wirkungsgrades des thermischen Prozesses, bspw. für Heizungszwecke, genutzt werden. Wasserkraftwerke (WKW) werden hauptsächlich als Laufwasser- oder Speicherkraftwerke gebaut. Windkraftanlagen werden häufig wegen der relativ kleinen Leistung der einzelnen Anlagen in Parks auf Land oder Meer verbunden. Durch diesen Verbundbetrieb ist der Anschluss größerer Einheiten im Gigawattbereich möglich. Die größten Kraftwerke Deutschlands sind die Braunkohlekraftwerke, wobei deren Stilllegung bereits geplant ist. Im Gigawattbereich werden typischerweise auch Steinkohlkraftwerke und Kernreaktoren gebaut. Größere und zentrale Kraftwerke sind aus verschiedenen Gründen vorteilhaft: Die Investitionsausgaben sind zwar hoch, aber die Einheit erzeugter Leistung ist günstig. Zudem können umweltschonende Maßnahmen, wie die Rauchgasentschwefelung, effektiver eingesetzt werden und die Systembetriebsführung mit einer kleinen Anzahl an Einheiten ist einfacher.

Aus Koordinationssicht wird je nach geplanten Volllaststunden zwischen Grund-, Mittel- und Spitzenlastkraftwerken unterschieden. Thermische Kraftwerke treten auch als kleinere Einheiten auf, wobei als Kraftstoff Biogas oder Diesel-Brennstoff genutzt wird. Die direkt an das Netz angeschlossenen Synchrongeneratoren stellen die Wirk- und Blindleistung bereit, ebenso die Trägheit im System. Statische Generatoren verfügen typischerweise über kleinere Einheitsleistungen als die davor genannten Technologien, dürfen allerdings wegen ihrer stetig steigenden Anzahl sowie der geplanten Stilllegung von Kohle- und Kernkraftwerken nicht vernachlässigt werden. Vor allem sind Photovoltaik(PV)-Anlagen, von denen eine beträchtliche Anzahl auf Niederspannungsebene installiert ist oder die in Form von Freiflächenanlagen in höhere Ebenen einspeisen, von großer Bedeutung. Darüber hinaus gewinnen Brennstoffzellen an Bedeutung und werden weiterentwickelt, obwohl eine geringe Stromeinspeisung in das deutsche Energieversorgungssystem prognostiziert wird [9]. Batteriespeichersysteme stellen eine spezielle Kategorie dar, da sie sowohl als Erzeuger als auch als Verbraucher arbeiten können. Deren Einsatz ist für die Realisierung der deutschen Regierungspläne von 80 % Strom aus erneuerbaren Energien (EE) bis 2050 unbedingt notwendig [11]. Das Portfolio der Generation ist von den Bedingungen, die in bestimmten Regionen herrschen, abhängig. Jede Technologie stellt bestimmte Anforderungen an die Umgebung. Der Technologiemix ändert sich zusammen mit der Energiewende erheblich, wobei immer mehr Erneuerbare-Energien-Anlagen (EEA) zugebaut werden, damit die thermischen Kraftwerke künftig abgeschaltet werden können.

Dem Zweck des Transportes elektrischer Energie vom Erzeuger zum Verbraucher dient das System aus Übertragungs- und Verteilernetzen. Zur ersten Gruppe zählen in

Deutschland die Spannungsebenen von 380 kV und 220 kV [3]. An diesen Netzen sind die größten Generatoren mithilfe von Transformatoren angeschlossen. Diese sind typischerweise von vermaschter Topologie, was die Zuverlässigkeit der Versorgung erhöht und die Impedanz des Netzes senkt. Die Mittel- und Niederspannung, also 30 kV, 20 kV, 10 kV, 600 V und 400 V, sind häufig in radialer Topologie oder als offen betriebene Ringe gestaltet. Die Netze können als Freileitungen oder Kabel ausgeführt werden. Die Kabel sind durch einen höheren Kapazitätsbelag charakterisiert, was eine zusätzliche Quelle der Blindleistung im System darstellt. Elektrische Energienetze sind meistens für Wechselstrom ausgelegt, weil so früher die Spannung einfacher transformiert werden konnte und damit die Energie mit kleineren Verlusten (wegen kleinerer Ströme) übertragen werden konnte. Jedoch benötigt Wechselstrom die Umpolarisierung der Belegkomponenten bei jeder Periode, was zu höheren Verlusten führen kann, wenn die Leitungen lang sind. Deshalb werden die Hochspannungs-Gleichstrom-Übertragungs(HGÜ)-Trassen gebaut, um die Leistung vom Norden zu großen Verbraucherzentren in das innere Deutschland zu transportieren. Die HGÜ-Kupplungen können auch der Verbindung asynchroner Zonen dienen.

Die Verbraucher lassen sich in mehrere Kategorien unterteilen, deren Anteile in Deutschland wie folgt sind: 1,5 % Landwirtschaft, 3 % Verkehr einschließlich Bahn, 8,5 % öffentliche Einrichtungen, 14 % Handel und Gewerbe, 27 % Haushalt, 46 % Industrie [3]. Der Anteil der Industrie sinkt mit der Verlagerung der Produktion in Entwicklungsländer. Trotz der verbesserten Effizienz des Verbrauchs wird eine Zunahme der Jahreshöchstlast von 80 GW im Jahr 2018 bis zu 100 GW im Jahr 2035 prognostiziert [12]. Die meisten Verbraucher sind in der 110-kV-Ebene und unten angeschlossen. Haushalte sind am Niederspannung(NS)-Netz angeschlossen. Zunehmend werden Haushalte in Kombination mit PV-Anlagen zu Prosumern, was bedeutet, dass sie zeitweise in das Netz einspeisen. Die Ansammlung von Prosumern auf bestimmten Gebieten kann zu Rückflüssen führen, was in manchen Regionen in Deutschland beobachtet wird [13].

Durch folgende Eigenschaften lässt sich dieses elektrische Energieversorgungssystem darüber hinaus charakterisieren:

- die Art und Leistung der Kraftwerke,
- die Jahreshöchstleistung, die Jahresenergieproduktion,
- die Spannungsebenen,
- die Leitungslänge,
- die Zuverlässigkeit,
- die Sicherheit,
- die Verfügbarkeit.

Deswegen muss unterstrichen werden, dass das Analysieren und Planen von Energieversorgungssystemen sich nur begrenzt verallgemeinern lassen und die Details vor der Übertragung auf andere Systeme entsprechend zugeschnitten werden müssen.

Für den Betrieb elektrischer Netze sind die Netzbetreiber verantwortlich, die nach der Entflechtung getrennt von Stromerzeuger und Stromhandel sein müssen. Die Übertragungsnetzbetreiber tragen die Verantwortung für die Regelzonen, als Bilanzkreiskoordinatoren sind sie für die Leistungsbilanz verantwortlich. Auch die Vorbereitung und Umsetzung des Netzwiederaufbau(NWA)-Plans, in Zusammenarbeit mit Verteilnetzbetreibern (VNB), liegt in ihrem Aufgabenbereich. Zurzeit bewirtschaften ihre Regelzonen vier ÜNB in Deutschland mit insgesamt ca. 900 VNB [14]. Da die Koordination des NWAs hauptsächlich manuell durchgeführt wird, ist die hohe Anzahl an VNB nachteilhaft. Die VNB können direkt mit dem Übertragungsnetz oder aber über einen weiteren VNB gekoppelt sein.

Das elektrische Energieversorgungssystem ist dynamisch und unterliegt kontinuierlichen Regelungsprozessen. Die Stabilität des Systems wird im herkömmlichen System nach Winkel- und Spannungsstabilität untergliedert. Erstere ist mit der Rotorgeschwindigkeit und dem Fakt verbunden, dass alle Rotoren im Netz im eingeschwungenen Zustand synchron mit konstantem Rotorwinkel laufen. Bei einer Störung können manche Rotoren so beschleunigen oder abbremsen, dass sie den Synchronismus verlieren. Die Spannungsstabilität ist mit der nichtlinearen Charakteristik der Lastleistung und deren Spannung verbunden. Nach der Überschreitung des kritischen Punktes führt die weitere Steigung der Leistung zu einer immer niedrigeren Knotenspannung, was einen Spannungseinbruch im System und somit einen großflächigen Ausfall verursachen kann. In Bezug auf die Großsignalstabilität werden Großstörungen, wie Kurzschlüsse oder die Auftrennung des Systems in Teilnetze, betrachtet. Die Teilnetze werden als stabil beschrieben, wenn sie die Verbraucher weiterhin versorgen und die Spannungsparameter im vorgegebenen Rahmen halten können. Das System kann sich daher in mehreren Zuständen befinden, die in der Literatur unterschiedlich definiert werden [15]. In dieser Arbeit jedoch wird der Klassifikation nach ENTSO-E gefolgt, die auch in das *European Awareness System* (EAS) implementiert wurde [16] und in Abbildung 2-2 zu sehen ist. Der Fokus dieser Arbeit liegt auf der Analyse von Teilnetzen nach großen Störungen.

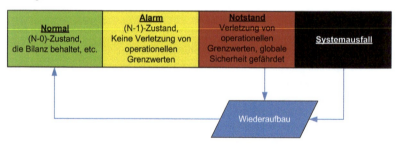

Abbildung 2-2: Klassifikation der Systemzustände nach ENTSO-E [17]

Um das System stabil zu halten, werden unterschiedliche Maßnahmen vorgenommen. Die Blindleistung wird nicht nur durch Synchrongeneratoren, sondern auch durch Kondensatorbänke, Flexible-AC-Transmission-Systems (FACTS) oder Phasenschieber bereitgestellt. Der Ausgleich der Abweichung zwischen Erzeugung und Verbrauch ist in erster Linie Regelleistung, wie Momentanreserve und Primär-, Sekundär- sowie Tertiär-regelung. Wenn diese Regelleistungen erschöpft sind, kommt der frequenzabhängige Lastabwurf zum Einsatz, wobei die Lasten stufenweise bis 48,0 Hz abgeschaltet werden. Unter der 47,5-Hz-Schwelle dürfen sich die Kraftwerke vom Netz trennen, was zu einem großflächigen Stromausfall führt [18].

2.2 Klassifikation von Großstörungen in elektrischen Energieversorgungssystemen

Elektrische Energienetze werden immer häufiger im Bereich ihrer Auslastungsgrenzen betrieben, um den kostenintensiven Ausbau zu verzögern [19][20]. Gleichzeitig nähern sich viele Betriebsmittel ihrer Lebensdauer, weswegen immer häufiger Ausfälle zu erwarten sind [21], was in Summe das System störungsanfälliger macht. Im Kontext von mehreren hundert VNB in Deutschland und manueller Koordination stellt eine großflächige Störung eine große Herausforderung für Netzbetreiber dar [3].

Störungsursachen, die zu einem Blackout führen können, lassen sich typischerweise in drei Kategorien unterteilen, siehe Tabelle 2-1. Fehler der Informations- und Kommunikationstechnik (IKT) oder auch Hackerangriffe wurden bisher noch nicht als Ursache für einen Blackout erkannt; es ist aber zu erwarten, dass mit steigender Bedeutung und gegenseitiger Durchdringung der Informations- und Energieinfrastruktur diese Ursachen in Betracht gezogen werden müssen.

Tabelle 2-1: Kategorien der typischen Ursachen von Blackouts [22]

Technische Faktoren	Humanfaktoren	Natürliche Faktoren
• Kurzschluss • Betriebsmittelausfall • Starklast • Instandhaltung von Hauptkomponenten • Zusammenbruch wegen Alterungsprozess • IKT-Fehler • etc.	• Schaltungsfehler • fehlerhafte oder ungeeignete Kommunikation zwischen den Betreibern • Sabotage • mangelnde Schulung • Hackerangriff • etc.	• Unwetter • geomagnetische Stürme • Erdbeben • Blitzschlag • Kontakt zwischen Baum und Leitung • Tiere • etc.

Natürliche Faktoren, die sich am massivsten auswirken können, sind Erdbeben, Tornados oder Tsunamis, da bei einer derartigen Störung die Infrastruktur auf breitem Gebiet physikalisch zerstört werden kann, sodass auch das (N-1)-Sicherheitskriterium nicht mehr wirksam und eine aufwendige Reparatur vor Ort nötig ist. Bei derartigen Naturereignissen können auch andere Infrastrukturen, wie die Telekommunikations- oder die Verkehrsinfrastruktur, beschädigt werden, was den Wiederaufbauprozess zusätzlich erschwert [23]. Diese Faktoren waren bisher in Europa und in Deutschland nur in geringem Maße ausgeprägt, was sich vorteilhaft auf die Strategien des Netzwiederaufbaus auswirkt. Faktoren wie Winter- bzw. Sommerpeak, Alterung der Betriebsmittel, unzureichende Blindleistungsreserve oder relevante Betriebsmittel außer Betrieb erhöhen das Risiko des Ausfalls zusätzlich [22].

In Fällen, bei denen es nicht zu einer großflächigen Störung der Infrastruktur gekommen ist, kann der Ausfallmechanismus verallgemeinert, wie in Abbildung 2-3 dargestellt beschrieben werden. Vor dem Ausfall befindet sich das System im Normalzustand, in dem die Betriebsgrenzen eingehalten werden, was nach EAS grün markiert ist. Ein Ereignis, bspw. eine Leitungsabschaltung aufgrund eines Kurzschlusses, bringt das System in den Alarmzustand. Wenn ein solcher Fehlerfall durch die Netzautomatik und die Netzleitstelle korrekt eingeschätzt wird, ist die Situation beherrschbar und das System kann durch weitere Nachregelung in den Normalzustand zurückgeführt werden. Wenn aber die Reaktion auf das Initialereignis falsch ist, kann das System in die nächste Eskalationsstufe übergehen, was unter anderem eine Kaskadenabschaltung nach sich ziehen kann. Die Kaskade besteht typischerweise aus zwei Phasen, wobei die erste mehrere Minuten dauern kann und die zweite sich in Sekundenbereichen abspielt [22]. Wenn während der ersten Phase der Kaskade die korrekten Maßnahmen vorgenommen werden, kann der Systemzustand noch stabilisiert werden. Kommt es in diesem stabilen Notstand jedoch zu einem sekundären Ereignis, das nicht mit dem Initialereignis verbunden ist, kann dies eine weitere Kaskade auslösen. Wenn der Ausfall den *Point of no Return* passiert hat, schreitet er unkontrolliert fort, bis hin zu einem großflächigen Ausfall, dem Blackout. Die erste, langsamere Phase der Kaskade ist von großer Bedeutung, da sie dem Netzbetreiber erlauben kann, die Entscheidung über eine intentionale Spaltung seines Systems zu treffen.

Die Störungen können sich über mehrere Netzgebiete, Regelzonen oder sogar Länder hinweg ausbreiten. In [22] wurden fast vierzig Blackouts von unterschiedlicher Größe und mit verschiedenen Ursachen analysiert und zusammengefasst. In [25] wurde die Klassifikation von Störungen nach den Anteilen abgeworfener Lasten und resultierender Teilnetze vorgeschlagen, die in Abbildung 2-4 zu sehen ist. Diese zeigt die Sicht eines ÜNB, kann aber auf die unterlagerten Verteilnetze projiziert werden. Die Größe S der Störung aus ÜNB-Sicht kann einen totalen Ausfall des Netzes eines VNB bedeuten. In dieser Arbeit wird näher auf die Situation während einer Störung im Verteilnetz eingegangen.

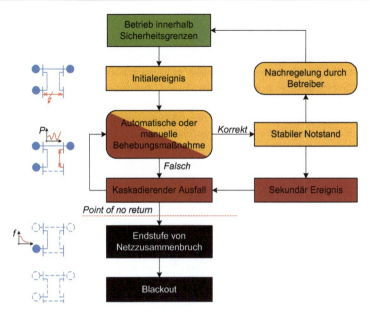

Abbildung 2-3: Verallgemeinerte Ereignisfolge, die zum Blackout führt [24]

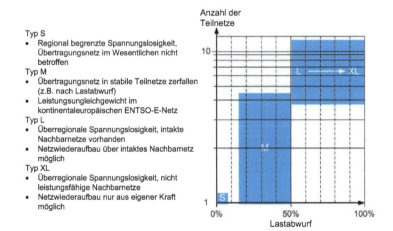

Typ S
- Regional begrenzte Spannungslosigkeit, Übertragungsnetz im Wesentlichen nicht betroffen

Typ M
- Übertragungsnetz in stabile Teilnetze zerfallen (z.B. nach Lastabwurf)
- Leistungsungleichgewicht im kontinentaleuropäischen ENTSO-E-Netz

Typ L
- Überregionale Spannungslosigkeit, intakte Nachbarnetze vorhanden
- Netzwiederaufbau über intaktes Nachbarnetz möglich

Typ XL
- Überregionale Spannungslosigkeit, nicht leistungsfähige Nachbarnetze
- Netzwiederaufbau nur aus eigener Kraft möglich

Abbildung 2-4: Größe der Störung je nach Lastabwurf und Anzahl der Netzinseln [25]

2.3 Ausgewählte Beispiele reeller Netzstörungsszenarien

Besanger et al. [22] haben fast vierzig Großstörungen von unterschiedlicher Dimension und Ursache, die zwischen 1965 und 2006 stattfanden, analysiert und beschrieben. Dabei ist zu betonen, dass im Gegensatz zu Informationen zu großflächigen Ausfällen die Informationen über kleinere Ausfälle, die im Fokus dieser Arbeit stehen, limitiert sind [26]. Abbildung 2-5a) zeigt die Anzahl ausgelöster Leitungen und Transformatoren während verschiedener Blackouts in den USA und Kanada. Vor der Störung hat sich wegen eines erhöhten Verbrauchs das System an den Sicherheitsgrenzen des einge-schwungenen Zustands befunden. Zusätzlich wurde die Abschaltung zweier Leitungen in der Planung nicht richtig berücksichtigt, woraus eine große Lastflussabweichung resultierte. Darüber hinaus war keine ausreichende Wirk- und Blindleistungsreserve vorhanden. Das Initialereignis war die automatische Abschaltung einer 345-kV-Leitung nach dem Kontakt mit einem Baum [22]. Die beiden Phasen können deutlich unter-schieden werden, wobei die langsame Kaskade ca. 4 Minuten dauerte.

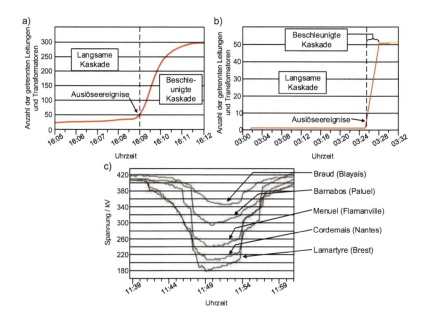

Abbildung 2-5: Verläufe während Blackouts: a) USA und Kanada, 14.08.2003 [27]; b) Italien, 28.09.2003 [22][28]; c) Westfrankreich, 12.01.1987 [22]

Abbildung 2-5b) zeigt einen ähnlichen Verlauf bei einem Blackout in Italien im Jahr 2003. Das italienische System hat zu diesem Zeitpunkt eine hohe Leistung aus den Nachbarländern importiert. Am 28.09.2003 wurde eine Leitung in der Schweiz wegen Überschlag ausgelöst, was zu einer steigenden Belastung anderer Leitungen geführt hat. Daraus wiederum resultierten kaskadierende Auslösungen weiterer Leitungen. Eine verzögerte Lastabschaltung führte letztendlich zu einer Winkelinstabilität und einem Spannungseinbruch [22].

Der Spannungszusammenbruch in Westfrankreich im Jahr 1987 ist in Abbildung 2-5c) dargestellt. Am 12.01.1987 sind innerhalb einer Stunde drei Generatoren wegen unabhängiger Störungen ausgefallen. Eine weitere Einheit, die die Spannung in der Zone hätte halten können, wurde infolge der Ausfälle durch die Schutzautomatik vom Netz genommen. Innerhalb weniger Minuten ist die Spannung dann von 405 kV auf ca. 180 kV eingebrochen, was die Trennung von weiteren Einheiten in der Region verursachte. Der Zusammenbruch wurde mithilfe eines Lastabwurfs aufgehalten [22].

Alle drei dargestellten Störungen weisen die in Kapitel 2.2 erwähnte langsame Phase der Auslösungskaskade auf. Während dieser Phase können Netzbetreiber den Entscheidungsprozess über eine eventuelle intentionelle Teilnetzbildung oder andere Maßnahmen einleiten. Der Spannungsverlauf aus Abbildung 2-5c) wurde in den Simulationen der Teilnetzbildung (siehe Kapitel 6.2) verwendet. Die ausgewählten Beispiele sollen allerdings nicht darauf hinweisen, dass bei allen Großstörungen zwingend eine langsame Phase vorkommt.

3 Stand der Technik auf dem Gebiet des Netzwiederaufbaus

3.1 Herkömmliche Strategien zum Netzwiederaufbau

Der NWA ist ein durch die ENTSO-E definierter Systemzustand, wie bereits in Abbildung 2-2 erklärt wurde. Das Ziel dabei ist es, alle Verbraucher innerhalb kürzester Zeit wieder mit elektrischer Energie zu versorgen. Dies ist ein kombinatorisches Optimierungsproblem, das viele Lösungswege haben kann [20]. Wie bereits in Kapitel 2.1 erläutert, hat jedes System eigene Charakteristika, die von verschiedenen externen Umständen abhängig sind. Darüber hinaus kommen Störungen eher selten vor, wobei die Ursachen in der Regel nicht identisch sind. Deshalb muss eine Handlungsempfehlung zu einem konkreten Fall je nach aktuellem Zustand ausgelegt werden. Trotzdem gleichen sich bestimmte Eigenschaften und Anforderungen, wodurch sich die Konzepte in vielen Punkten verallgemeinern lassen. Zu Beginn entscheidet der Netzbetreiber über die Prioritäten beim NWA, wobei er sich zunächst die Frage stellt, ob hierbei die Lasten oder die Betriebsmittel priorisiert werden sollen. Die meisten Netzbetreiber halten die Wiederversorgung der Betriebsmittel für die zielführendere Maßnahme, um anschließend die Lasten in größeren Stufen wiederversorgen zu können [20][26]. Höchste Priorität hat jedoch am Anfang des NWAs die Sicherstellung der Versorgung der Infrastruktur des Netzbetreibers [13]. Wie bereits in Kapitel 2.1 beschrieben wurde, sind unterschiedliche Technologien durch bestimmte Bedingungen charakterisiert. Die technischen Anforderungen der dezentralen Energieanlagen (DEA), Kraftwerke (KW) und Betriebsmittel sowie Verbraucher müssen bei der Konzeptentwicklung betrachtet werden. Bei thermischen KW laufen thermische Prozesse, die relativ lange Zeitkonstanten aufweisen. Atomkraftwerke müssen innerhalb von 30 Minuten belastet werden können, um die Kernvergiftung (engl. *core poisoning*) zu vermeiden [26]. Die Zeitkonstanten bis zum Volllastbetrieb unterschiedlicher KW sind in Tabelle 3-1 dargestellt. Ferner sind nicht alle KW schwarzstartfähig, was der Netzbetreiber in der Phase der Netzplanung berücksichtigen muss. Schwarzstartfähige KW, wie Wasserkraftwerke oder Gas- bzw. Dieselturbinen, sollten nach Möglichkeit im Netzgebiet vorhanden sein. Mit den beschriebenen Rahmenbedingungen wurden zwei herkömmliche Ansätze ausgearbeitet: der Top-down- und der Bottom-up-Ansatz. Die Top-down-Strategie setzt voraus, dass nach einer Großstörung mit anschließendem Blackout in einem Netzgebiet die Spannung im Nachbarsystem weiterhin vorhanden ist. Die Priorität ist dabei der möglichst schnelle Aufbau der Versorgungsstrecken zu den Atomkraftwerken, falls diese vorhanden sind. Da durch die Zuschaltung langer, nicht belasteter Hochspannungsleitungen ein Ferranti-Effekt entsteht, werden die Netze zunächst mit abgesenkter Spannung betrieben. Außerdem werden die Lasten und Kompensationsanlagen entlang der Strecke zugeschaltet, um diesen Effekt zu minimieren.

Tabelle 3-1: Zeiten bis zur Volllastaufnahme für verschiedene Turbinenarten [26]

Erzeugungsart	Nennleistungsbereich [MW]	Zeit bis volle Last	
Dampfturbine mit Trommelkessel	> 1000	stillgelegt für	
		< 8 h	1–2 h
		8–36 h	1–5 h
		> 36 h	2–10 h
Verbrennungsturbine	< 200	15–30 Minuten	
Nuklear	-	stillgelegt für	
		< 8 h	10–200 h
		> 36 h	20–250 h
Pumpspeicher	< 400	einige Minuten	

Daraufhin werden Versorgungsstrecken in Richtung der thermischen KW zugeschaltet und mit dem bis dahin bestehenden Netz synchronisiert. Die Leistung, die aus den Nachbarsystemen geliefert werden kann, ist dabei durch deren Reserveleistung und die Kapazität der Kuppelstrecken begrenzt. Dies ist auch der Grund, weshalb zu diesem Zeitpunkt des NWAs nicht alle Lasten zugeschaltet werden können. Die Regelungsmöglichkeiten des wiederaufgebauten Systems sind an diesem Punkt noch begrenzt. In der AR-N 4130 [31] wird gefordert, dass im Teilnetzbetrieb Anlagen Lastsprünge in der Größenordnung von 10 % ihrer installierten Leistung innerhalb von 5 Minuten aushalten können müssen. Tabelle 3-2 zeigt beispielhaft Werte für ein 500 MW Kraftwerk. Es werden typischerweise Laststufen von ca. 5 % der Systemleistung zugeschaltet [25].

Bei der Bottom-up-Strategie stellen die schwarzstartfähigen KW den Ausgangspunkt des NWAs dar.

Tabelle 3-2: Maximale Lastschritte und entsprechende Zeiten zwecks Stabilisierung thermischer Parameter einer 500-MW-Turbine eines thermischen KW [30]

Leistungsbereich [MW]	Maximaler Lastschritt [MW]	Empfohlener Zeitraum zur Stabilisierung der thermischen Parameter [min]
0–20	20	5
20–80	30	5
80–120	40	10
120–$P_{techMin}$	30	10
$P_{techMin}$–500	60	10

Ausgehend von diesen KW werden die Schaltungsprioritäten auf die Versorgungsstrecken zu den Atomkraftwerken und thermischen Kraftwerke gelegt, um diese KW möglichst schnell zuschalten zu können.

Die ENTSO-E verlangt von den Netzbetreibern die Vorbereitung beider Konzepte und möglichst auch der Kombination dieser [31]. Dieser Ansatz wird auch in anderen außereuropäischen Ländern verwendet [32]. Die beiden Ansätze können in Form der in Tabelle 3-3 aufgeführten Algorithmen zusammengefasst werden. Manche Schritte werden parallel umgesetzt, was von der konkreten Situation abhängt.

Tabelle 3-3: Hauptschritte des NWA-Top-down- und NWA-Bottom-up-Ansatzes [25]

Spannungsvorgabe von intakten Nachbarnetzen vorhanden – Top-down-Ansatz	Spannungsvorgabe von intakten Nachbarnetzen nicht vorhanden – Bottom-up-Ansatz
1. (horizontale und vertikale Trennung) Schalterzustandserkennung	1. (horizontale und vertikale Trennung) Schalterzustandserkennung
2. schrittweise Zuschaltung von Leitungen in Richtung thermischer Kraftwerke	2. Starten der schwarzstartfähigen Kraftwerke
3. Zuschaltung definierter Lastblöcke (< 5 %) und Kompensationsanlagen	3. schrittweise Zuschaltung von Leitungen in Richtung thermischer Kraftwerke
4. Zuschaltung schwarzstartfähiger Kraftwerke	4. Zuschaltung definierter Lastblöcke (< 5 %) und Kompensationsanlagen
5. Zuschaltung der im Eigenbedarf laufenden thermischen Kraftwerke	5. Zuschaltung der im Eigenbedarf laufenden thermischen Kraftwerke
6. Übernahme der Wirkleistung durch die thermischen Kraftwerke und Zuschalten weiterer Lasten	6. Übernahme der Wirkleistung durch die thermischen Kraftwerke und Zuschalten weiterer Lasten
7. Synchronisation der entstandenen Teilnetze	7. Synchronisation der entstandenen Teilnetze

Bei diesen Strategien werden die Verteilnetze als passive Lasten betrachtet bzw. wird womöglich sogar die Abschaltung der DEA bis Ende des NWAs angenommen [13]. Wie in [13] erläutert, wird der Anteil an DEA weiterhin ansteigen und die Atomkraftwerke werden bis zum Jahr 2022 abgeschaltet. Bei sinkender Beteiligung der zentralen Kraftwerke muss ihre Rolle durch DEA ersetzt werden. Daraus resultiert, dass eine Einbindung von Teilnetzen in die NWA-Konzepte stattfinden muss sowie Investitionen in IKT auf Verteilebene notwendig sind. Die sogenannte *deep build-together* Ansatz des NWAs verwendet die DEA zum Aufbau kleiner Teilnetze parallel zum NWA im Übertragungsnetz (ÜN). Die Teilnetze sollen dann mit dem System synchronisiert werden [22]. Allerdings ist bereits in herkömmlichen Systemen mit relativ geringer Anzahl an Anlagen die Koordination des Prozesses anstrengend. Die Vielzahl von Teilnetzen würde dies verstärken und das Risiko von Humanfaktor-Fehlern deutlich erhöhen [26]. Die manuelle Koordination der Vielzahl von DEA scheint nicht machbar zu sein. Deshalb sollen hochautomatisierte Systeme, die erhebliche Datenmengen in Echtzeit austauschen und analysieren können, was außerhalb der menschlichen Fähigkeiten liegt, entwickelt und implementiert werden.

3.2 Andere Arbeiten und Abgrenzung dieser Arbeit

Die Notwendigkeit der Anpassung von NWA-Plänen aufgrund des Systemwandels in der elektrischen Energieversorgung unter Berücksichtigung von DEA wurde bereits erkannt. Entsprechend wurden unterschiedliche Arbeiten in Deutschland sowie im internationalen Raum durchgeführt.

Im Rahmen des Projekts ‚LINDA' wurde eine Strategie erarbeitet, die die Versorgung eines Niederspannungsnetzgebiets nach dem Zusammenbruch des übergeordneten Netzes gewährleistet. Das Ziel war dabei, die Kommunikationsinfrastruktur möglichst rudimentär zu halten und ein Konzept ähnlich der *Frequency Shift Power Control* (FSPC) zur Leistungssteuerung mithilfe der gemessenen vorherrschenden Frequenz umzusetzen [33]. Die Spannungshaltungsproblematik sowie der *Cold Load Pickup* (CLPU) wurden jedoch nicht betrachtet.

Im Rahmen des Projekts ‚Netz:kraft' wurden die Ausprägungen möglicher Netzkonfigurationen und Steuerungsstrategien analysiert [34]. Dabei wurde hervorgehoben, dass die NWA-Strategien von lokalen Ressourcen und Bedingungen abhängen. Obwohl das ÜN sowie das VN auf unterschiedlichen Spannungsebenen betrachtet wurden, wurde keine gemeinsame bzw. einheitliche Strategie für das gesamte System ausgearbeitet. Im Use-Case ‚Unterstützung von Windparks im VN für den Netzwiederaufbau aus dem Übertragungsnetz, Bereitstellung von Wirk- und Blindleistung' wurde untersucht, ob zwei direkt an die 110-kV-Sammelschiene angeschlossene Windparks die Blindleistung für eine an einem anderen Knoten angeschlossene Schwarzstarteinheit liefern können. Die Analyse des Konzeptes anhand virtueller Kraftwerke hat ergeben, dass dies eher für die spätere Phase des NWAs umsetzbar ist. Der Use-Case ‚Aufbau und Betrieb einer Großstadt-Netzinsel' diente der Untersuchung des Frequenzverhaltens mit P(f)-Statik 40 %/Hz und 80 %/Hz bei Frequenzhaltung in einem städtischen Teilnetz. Dabei wurde auch die Unterstützung des NWAs durch die Ausregelung der dezentralen Erzeugung im VN modelliert und analysiert. In diesem Zusammenhang hat ein an die 110-kV-Sammelschiene angeschlossener Windpark den Leistungsfluss über einen 110/380-kV-Transformator geregelt, um die Änderungen der Einspeisung und des Verbrauchs aus unterlagerten Ebenen auszugleichen. Beim Use-Case ‚Netzinsel im Mittelspannungsnetz, Biogas/PV/Batterie' wurde das Hochfahren eines kleinen ländlichen Netzes mittels Netzersatzanlage simuliert. Die analysierten Szenarien sind durch die Uneinheitlichkeit der Ansätze zur Koordination charakterisiert. Eine der Projektempfehlungen ist der IKT-Ausbau. Darüber hinaus wurde der Bedarf an Untersuchungen des Betriebs und der Synchronisation von Teilnetzen, vor allem hinsichtlich der Automatisierung im VN, festgestellt [34].

Im Projekt ‚RestoreGrid4RES' liegt der Fokus auf Tools und Schnittstellen für die Unterstützung der Entscheidungsprozesse der Netzbetreiber und für die Verbesserung von deren Kommunikation während des NWAs, um die Dauer des Ausfalls zu minimieren. Darüber hinaus sollen die Tools die Bewertung verschiedener Strategien ermöglichen [35]-[37].

Im Zuge des österreichischen Projekts ‚SORGLOS' wurden Strategien zur Vermeidung von Blackouts in zwei reellen Netzgebieten, Mittelspannung (MS) und Niederspannung (NS), analysiert. Die Strategie für das NS-Netz basiert auf einem Batteriespeicher als Energiepuffer und der Unterstützung durch Dieselgeneratoren. Diese zwei Hauptkomponenten sind kommunikationstechnisch miteinander verbunden. Darüber hinaus wird das FSPC-Konzept angewendet und Smart Meter als Mittel des Demand-Side-Managements betrachtet. Im Fall des MS-Netzes kann das Wasserkraftwerk zur Grundlastversorgung und als Schwarzstarteinheit verwendet werden. Das P(f)-Verhalten der kleinen Erzeuger wurde zwar nach VDE AR-N 4105 [38] modelliert, allerdings ohne Berücksichtigung von Unter-/Überspannung und Frequenzschutz, was mit einer großen Anzahl an NS-Erzeugern einen Einfluss auf das Transientenverhalten des Systems hat. Dieses Verhalten wurde in der vorliegenden Arbeit modelliert. Die Kommunikation im NS-Netz beschränkt sich auf zwei Anlagen, eine Erweiterung ist nicht vorgesehen. Es wurde festgestellt, dass bei der Anwendung anderer Anlagen eine andere Strategie entwickelt werden muss. Beim Ausfall einer Anlage soll die Strategie entsprechend angepasst werden. Eine weitere Schlussempfehlung ist die Betrachtung der Spannungshaltungsaspekte [39].

Bong et al. [40] stellen die praktische Umsetzung eines automatisierten Systems zur Wiederherstellung der Versorgung in einem 154-kV-Netzabschnitt nach einem Fehler dar. Das System kann den Fehler innerhalb von 10 s isolieren und die Versorgung wiederherstellen. Dies basiert jedoch auf der Annahme, dass das übergeordnete System von dem Fehler nicht betroffen ist und weiterhin die Spannung liefern kann, was im Fall eines Blackouts nicht möglich ist.

Die japanischen Mikronetze Roppongi Hills und Sendai Microgrid haben ihre Robustheit während der Erdbeben im Jahr 2011 bewiesen und die Verbraucher während des dreitägigen Blackouts weitestgehend versorgt. Obwohl die Mikronetze in Japan als Mittel zur besseren Integration kleiner DEA umgesetzt wurden, wird ihr Einsatz jetzt als Maßnahme gegen Blackouts untersucht. Die Struktur des Energieversorgungssystems ist jedoch anders als in Deutschland, weshalb dort notwendigerweise andere Richtlinien gelten, und die Steuerung wurde nicht mithilfe von Multi-Agenten-Systemen (MAS) implementiert [41].

Ariyasinghe und Hempala [42] zeigen das Mikronetz ‚Am Steinweg' in Deutschland. Das Netz wird von MAS koordiniert, wurde allerdings primär für die Betriebskostenoptimierung eingesetzt und nicht für den Umgang mit Störungen entwickelt [43].

Bei Solanki et al. [44] ist ein MAS-basiertes System zur Versorgungswiederherstellung im VN dargestellt. Dabei wird ein hoher Dezentralisierungsgrad des Systems angenommen, um einen *Single Point of Failure* zu vermeiden. Ein Anlageagent kommuniziert ausschließlich mit den Nachbaragenten, allerdings unter der Annahme einer radialen Netztopologie. Hierbei wurde jedoch nicht geklärt, ob das System stabil bleibt, wenn ein Agent aus der Kette herausfällt. Darüber hinaus ist der Erzeuger immer am Anfang oder Ende eines Strangs platziert, was bei vielen reellen Systemen nicht der Fall ist. Auch das dynamische Verhalten des Netzes wurde nicht betrachtet.

Der gleiche Ausgangspunkt, einen *Single Point of Failure* zu vermeiden und das MAS möglichst dezentral zu entwickeln, wurde im MASGrid-Projekt angenommen. Eine radiale Netztopologie war dabei nicht erforderlich. Die Rekonfiguration des Netzes nach einem Fehler und die Aspekte des Teilnetzbetriebes wurden betrachtet, die Details der Implementierung und des Betriebes werden aber nicht thematisiert [45][46].

Die *Deep-build-together*-Strategie wird in [47] vorgeschlagen und basiert auf einem parallelen NWA im Übertragungs- und VN. Beim ÜN wird eine Optimierung durchgeführt, um möglichst viele Netzabschnitte unter Spannung zu setzen. Auf Verteilebene werden mithilfe von DEA Teilnetze gebildet, um den NWA zu beschleunigen, wobei die Koordination mittels MAS erfolgt. Die Analysen wurden hauptsächlich statisch durchgeführt und die Dynamik der Anlagen wurde nicht nachgebildet.

In [48] ist ein MAS-basiertes System zur Koordination eines Mikronetzes dargestellt. Das System soll unter anderem das Netz während eines Ausfalls im überlagerten Netz führen. Obwohl die Motivation der dieser Arbeit ähnelt, unterscheiden sich die Details der Implementierung. Für das System in [48] wird grundsätzlich von einem erfolgreichen Teilnetzaufbau ausgegangen. Dabei wird angenommen, dass alle Erzeugungseinheiten kommunizierbar und steuerbar sind und die Last immer dominiert, weil die kleinen PV-Anlagen nicht berücksichtigt wurden und deshalb die Rückflusse nicht behandelt werden müssen.

In der vorliegenden Arbeit wird ein aktives 20 kV VN mit für Südwestdeutschland im Jahr 2035 als typisch prognostizierten Charakteristika analysiert, siehe Kapitel 4.1. Das Teilnetz ist durch PV-Anlagen geprägt. Durch viele nicht steuerbare, kleine PV-Anlagen auf NS-Ebene ist zeitweise mit einer Überschusseinspeisung der Wirkleistung zu rechnen. Die Koordination des Teilnetzes übernimmt ein MAS mit einem zentralen Switch-Agent, der das System mit dem überlagerten Netz logisch verknüpft. Die höchste Priorität liegt in dem Schutz der Verbraucher vor Versorgungsunterbrechung. Wenn dies scheitert und das Teilnetz spannungslos wird, wird die möglichst schnelle automatisierte Wiederversorgung mithilfe der eigenen Kräfte des Teilnetzes durchgeführt. Falls dies notwendig ist, soll das Teilnetz auch dem überlagerten System die Spannung vorgeben und sichere Flexibilität innerhalb der eigenen Betriebsgrenzen anbieten bzw. bei Nachfrage seitens des NWA-Koordinators liefern. In den folgenden Kapiteln werden im Detail die Annahmen der Arbeit sowie die Modellierung und Ergebnisse der simulativen Untersuchung beschrieben.

Die wichtigsten Aspekte, die in dieser Dissertation berücksichtigt wurden und sie von anderen Arbeiten abgrenzen, sind im Folgenden aufgelistet:

- Statische, sowie dynamische Analysen des Verhaltens des Teilnetzes während und nach der Goßstörung.

- Berücksichtigung des Einflusses von kleinen Erzeugungsanlagen, die auf NS-Ebene installiert sind und beschränkte Kommunikationsmöglichkeiten aufweisen, jedoch deren kumulierter Einfluss bedeutsam für das Systemverhalten ist. Der Einfluss ist nachgebildet, indem die Anforderungen der deutschen Richtlinie modelliert sind.

- Berücksichtigung von *Cold Load Pickup*.

- Betrachtung von Szenarien, wo die nicht steuerbare Erzeugung über Last im Teilnetz dominiert.

- Sehr hoher Automatisierungsgrad basierend auf MAS, der den VNB beim Entscheidungsprozess während der kritischen Zeit des NWAs entlassen soll.

- Beliebige Topologie des Teilnetzes.

- Flexible Erweiterung des Systems um weitere Komponenten.

- Die Use-Cases: Teilnetzbildung, Hochfahrens des Teilnetzes ohne externe Spannungsvorgabe, Resynchronisation des Teilnetzes.

Keine von den am Anfang des Unterkapitels 3.2 verwiesenen Arbeiten berücksichtigt die obere Liste im vollen Umfang.

4   Untersuchtes System

4.1   Struktur des Systems

Die Strategien des NWAs sollten möglichst allgemein gehalten werden, wie in Kapitel 3.1 beschrieben, damit sie für ein breites Spektrum an Netzregionen innerhalb der Regelzone eines ÜNB anwendbar sind. Dennoch ist die Evaluation ihrer Effektivität nur anhand einer bestimmten implementierten Konfiguration eines Netzes möglich. Die Konfiguration des zu untersuchenden Systems sollte dabei charakteristische Eigenschafften aufweisen, um auf andere Netze übertragbar zu sein. Die Topologie des Netzes, die im Rahmen dieser Arbeit zur Analyse verwendet wurde, ist in Abbildung 4-1 dargestellt und basiert auf [49]. Es handelt sich hierbei um einen Ausschnitt eines 20-kV-Verteilnetzes, der am häufigsten auftretenden Spannungsebene in deutschen Verteilnetzen [11]. Die Netztopologie wurde gewählt, da die Konfiguration beispielhaft für den süddeutschen Raum ist. In diesem Netz sind die in Kapitel 5.1 beschriebenen Anlagen installiert. Die modellierten Technologien wurden anhand verfügbarer Prognosen und Entwicklungen im deutschen elektrischen Energiesystem ausgewählt, was in Kapitel 4.1.1 beschrieben ist.

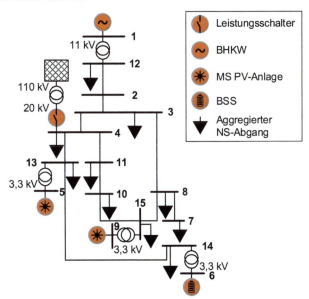

Abbildung 4-1: Das modellierte Netz mit markierten dezentralen Anlagen

4.1.1 Auswahl der Technologien für die Last-Erzeugung-Varianten

Die Simulationen sollen den möglichen zukünftigen Energiemix in Süddeutschland abbilden. Als Grundlage dazu dient der von der Bundesnetzagentur genehmigte Szenariorahmen 2021–2035 [12]. Das Szenario B 2035 sieht vor, dass es im Jahr 2035 nach wie vor eine Leistung von 57,7 GW aus konventioneller Erzeugung im Netz geben wird. Die regenerative Erzeugung wird dahingegen rund 249,0 GW betragen. Die Aufteilung auf die unterschiedlichen Technologien ist in Tabelle 4-1 zusammengefasst. Der Nettostromverbrauch soll von 524,3 TWh auf 621,5 TWh steigen, unter anderem aufgrund der Elektrifizierung im Wärmesektor und des Hochlaufs der Elektromobilität. Die Jahreshöchstlast ist jedoch in der Genehmigung noch nicht konkret genannt, es wird aber prognostiziert, dass die Schwelle von 100 GW überschritten werden kann.

Die im Netzentwicklungsplan (NEP) dargestellten Szenarien sind auf das Übertragungsnetz bezogen und können nicht direkt auf Verteilebene heruntergebrochen werden. Um die Varianten für die Untersuchungen im Verteilnetz definieren zu können, ist es wichtig, die Erzeugung nach Spannungsebene und Region aufzuteilen.

Abbildung 4-2 zeigt die Jahresvolllaststunden von PV- und Windkraftanlagen in Deutschland im Jahr 2015 [50]. Hierbei wurden nur Anlagen berücksichtigt, die ganzjährig am Netz verfügbar waren. Es ist deutlich zu erkennen, dass die Nutzung von PV in Südwestdeutschland mit 983 h/a eine der höchsten in Deutschland und über dem nationalen Durchschnitt von 952 h/a liegt. Die Nutzung von Windenergie liegt mit 1362 h/a dagegen deutlich unter dem Durchschnitt von 1816 h/a. Dies bedeutet, dass die Region ein größeres Potential für PV als für Windenergie hat, was sich auch in den Daten der installierten Leistung aus dem späteren Zeitpunkt, Jahr 2018, widerspiegelt (siehe Tabelle 4-2).

Tabelle 4-1: Installierte Leistung nach Technologie [12]

Konventionelle Erzeugung	Referenz 2019 [GW]	Szenario B 2035 [GW]	Regenerative Erzeugung	Referenz 2019 [GW]	Szenario B 2035 [GW]
Kernenergie	8,1	0,0	Wind onshore	53,3	86,8
Braunkohle	20,9	0,0	Wind offshore	7,5	30,0
Steinkohle	22,6	0,0	Photovoltaik	49,0	117,8
Erdgas	30,0	42,4	Biomasse	8,3	7,5
Öl	4,4	1,3	Wasserkraft	4,8	5,6
Pumpspeicher	9,8	10,2	Sonstige	1,3	1,3
Sonstige	4,3	3,8	Summe	124,2	260,6
Summe	100,1	57,7			

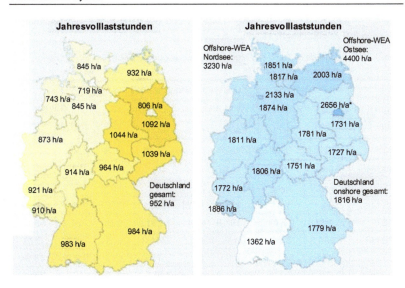

Abbildung 4-2: Jahresvolllaststunden der Photovoltaik (links) und Windenergie (rechts) in Deutschland im Jahr 2015 [50]

Tabelle 4-2: Installierte Leistung und die Jahresarbeit aus regenerativer Erzeugung in Baden-Württemberg im Jahr 2018 [51]

Erzeugungsart	Installierte Leistung [MW]	Jahresarbeit [GWh]
PV	5.829,2	5.150,3
Wind an Land	1.620,4	2.499,2
Biomasse	864,6	4.037,2
Wasser	390,2	1.333,9

Die installierte Leistung der Windkraftanlagen ist in Baden-Württemberg (BW) zwar die zweitgrößte von den in Tabelle 4-2 dargestellten Technologien, die eingespeiste Jahresarbeit ist jedoch deutlich kleiner als die aus PV und Biomasse. Die Unterschiede vertiefen sich noch weiter, wenn die Aufteilung auf Spannungsebenen berücksichtigt wird, was in Tabelle 4-3 zusammengefasst ist. Die Daten sind auf ganz Deutschland bezogen, werden aber in Folgenden mit dem entsprechenden Verhältnis auf BW heruntergebrochen.

Die in dieser Arbeit modellierten Spannungsebenen sind 20 kV und 0,4 kV, was MS, NS und die Umspannung von MS auf NS beinhaltet. Auf diesen Ebenen sind nach Tabelle 4-3 fast 93 % aller PV-Anlagen angeschlossen, ungefähr 41 % aller Windkraftanlagen und 92 % der Biomasseanlagen. Diese Verhältnisse wurden auf Tabelle 4-2 projizieren, um die Abschätzung der installierten Leistung und der Jahresarbeit pro Spannungsebene in BW zu berechnen, Tabelle 4-4.

Tabelle 4-3: Installierte Leistung aus regenerativer Erzeugung in Deutschland nach Spannungsebene im Jahr 2018 [51]

Span-nungs-ebene	Installierte Leistung							
	PV		Wind an Land		Biomasse		Wasser	
	[MW]	[%]	[MW]	[%]	[MW]	[%]	[MW]	[%]
HöS	70,8	0,16	1.587,7	3,03	22,9	0,29	4,0	0,25
HöS/HS	0,8	0,00	255,6	0,49	22,6	0,28	131,7	8,34
HS	2.453,0	5,42	19.213,4	36,63	319,7	4,00	157,9	10,00
HS/MS	834,3	1,84	10.075,6	19,21	308,9	3,87	82,0	5,19
MS	15.889,4	35,13	21.191,9	40,41	6.391,6	80,06	924,3	58,55
MS/NS	1.509,9	3,34	63,7	0,12	344,2	4,31	58,5	3,71
NS	24.471,9	54,11	59,0	0,11	573,4	7,18	220,1	13,94
Summe	45.230,2	100,00	52.447,0	100,00	7.983,4	100,00	1.578,6	100,00

Tabelle 4-4 zeigt, dass in den Biomasseanlagen im Jahr 2018 in BW eine höhere Leistung auf MS-Ebene installiert war als in den WKA und die Biomasseanlagen zudem deutlich mehr Jahresarbeit zur Verfügung gestellt haben. Diese zur Verfügung gestellte Jahresarbeit wird weiterhin höher bleiben, auch wenn die installierte Leistung der WKA bis 2035 um 60 % steigt, wie NEP prognostiziert.

Tabelle 4-4: Abgeschätzte installierte Leistung und Jahresarbeit aus regenerativer Erzeugung auf MS, MS/NS, NS in BW im Jahr 2018

		PV		Wind an Land		Biomasse		Wasser	
		[MW]	[%]	[MW]	[%]	[MW]	[%]	[MW]	[%]
Installierte Leistung	MS	2.047,80	37,95	654,80	99,43	692,20	87,45	228,46	76,84
	MS/NS, NS	3.348,88	62,05	3,73	0,57	99,34	12,55	68,87	23,16
	Summe	5.396,68	100,00	658,53	100,00	791,54	100,00	297,33	100,00
Jahres-arbeit	MS	1.809,30	37,95	1.009,93	99,43	3.323,18	87,45	781,00	76,84
	MS/NS, NS	2.958,85	62,05	5,75	0,57	463,87	12,55	235,43	23,16
	Summe	4.768,15	100,00	1.015,68	100,00	3.787,05	100,00	1.016,43	100,00

Für die Modellierung des Testnetzes wurden die zwei Technologien mit größter Bedeutung in BW verwendet: PV und Biomasse. Zusätzlich wurden auch Großbatteriespeicher modelliert. Obwohl der NEP 2035 nur 3,8 GW prognostiziert (leichter Aufstieg im Vergleich zum NEP 2030, Szenario B 2035 mit 3,4 GW), können die Großbatteriespeicher die relevante Flexibilität während des Teilnetzbetriebs liefern [12][52]. Die quantitative Beschreibung der Varianten von Last und Erzeugung je nach Technologie erfolgt in Kapitel 6.1.1.

Manche Autoren schlagen das Konzept ‚Vehicle-2-Grid' (V2G) für die Unterstützung des Netzes während Störungen [53]. Das V2G-Konzept besteht im Allgemeinen im netzdienlichen Betrieb der Batterie des elektrischen Fahrzeugs, indem der Ladeprozess vom Netzzustand beeinflusst wird und auch das Entladen der Batterie erzwungen werden kann. Diese Dienstleistung sollte vergütet werden und wird ähnlich der positiven bzw. negativen Regelleistung sein, weshalb die Flotte der E-Autos nicht nur als Last, sondern auch als verteilte Erzeugung gesehen werden könnte. Jedoch wird in [54] festgestellt, dass die V2G-Ladestrategie sich negativ auf die Lebensdauer der heutigen Batterien auswirkt, da sich dadurch die Anzahl an Ladezyklen erhöht. Deshalb ist es unwahrscheinlich, dass solch eine Strategie in kurz- oder mittelfristiger Zukunft verbreitet wird [54]. Ein weiteres Hindernis beim Einsatz von V2G für die Unterstützung des NWAs ist, dass der Zeitpunkt und die Dauer eines Stromausfalls nicht absehbar sind. Deswegen wäre es vorstellbar, dass die Besitzer von E-Autos ungern die gespeicherte Energie in das Netz entladen würden, wenn angenommen wird, dass bei einem Stromausfall längere Fahrten als sonst für Lebensmittelbesorgungen o. Ä. nötig wären. Es wird deshalb in der Arbeit vorausgesetzt, dass auch mit verbesserter Batterietechnologie das Potential des V2G-Kozeptes zur Unterstützung des NWAs beschränkt und deshalb vernachlässigbar ist. E-Autos werden daher rein als Last nachgebildet. Die Konzepte solch kritischer Prozesse wie des NWAs sollten auf fest lokisierter Infrastruktur oder auf mobilen Anlagen basieren, die durch geschultes Personal bedient werden.

4.2 Zustände des Systems

Die wichtigste Aufgabe des elektrischen Energieversorgungssystems ist die sichere und kostengünstige Versorgung der Verbraucher mit Energie. Das gesamte System ist darauf ausgelegt und soll diese Aufgabe möglichst unabhängig von Umständen erfüllen. Große Störungen, die zu einem großflächigen Ausfall führen können, sind Extremsituationen. Diesen kann deshalb mithilfe von Maßnahmen entgegengewirkt werden, die im normalen Systemzustand nicht nötig oder sogar unerwünscht sind. Als solche Maßnahme ist die intentionale Teilnetzbildung zu sehen. Normalerweise ist der Verbundbetrieb vorteilhaft, da der höhere Vermaschungsgrad und die höhere Kurzschlussleistung die Stabilität des Systems erhöhen. Mit der historisch gewachsenen zentralen Erzeugung und einem dezentralen Verbrauch war dieser Ansatz für eine sichere Versorgung zielführend. Auch mit dem Aufkommen von DEA scheint der Verbundbetrieb aus Verbrauchersicht vorteilhaft zu sein, da die Energie auf einem größeren Markt gekauft werden kann, was sich positiv auf die Preise auswirken soll. Wenn sich aber eine Störung, die die Versorgung der Verbraucher gefährdet, ergibt und sich zwar antizipieren, aber nicht verhindern lässt, sollte es möglich sein, die Teile des Netzes, die bestimmte Bedingungen erfüllen, möglichst früh zu trennen und als Teilnetze zu betreiben. Daraus ergeben sich zwei Zustände: die intentionale Teilnetzbildung sowie der Teilnetzbetrieb. Da sich die Entwicklung einer Störung aber nicht immer vorhersehen lässt bzw. die Anforderungen des Teilnetzbetriebes zum Zeitpunkt der Störung nicht immer erfüllt werden, wird das untersuchte Netz ausfallen. Wenn dies der Fall ist, könnte das Netz unter bestimmten Umständen hochgefahren und weiter als Teilnetz betrieben werden. Der Teilnetzbetrieb soll so lange geführt werden, bis die Leistungsbilanz des Netzes stimmt oder der Fehler im übergeordneten Netz behoben wurde. Im zweiten Fall kann das Teilnetz den NWA-Prozess aktiv unterstützen, indem es die Spannung oder die Leistung dem überlagerten Netz zur Verfügung bereitstellt.

Anhand der bisherigen Erläuterungen wird deutlich, dass sich die Aufgaben des untersuchten Systems auf das Teilnetz beziehen. Diese Aufgaben sind auf dem Graphen in Abbildung 4-3 mit den dazugehörigen Abhängigkeiten zusammengefasst. Die untersuchten Zustände des Netzes sind somit:

- intentionale Teilnetzbildung und Teilnetzbetrieb,
- Hochfahren des Teilnetzes und
- Resynchronisation des Teilnetzes.

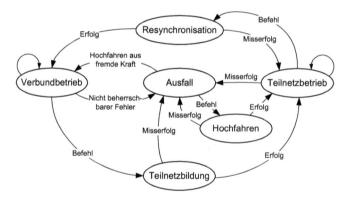

Abbildung 4-3: Zustandsmaschine des entwickelten Systems

4.3   Relevante Aspekte im System nach Störungen

Bei der Wiederherstellung des Normalzustandes muss eine Reihe von Aspekten berücksichtigt werden, sowohl auf organisatorischer als auch auf physikalischer Ebene. Die wichtigsten davon sind:

- Koordination,
- Kommunikation,
- Datenermittlung,
- geltende Richtlinien,
- Cold-Load-Pickup und

- Inselnetzerkennung durch Erzeugungsanlagen.

Die einzelnen Aspekte werden im Folgenden erläutert. Die Aspekte, die für die Modellierung relevant sind, werden in Kapitel 5 detaillierter betrachtet.

4.3.1 Koordination

Die Koordination des Systembetriebes nach einer großen Störung stellt eine anspruchsvolle Aufgabe dar. Die ÜNB sind verpflichtet, entsprechende Strategien vorzubereiten und vorzulegen [31]. Sie führen regelmäßig Übungen und Simulationen durch, um die Vorgehensweise bei einem kritischen Zustand effektiv implementieren zu können. Da Ausfälle selten vorkommen und langfristig nicht einfach zu prognostizieren sind, können die Netzbetreiber die Belegschaft für den Umgang mit Störungen nicht bedeutsam vergrößern. Da die Prozeduren des NWAs heute hauptsächlich manuell durchgeführt werden, würden hierbei personelle Engpässe entstehen. Das Optimierungspotential liegt daher in der Automatisierung der Prozesskoordination. Im Hinblick auf die Regelung ist das elektrische Netz ein dezentrales System, das eine typische Anwendung für agentenbasierte Steuerungssysteme darstellt. Ziel dieser Arbeit ist es, ein solches MAS zu entwickeln, das die in Kapitel 4.2 definierten Aufgaben koordinieren kann. Multi-Agenten-Technologien werden in Kapitel 5.1.8 näher beschrieben.

4.3.2 Kommunikation

Damit ein dezentrales System überhaupt koordiniert werden kann, ist die Kommunikation zwischen dessen Komponenten nötig. Wie bereits in Kapitel 2.1 beschrieben wurde, wurde die existierende Kommunikationsinfrastruktur entwickelt, um das System mit unidirektionalen Lastflüssen zu unterstützen [55], wobei die Datenflüsse in der Regel ebenso unidirektional sind und von der Erzeugung hin zum Verbraucher verlaufen. Bisher wurde im Verteilnetz die Kommunikation in Form einer Rundsteuerung mit zwei Arten angelegt: der Ton- und der Funkrundsteuerung [3]. Die Rundsteuerung wurde vor allem für das Last- und Tarifmanagement verwendet. Die Verwendbarkeit ist aufgrund der Unidirektionalität beschränkt. Darüber hinaus ist der Energieverbrauch der Tonrundsteuerung mit 1 bis 3 % des Leistungsbedarfs der Grundschwingung vergleichsweise hoch [3]. Eine Studie hat gezeigt, dass diese Kommunikationsmethoden im NS-Netz nicht effektiv sind, da nur ca. 40 % der Erzeugungsanlagen während eines Netzausfalls oder direkt danach ansprechbar waren [56]. Aufgrund der steigenden Anzahl der zu steuernden Erzeugungsanlagen sowie Prosumer werden neue Konzepte für die Kommunikationsinfrastruktur im Rahmen von Smart Grids entwickelt. Die neuen Kommunikationsnetze müssen große Datenvolumen bei niedrigen Latenzzeiten übermitteln können [57]. Dies ist ein aktuelles Forschungsthema, mit dem sich Normungsgremien, die Industrie und Forschungseinrichtungen beschäftigen [57]. Viele Technologien können dabei zum Einsatz kommen. In Bezug auf die Übertragungsebene wurde innerhalb des ENTSO-E-Systems ein Konzept eines *Electronic Highway* vorgeschlagen [58]. Dieser sollte ein abgeschlossenes Kommunikationsnetzwerk für die ÜNB sein, das vom Internet getrennt ist, um die Sicherheit des Systems zu erhöhen. Auf Verteilebene sollten die Lösungen jedoch regional angepasst werden. Technologien, die in Betracht gezogen werden, bspw. GSM, GPRS, Lichtwellenleiter, LTE, PLC, IP, oder ZigBEE [58][60], sind in Abbildung 4-4 dargestellt. In Regionen mit einer niedrigeren Empfängerdichte sind eher drahtlose Kommunikationstechnologien zu bevorzugen, da so die Leitungslegung vermieden werden kann und die Anbindung neuer Empfänger einfach ist. Im Gegensatz dazu verfügen drahtlose Installationen in Regionen mit hoher Empfängerdichte lokal nicht über eine ausreichende Bandbreite, weshalb hier Lösungen wie Lichtwellenleiter verwendet werden können. In [21] wird abgeschätzt, dass die Datenmengen in zukünftigen Smart Grids so steigen werden, dass die Verwendung von Lichtwellenleitern unausweichlich wird.

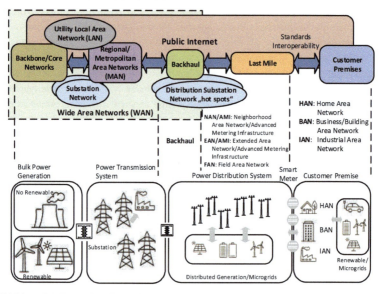

Abbildung 4-4: End-to-End-Smart-Grid-Kommunikationsarchitektur [58]

Ein weiteres Kriterium ist das Besitzen der Infrastruktur. Es ist vorteilhaft, wenn die IKT-Infrastruktur zum Energienetzbetreiber gehört, wie es im Fall der PLC ist. Manche Betreiber entscheiden sich für den Aufbau eines eigenen Netzwerks, z. B. GSM-R (*Global System for Mobile Communications – Railway*) [60]. Dies erhöht zwar die Kosten der Installation, garantiert aber den vertragsfreien und unbegrenzten Zugang und steigert die Sicherheit.

In Deutschland wurde als mögliche Lösung das 450 MHz-Funknetz vorgeschlagen. Das Netz wird speziell für die Betreiber der kritischen Infrastruktur gebaut und soll wichtige Eigenschaften besitzen, wie z.B. 72-stundige-Notstromversorgung. Darüber hinaus soll das Netz deutschlandweit standardisiert und mit LTE kompatibel sein. Das Rollout dieser Technologie ist bis 2025 geplant [59].

Es bestehen noch viele Fragen hinsichtlich der IKT in Smart Grids, dennoch herrscht Einigkeit in Bezug darauf, dass es auf einen Technologiemix hinauslaufen wird, um einerseits die Anpassung an die Funktionalität sowie die lokalen Bedingungen und andererseits die Kompatibilität mit Altsystemen zu gewährleisten. In Tabelle 4-5 sind die Anforderungen an die IKT im Smart-Grid-Bereich zusammengefasst.

Die Rolle der IKT ist für die Energiesysteme so kritisch, dass eine Fehlfunktion zu einem kaskadierenden Fehler im Energienetz und in der Konsequenz zum Blackout führen kann [58].

Tabelle 4-5: Anforderungen an IKT in Smart Grids [61]

Anwendung	Bandbreite	Zuverlässigkeit	Latenz
Schaltanlagenautomatisierung	9,6–56 kb/s	99,0–99,99 %	15–200 ms
Freileitungsmonitoring	9,6–56 kb/s	99,0–99,99 %	15–200 ms
Wide-Area Situational Awareness Systems	600–1500 kb/s	99,0–99,99 %	15–200 ms
Verteilnetzautomatisierung	9,6–56 kb/s	99,0–99,99 %	20–200 ms
Verteilnetzbetrieb	9,6–100 kb/s	99,0–99,99 %	0,1–2s
DEA und Speicher	9,6–56 kb/s	99,0–99,99 %	0,3–2 s
Home-Energy-Management (HEM)	9,6–56 kb/s	99,0–99,99 %	0,3–2 s
Zählerdatenmanagement	56 kb/s	99,0 %	2 s
Advanced-Metering-Infrastruktur	10–100 kb/s pro Knoten, 500 kb/s für Backhaul	99,0–99,99 %	2 s
Ausfallmanagement	56 kb/s	99,0 %	2 s
Asset-Management	56 kb/s	99,0 %	2 s
Lastmanagement	14–100 kb/s pro Knoten	99,0 %	500 ms bis einige Minuten
Vehicle-2-Grid	9,6–56 kb/s	99,0–99,99 %	2 s – 5 min
Ladenmanagement für Elektromobilität	9,6–56 kb/s	99,0–99,99 %	2 s – 5 min

Im Hinblick auf den NWA sind folgende Aspekte der IKT wichtig:

- Verfügbarkeit der Kommunikation nach einem Ausfall: Die Verordnung der Europäischen Kommission [31] fordert, dass die Sprachkommunikation für mindestens 24 h nach einem Ausfall gewährleistet sein muss. Dies betrifft ÜNB und VNB sowie die sogenannten Signifikanten Netznutzer (SNN). Es ist denkbar, dass künftig auch andere Kommunikationsarten ähnliche Anforderungen erfüllen müssen. Darüber hinaus sollte das Kommunikationssystem redundant sein oder sich selbst reorganisieren können, sodass bei physikalischen Schäden alternative Kommunikationspfade vorhanden sind.

- Cyber-Security: Die elektrische Energieversorgung zählt zur kritischen Infrastruktur und mit der steigenden Bedeutung von IKT ist die physikalische Sicherheit der Komponenten nicht ausreichend gewährleistet. Das System muss deshalb gegen Hackerangriffe geschützt werden. Das Thema der industriellen Cyber-Security wird intensiv erforscht, es gibt jedoch noch keine konkreten Lösungen [58].

- robuste Behandlung des Verbindungsaufbaus nach der Versorgungsrückkehr: Während des normalen Betriebes übertragen die einzelnen Anlagen nicht kontinuierlich, sondern in bestimmten Zeitabständen, die konstant oder nicht konstant sein können. Falls die IKT-Infrastruktur wegen einer Störung ausfällt, werden je nach Ausfalldauer viele oder sogar alle Anlagen versuchen, die Verbindung erneut aufzubauen. Das Kommunikationssystem muss dafür ausgelegt sein und parallel Verbindungsversuche verarbeiten können.

- möglichst geringe Kommunikationsverzögerung: Die Anwendungsbereiche in Tabelle 4-5 sind relativ allgemein gehalten, aber die Aufgaben, die den Schutz vor einem Ausfall und den NWA betreffen, betreffen die Verteilnetzautomatisierung, die DEA und Speicher sowie das Ausfallmanagement. Dies bedeutet, dass die Latenz zwischen 20 ms und 2 s liegen sollte.

Die IKT-Infrastruktur wurde in dieser Arbeit, bis auf die Latenzzeiten, nicht explizit modelliert. Es wurde allerdings angenommen, dass die vorgeschlagenen Lösungen technisch realisierbar sind.

4.3.3 Datenermittlung

Für die sinnvolle Steuerung des Systems muss der Netzbetreiber zahlreiche Daten sammeln, um den Systemzustand ableiten zu können. Das Übertragungsnetz ist schon seit Jahren ausreichend mit Messinfrastruktur ausgestattet, inklusive Phasor-Measurement-Units (PMU), die bis zu hundertmal pro Sekunde eine zeitgestempelte Messung liefern können [62]. Die Zustandsschätzung gehört seit den 1970er Jahren zum Stand der Technik in dieser Netzebene [19]. Die Situation in der Verteilnetzebene, vor allem auf MS- und NS-Ebene, weicht drastisch ab. Erst in letzten Jahren, mit der Zunahme von DEA, wurde versucht, mit der Installation zusätzlicher Messtechnik diese Netzebenen transparenter für den Netzbetreiber zu machen. Aus diesem Grund wird an Zustandsschätzungsalgorithmen für Verteilnetze gearbeitet. Diese Algorithmen müssen mit Eingangsdaten umgehen, die wenig realen Messdaten beinhalten, und stattdessen den Ersatz in Form von kombinierten virtuellen oder Pseudomesswerten bzw. Standardleistungsprofilen nutzen [63]. In Kapitel 5.1.8 wird beschrieben, wie die Zustandsschätzung für das modellierte Netz implementiert wurde und welchen Einfluss diese auf die automatisierte Koordination hat.

4.3.4 Richtlinien

Auch bei funktionsfähiger Kommunikation, was in einem NS-Netz nicht selbstverständlich ist [56], wäre es nicht umsetzbar, einzelnen Anlagen Befehle zu erteilen. Deshalb wird eine derartige Kommunikation nicht weiter betrachtet. Stattdessen wurde berücksichtigt, dass die Anlagen Anforderungen an bestimmte Richtlinien erfüllen müssen, was in Kapitel 5.1.5.2 zusammengefasst ist. Anhand der Richtlinien lässt sich das aggregierte Verhalten der Anlagen vorhersehen und mittels der P(f)-Kennlinie in gewissem Maße beeinflussen.

4.3.5 Cold-Load-Pickup

Das aggregierte Verhalten der Lasten nach dem Ausfall ist durch den CLPU geprägt. Dieses Phänomen, das auf einer temporären deutlichen Steigung des Verbrauchs nach Versorgungsrückkehr basiert, besteht hauptsächlich wegen nicht vorhandener Lastdiversität (siehe Kapitel 5.1.4). Es ist ein bekanntes Problem, dessen Wirkung auf HS-Netze im Rahmen dieser Arbeit mithilfe von Active-Distribution-Networks minimiert werden soll.

4.3.6 Schutzkonzepte

Die Geräte, die für die Schutzkonzepte elektrischer Energiesysteme verwendet werden, sind für bestimmte Grenzwerte der relevanten Parameter ausgelegt. Bei gestörtem Betrieb und gespaltenem System können sich die Grenzen deutlich ändern, weshalb die Parametrierung der Schutzgeräte angepasst werden muss. Diese Umparametrierung wird in der vorliegenden Arbeit nicht betrachtet, da Ereignisse wie Kurzschlüsse nicht analysiert werden und deshalb Schutzkonzepte nicht zum Einsatz kommen würden.

Es wird jedoch die Inselbetriebserkennung betrachtet, da die dezentralen Anlagen typischerweise mit Systemen für die Detektion eines Inselbetriebes ausgestattet sind und dies Einfluss auf den analysierten Teilnetzbetrieb haben könnte [64]. Bei normalem Betrieb des Netzes ist der Inselbetrieb nicht erwünscht. Einerseits kann es zur Beschädigung der Anlage selbst kommen, andererseits könnte die Anlage einen Stromkreis, der absichtlich, z. B. wegen Wartungsarbeiten, von der Spannung getrennt wurde, weiter versorgen. Da die PV-Anlagen auf NS-Ebene relevante Einspeiser sind, wird ihr Verhalten in Kapitel 5.1.6 näher in Bezug auf die Inselbetriebserkennung betrachtet.

5 Modellierung des untersuchten Systems und dessen Komponenten

5.1 Modell des elektrischen Energieversorgungssystems

Wie bereits in Kapitel 4.1 erklärt wurde, bildet das Hauptsimulationsmodell ein 20-kV-Mittelspannungsnetz nach, das in Abbildung 4-1 veranschaulicht wird. Die weiteren Komponenten sind daran angeknüpft, ihre Beschreibung folgt der Betrachtung der verwendeten Simulationstechnik.

5.1.1 Auswahl der Simulationstechnik

Je nach betrachteter Zeitskala des Problems und Ziel der Berechnung sind verschiedene Vereinfachungen bei der Modellierung des elektrischen Energienetzes möglich bzw. notwendig. Das führt zu unterschiedlichen Ansätzen, die sich in folgende Kategorien einstufen lassen [65]:

- eingeschwungener Zustand,
- dynamischer Zustand,
- Frequenzgang.

Viele Autoren analysieren die NWA-Strategien ausschließlich mithilfe eingeschwungener Zustände, obwohl die Schaltaktionen und Transienten ein untrennbarer Teil des Prozesses sind. Grund dafür ist meistens die Größe des zu betrachtenden Systems.

Bei den Simulationen gemischter elektromagnetischer und elektromechanischer Transienten können verschiedene Darstellungen der Variablen verwendet werden [66]. Die häufigste Vorgehensweise bei der Simulation elektromechanischer Zustände ist der Ansatz mit zeitvarianten Phasoren. Die Dynamik des Netzes sowie anderer schneller Zustände wird vernachlässigt und als algebraischer Zustand betrachtet. Die Ströme und Spannungen werden mithilfe der Matrix $H(j\omega)$ verbunden, die einer Admittanz- bzw. Hybridmatrix entspricht. Diese Matrix wird nur für eine bestimmte Frequenz berechnet und bleibt während der Berechnung konstant, solange sich die Topologie des Netzes nicht ändert. Diese Methode ist genau, wenn sich die aus den Transienten resultierenden Oszillationen im Bereich von 0,2 bis 2 Hz befinden [67]. Allerdings ist die Annahme im Fall von kleinen Erzeugungen oder Wechselrichter(WR)-basierten Anlagen oft nicht gültig [68]. Bei elektromagnetischen Transienten (EMT) wiederum kann z. B. auf die *dq0*-Transformation, dynamische Phasoren oder *abc*-momentane Werte zurückgegriffen werden [69]. Die letzte Methode ist hierbei am genauesten, da die Harmonischen nicht vernachlässigt werden und sich damit auch unsymmetrische sowie nicht bilanzierte Systeme beschreiben lassen. Diese Technik wurde in dieser Arbeit für die Simulation der Teilnetzbildung und Resynchronisation verwendet, obwohl der Rechenaufwand dabei der größte ist. Bei der Größe des zu modellierenden Systems ist diese Vorgehensweise jedoch akzeptabel. Für die Simulation wurde Matlab/Simulink mit der Bibliothek ‚Specialized Power Systems' verwendet. Für die Simulation des Hochfahrens des Teilnetzes wurde die in Kapitel 5.3.5 beschriebene Technik genutzt.

Der Zustandsraum des Modells besteht aus Differenzial- und algebraischen Gleichungen. Die Gleichungen, die das elektrische Energiesystem beschreiben, stellen häufig ein steifes System dar, was bedeutet, dass sie Zustände mit unterschiedlichen Zeitspannen beinhalten. Bei solchen Systemen ist eine implizite Auflösung der Gleichung nötig, um eine bessere nummerische Stabilitätseigenschaft zu erhalten [70]. In der Arbeit wurden die Gleichungen mit dem Solver ‚ode23tb' von Matlab/Simulink aufgelöst [71].

Der zuvor beschriebene Ansatz wurde für das Simulationsmodell des elektrischen Energienetzes getroffen. Allerdings werden bei der Komponente ‚Agent-Switch', die in Kapitel 5.2.5 beschrieben ist, für den Betrieb auch andere Netzdarstellungen verwendet, die sich je nach Zweck unterscheiden. Das Netzmodell für die Berechnung der Zustandsschätzung ist in Kapitel 5.1.8 beschrieben. Die vereinfachte Simulation der dynamischen Zustände wurde wie in Kapitel 5.3.5.1 dargestellt durchgeführt. Vom Agent-Switch wurden verschiedene optimale Lastflussprobleme formuliert, was im Zusammenhang mit den entsprechenden Strategien in Kapitel 6 erklärt ist.

5.1.2 Blockheizkraftwerk

Im Rahmen der vorliegenden Arbeit wurde ein Blockheizkraftwerk (BHKW), in dem Biogas als Brennstoff verwendet wird, modelliert. Biogasanlagen zählen zu DEA mit dem größten Flexibilisierungspotential. Im Gegensatz zu PV- oder Windkraftanlagen sind sie bei kurzfristiger Betrachtung unabhängig vom Wetter. Der Energieträger kann unaufhörlich aufgefüllt werden, was im Fall von Batteriespeichern oder Wasserspeicherkraftwerken nicht möglich ist. Die Installation der Anlage ist mit weniger topographischen Voraussetzungen verbunden als die von Wasserkraftwerken. Zusätzlich kann die Wärme, die bei einem BHKW als Nebenprodukt erzeugt wird, als Fernwärme für naheliegende Verbraucher verwendet werden.

Brennstoffzellen haben ein ähnliches Niveau an Flexibilität, die industriellen Systeme weisen aber noch nicht einen ausreichend hohen Reifegrad auf, um sie flächendeckend einzusetzen [72]. Der größte Nachteil von Biogasanlagen ist jedoch die Bereitstellung der Biomasse, die teilweise aus großer Entfernung geliefert werden muss. Dies hat eine negative Auswirkung auf die Klimaneutralität der Anlagen.

Der Fokus des Modells liegt auf dem elektrischen Teil des BHKWs (siehe Abbildung 5-1). Dieser besteht aus einem Gasmotor als Antrieb sowie dessen Drehzahlregler, einem Synchrongerator zusammen mit dem Erregersystem. Die Modellierung der genannten Komponenten wird in den Kapiteln 5.1.2.1 und 5.1.2.3 beschrieben.

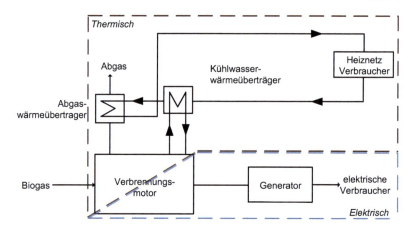

Abbildung 5-1: Funktionsschema einer motorgetriebenen BHKW-Anlage [73]

Das BHKW hat typischerweise vier Betriebsweisen [73]:

- wärmegeführt,
- stromgeführt,
- stromorientiert,
- netzgeführt.

Beim wärmegeführten Modus ist der Betrieb auf die Wärmeabgabe ausgerichtet. Im stromgeführten Modus wird hingegen die eingespeiste elektrische Leistung maximiert, wobei die Überschusswärme an die Umgebung abgegeben wird. Im stromorientierten Betrieb wird hauptsächlich Wärme abgegeben, wobei der Stromnachfrage innerhalb des Regelungsraums nachgegangen wird. Die netzgeführte Betriebsart wird z. B. bei virtuellen Kraftwerken (VKK) genutzt, um zentral den Einsatz der dezentralen Anlagen optimieren zu können. In dieser Arbeit wird vom strom- bzw. netzgeführten Betriebsmodus des BHKWs ausgegangen.

5.1.2.1 Antriebsmotor mit Drehzahlregler

Als Verbrennungsmotor wurde das Modell des Dieselmotors verwendet [74], das über Jahre für die Modellierung verschiedener Leistungsklassen genutzt wurde [75]-[77]. Die Struktur ist schematisch in Abbildung 5-2 dargestellt.

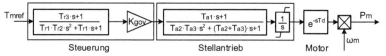

Abbildung 5-2: Modell des Verbrennungsmotors

Der Motor selbst ist als ein Zeitverzögerungsblock dargestellt. Die Zeitkonstante T_d entspricht der Zündverzögerungszeit und der Arbeitstaktverzögerung [75]. Die Verzögerungen sind unter anderem vom Design des Motors, dem Kraftstoff, der Betriebstemperatur sowie der Drehzahl abhängig. Für einen erwärmten Motor, der mit nahezu Nenndrehzahl betrieben wird, kann T_d als konstant angenommen werden. Die Trägheit des Antriebs ist in dem Modell nicht berücksichtigt, weshalb die Trägheitskonstante des angeschlossenen Synchrongenerators verdoppelt wird. Der Stellantrieb steuert den Kraftstoffzufluss durch die Position eines Ventiles. Die Steuerung des Stellantriebes erfolgt mithilfe elektrischer Steuerkästen. Die Verstärkungskonstante K_{gov} hat großen Einfluss auf das dynamische Verhalten des Motors und wird getrennt für Verbund- und Teilnetzbetrieb mittels Optimierungsprozess an das System angepasst und während des Betriebs eingestellt, was in Kapitel 5.1.2.4 erläutert wird. Die restlichen Parameter sind der Literatur entnommen und in Anhang A zu finden.

5.1.2.2 Automatic Voltage-Regulator

Die Erregungssysteme können sowohl DC als auch AC verwenden, wobei moderne Erregungssysteme meistens als AC-bürstenlose oder statische Erreger umgesetzt sind [78]. Im Rahmen dieser Arbeit wurde das bürstenlose AC5A Erregungssystem der IEEE Power Engineering Society verwendet [79] (siehe Abbildung 5-3).

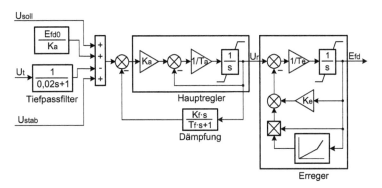

Abbildung 5-3: AC5A-Erregungssystem [79]

Der Automatic Voltage-Regulator (AVR) hat drei Eingänge; außer dem Referenzsignal der Generatorspannung U_{ref} wird die gemessene Klemmenspannung U_t über einen Tiefpass gefiltert und eingespeist. Das Signal U_{stab} ist für den Power-System-Stabilizer (PSS) vorgesehen, der jedoch in dieser Arbeit nicht implementiert wurde. E_{fd0}/K_a ist der Wert der Anfangsbedingung. Die Summe der Signale wird am Hauptregler vorgegeben, der als PT1-Block modelliert ist. Die Verstärkungskonstante K_a ist typischerweise groß gewählt (20 bis 400), um die Regelabweichung möglichst klein zu halten [19]. Das kann aber das transiente Verhalten des Erregers verschlechtern, weshalb die Dämpfung notwendig ist [78]. Der Erreger ist durch den Verzögerungsblock erster Ordnung modelliert. Eine zusätzliche Nichtlinearität wurde verwendet, um die Sättigung des Eisens des

Erregers nachzubilden [80]. Die verwendeten Parameter sind der Literatur entnommen und in Anhang A zusammengefasst.

5.1.2.3 Synchrongenerator

Die Modellierung des Synchrongenerators ist vielfältig, einerseits aufgrund der Komplexität der Thematik und andererseits, da in der klassischen Energieversorgung die direkt angeschlossenen Synchrongeneratoren für die Bereitstellung eines Großteils der elektrischen Energie zuständig waren, in Kohle-, Wasser- oder Atomkraftwerken. Mit der Energiewende sank dieser Anteil, aber trotzdem wird in Konzepten wie der ‚Virtual Synchronous Machine' (VSM) oder dem ‚Virtual Synchronous Generator' (VSG) versucht, das dynamische Verhalten der Maschinen mithilfe spezieller Steuerungsstrategien durch leistungselektronische Konverter nachzubilden, um die bekannten Methoden für die Systemführung übernehmen zu können oder den stabilisierenden Effekt der Trägheit der Maschinen zu nutzen [81], [82]. In diesem Unterkapitel wird das verwendete Modell der Synchronmaschine grundsätzlich beschrieben, die detaillierten Herleitungen können in [78], [83], [84] gefunden werden.

In Simulationen werden Modelle von Synchrongeneratoren mit unterschiedlichem Komplexitätsgrad verwendet. Für die vereinfachte Betrachtung werden nur die mechanischen Differentialgleichungen berücksichtigt, ein sogenanntes klassisches Modell, das nur die Periode der ersten ein bis zwei Sekunden nach der Störung nachbildet. Die zwei Differentialgleichungen beschreiben die Winkelgeschwindigkeit und den Läuferswinkel [83]. Andererseits gibt es Modelle achter Ordnung, bei denen acht Differenzialgleichungen für die Beschreibung eines breiteren Bereiches der Arbeitspunkte und Simulationszeiten nötig sind. Bezüglich der Konstruktion wird zwischen dem Schenkelpol- und dem Vollpolläufer unterschieden. Ersterer kommt häufig bei Generatoren mit niedrigerer mechanischer Geschwindigkeit und höherer Polpaarzahl zum Einsatz, z. B. bei Hydroturbinen. Generatoren mit Vollpolläufer haben typischerweise eine höhere mechanische Drehzahl, 1500 oder 3000 min^{-1}, und sind an Dampfturbinen angeschlossen. Aufgrund der Geschwindigkeiten, bei denen die Dieselmotoren arbeiten, wurde in dieser Arbeit ein Modell der Vollpolmaschine für diesen Zweck verwendet. Diese hat eine Erregerwicklung in der d-Achse des Läufers, eine Dämpfungswicklung in dieser Achse sowie zwei Dämpfungswicklungen in der q-Achse des Läufers (siehe Abbildung 5-4). Die zusätzliche Dämpfung in der q-Achse entspricht den Wirbelströmen, die im Eisen des Vollpolläufers induziert werden [83]. Die für die Modellierung angenommenen Vereinfachungen sind wie folgt [19]:

- Die elektrischen und magnetischen Kreise sind linear.
- Die Phasenwicklungen sind symmetrisch.
- Die Statorinduktanz ändert sich mit der Läuferposition sinusförmig und beinhaltet keine höheren Harmonischen.
- Die elektrischen Kreise beinhalten keine Kapazitäten.
- Die Wirkung der Wirbelströme kann zusammen mit den Dämpfungswicklungen modelliert werden.

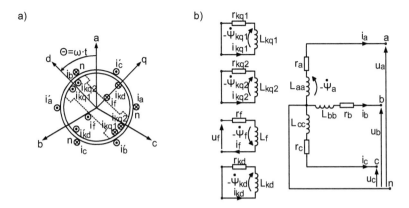

Abbildung 5-4: Vereinfachte Darstellung einer Synchronmaschine: a) Durchschnitt; b) Ersatz-schaltbild in einem abc-System

Das Erzsatzschaltbild kann durch die Matrixgleichung (5-1) beschrieben werden. Die Impedanz des Neutralleiters wurde vernachlässigt und es wurde $r_a = r_b = r_c = r_s$ angenommen, da es sich um einen symmetrischen Betrieb handelt. Die Maschine ist als Generator modelliert und somit weisen die Ströme, die zur Last fließen, positive Vorzeichen auf.

$$
\begin{bmatrix} u_a \\ u_b \\ u_c \\ -u_f \\ 0 \\ 0 \\ 0 \end{bmatrix} = -
\begin{bmatrix} r_s & 0 & 0 & 0 & 0 & 0 & 0 \\ 0 & r_s & 0 & 0 & 0 & 0 & 0 \\ 0 & 0 & r_s & 0 & 0 & 0 & 0 \\ 0 & 0 & 0 & r_f & 0 & 0 & 0 \\ 0 & 0 & 0 & 0 & r_{kd} & 0 & 0 \\ 0 & 0 & 0 & 0 & 0 & r_{kq1} & 0 \\ 0 & 0 & 0 & 0 & 0 & 0 & r_{kq2} \end{bmatrix}
\cdot
\begin{bmatrix} i_a \\ i_b \\ i_c \\ i_f \\ i_{kd} \\ i_{kq1} \\ i_{kq2} \end{bmatrix}
-
\begin{bmatrix} \dot{\psi}_a \\ \dot{\psi}_b \\ \dot{\psi}_c \\ \dot{\psi}_f \\ \dot{\psi}_{kd} \\ \dot{\psi}_{kq1} \\ \dot{\psi}_{kq2} \end{bmatrix}
\tag{5-1}
$$

In verkürzter Form lautet die Matrix:

$$
\begin{bmatrix} u_{sabc} \\ u_{rfdq} \end{bmatrix} = -
\begin{bmatrix} R_{s,3x3} & 0_{3x4} \\ 0_{4x3} & R_r \end{bmatrix}
\cdot
\begin{bmatrix} i_{sabc} \\ i_{rfdq} \end{bmatrix}
-
\begin{bmatrix} \dot{\psi}_{sabc} \\ \dot{\psi}_{rfdq} \end{bmatrix}
\tag{5-2}
$$

Die Komponenten mit tiefgestelltem s beziehen sich auf die Seite des Stators, die mit r gekennzeichneten auf die des Läufers.

Die größte Schwierigkeit bei der Analyse einer Synchronmaschine ist, dass sich mit dem rotierenden Läufer die Geometrie der Maschine und dadurch auch die Induktanz ändert. Diese Zeitabhängigkeit wird umgegangen, indem das *abc*-System in das stationäre, mit dem Läufer gebundenen, *0dq*-System transformiert wird. Diese Transformation wird mithilfe der Transformationsmatrix **P** durchgeführt:

$$P = \sqrt{\frac{2}{3}} \cdot \begin{bmatrix} \dfrac{1}{\sqrt{2}} & \dfrac{1}{\sqrt{2}} & \dfrac{1}{\sqrt{2}} \\ cos\theta & cos\left(\theta - \dfrac{2}{3}\pi\right) & cos\left(\theta + \dfrac{2}{3}\pi\right) \\ sin\theta & sin\left(\theta - \dfrac{2}{3}\pi\right) & sin\left(\theta + \dfrac{2}{3}\pi\right) \end{bmatrix} \tag{5-3}$$

$$X_{0dq} = P \cdot X_{abc} \tag{5-4}$$

$$\dot{X}_{0dq} = \dot{P} \cdot X_{abc} + P \cdot \dot{X}_{abc} \tag{5-5}$$

Der Teil der Gleichung (5-2), der den Läufer beschreibt, ist schon in den dq-Koordinaten gegeben. Um den Rest der Gleichung zu transformieren, wird zunächst die linke Seite betrachtet:

$$\begin{bmatrix} P & 0_{3x4} \\ 0_{4x3} & I_4 \end{bmatrix} \cdot \begin{bmatrix} u_{sabc} \\ u_{rfdq} \end{bmatrix} = \begin{bmatrix} u_{s0dq} \\ u_{rfdq} \end{bmatrix} \tag{5-6}$$

Analog dazu muss auch die erste Komponente der rechten Seite behandelt werden:

$$\begin{bmatrix} P & 0_{3x4} \\ 0_{4x3} & I_4 \end{bmatrix} \cdot \begin{bmatrix} R_{s,3x3} & 0_{3x4} \\ 0_{4x3} & R_r \end{bmatrix} \cdot \begin{bmatrix} i_{sabc} \\ i_{rfdq} \end{bmatrix} = \begin{bmatrix} R_{s,3x3} & 0_{3x4} \\ 0_{4x3} & R_r \end{bmatrix} \cdot \begin{bmatrix} i_{s0dq} \\ i_{rfdq} \end{bmatrix} \tag{5-7}$$

Um die Ableitungen der Flüsse aus Gleichung (5-2) zu transformieren, wird (5-5) verwendet:

$$\begin{bmatrix} P & 0_{3x4} \\ 0_{4x3} & I_4 \end{bmatrix} \cdot \begin{bmatrix} \dot{\Psi}_{sabc} \\ \dot{\Psi}_{rfdq} \end{bmatrix} = \begin{bmatrix} P \cdot \dot{\Psi}_{sabc} \\ \dot{\Psi}_{rfdq} \end{bmatrix} = \begin{bmatrix} \dot{\Psi}_{s0dq} - \dot{P} \cdot P^{-1} \cdot \Psi_{s0dq} \\ \dot{\Psi}_{rfdq} \end{bmatrix} \tag{5-8}$$

Dann wird Gleichung (5-2) komplett im 0dq-System dargestellt:

$$\begin{bmatrix} u_{s0dq} \\ u_{rfdq} \end{bmatrix} = -\begin{bmatrix} R_{s,3x3} & 0 \\ 0 & R_r \end{bmatrix} \cdot \begin{bmatrix} i_{s0dq} \\ i_{rfdq} \end{bmatrix} - \begin{bmatrix} \dot{\Psi}_{s0dq} \\ \dot{\Psi}_{rfdq} \end{bmatrix} + \begin{bmatrix} \dot{P} \cdot P^{-1} \cdot \Psi_{s0dq} \\ 0_{4x1} \end{bmatrix} \tag{5-9}$$

Beim symmetrischen Betrieb ist die 0-Komponente immer null. Darüber hinaus kann $\dot{\Psi}_{s0dq}$ vernachlässigt werden [19]. Unter Berücksichtigung von (5-10) ergibt sich Gleichung (5-11).

$$\dot{P} \cdot P^{-1} \cdot \Psi_{s0dq} = \begin{bmatrix} 0 \\ -\omega \cdot \Psi_q \\ \omega \cdot \Psi_d \end{bmatrix} \tag{5-10}$$

$$\begin{bmatrix} u_{sdq} \\ u_{rfdq} \end{bmatrix} = -\begin{bmatrix} R_{s,2x2} & 0 \\ 0 & R_r \end{bmatrix} \cdot \begin{bmatrix} i_{sdq} \\ i_{rfdq} \end{bmatrix} - \begin{bmatrix} \dot{\Psi}_{sdq} \\ \dot{\Psi}_{rfdq} \end{bmatrix} + \begin{bmatrix} -\omega \cdot \Psi_q \\ \omega \cdot \Psi_d \\ 0_{4x1} \end{bmatrix} \tag{5-11}$$

Die Komponenten der Matrizen können jetzt nach den d- und q-Achsen sortiert werden. Um ein Zustandsraummodell zu formulieren, muss die Abhängigkeit zwischen Strömen und Flüssen verwendet werden, die durch die Induktanzmatrix (5-12) bestimmt ist. In der Literatur kommen auch die Ströme als Zustandsvariable vor [83], was vorteilhaft ist, wenn das ganze Netz im *ODQ*-System modelliert ist, da es die direkte Anbindung der Generatoren in Netzgleichungen bietet. Die Schreibweise *ODQ* unterscheidet die systemweite Transformation von der lokalen *dq0*-Transformation eines Generators.

$$\begin{bmatrix} i_d \\ i_{fd} \\ i_{kd} \\ i_q \\ i_{kq1} \\ i_{kq2} \end{bmatrix} = [L_{dq}]^{-1} \cdot \begin{bmatrix} \Psi_d \\ \Psi_{fd} \\ \Psi_{kd} \\ \Psi_q \\ \Psi_{kq1} \\ \Psi_{kq2} \end{bmatrix} \tag{5-12}$$

Die Induktanzmatrix ist bereits im *Odq*-System gegeben. Die Herleitung ist unter anderem [78], [83] zu entnehmen. Mithilfe der Induktanzmatrix ergibt sich aus Gleichung (5-11):

$$[u_{dq}] = -[R] \cdot [L_{dq}]^{-1} \cdot [\Psi_{dq}] + [\omega] \cdot [\Psi_{dq}] - [\dot{\Psi}_{dq}] \tag{5-13}$$

Dabei gilt:

$$[\omega] = \begin{bmatrix} 0 & 0 & 0 & -\omega & 0 & 0 \\ 0 & 0 & 0 & 0 & 0 & 0 \\ 0 & 0 & 0 & 0 & 0 & 0 \\ \omega & 0 & 0 & 0 & 0 & 0 \\ 0 & 0 & 0 & 0 & 0 & 0 \\ 0 & 0 & 0 & 0 & 0 & 0 \end{bmatrix} \tag{5-14}$$

Der elektrische Teil des Zustandsraummodells wird zusammengefasst durch die folgende Formel:

$$[\dot{\Psi}_{dq}] = \left(-[R] \cdot [L_{dq}]^{-1} + [\omega] \right) \cdot [\Psi_{dq}] - [u_{dq}] \tag{5-15}$$

Das Modell beinhaltet zusätzlich einen mechanischen Teil. Dieser ist von Bedeutung, da er die elektrische bzw. mechanische Geschwindigkeit sowie den für die *Odq*-Transformation benötigten Winkel des Läufers δ bestimmt. Die elektrische Drehzahl wird durch die differenziale Gleichung (5-16) beschrieben. Vom mechanischen Drehmoment T_m wird zusätzlich zum elektrischen Drehmoment noch die Dämpfung, die mit konstantem Faktor direkt proportional zur Geschwindigkeit ist, subtrahiert:

$$\dot{\omega}_m = \frac{1}{J} \cdot (T_m - T_e - D \cdot \omega_m) \tag{5-16}$$

Dabei gilt:

$$T_e = \frac{3}{2} \cdot p \cdot (i_q \cdot \Psi_d - i_d \cdot \Psi_q) \tag{5-17}$$

Die Änderungen des Läuferwinkels beschreibt Gleichung (5-18):

$$\dot{\delta} = \omega_m - \omega_{ref} \tag{5-18}$$

Ein Synchrongenerator mit Vollpolläufer wird in der vorliegenden Arbeit mit den Gleichungen (5-15), (5-16) und (5-18) modelliert. Bei der Schenkelpolmaschine hingegen wird Gleichung (5-15) um eine Ordnung reduziert [83]. Dies ist damit verbunden, dass die zweite Dämpfung in der *q*-Achse, die durch den Index *kq2* gekennzeichnet ist, entfällt. Die Parameter des Generators sind in Anhang A zu finden.

Für den Zweck der Berechnung des optimalen Lastflusses wurde die Begrenzung des Generators linearisiert (siehe Abbildung 5-5) [11]. Abschnitt AB entspricht der dauerhaft zulässigen Erwärmung der Erregung. Abschnitt BC stellt die Begrenzung durch die Scheinleistung des Generators dar. Die Strecke CD entspricht dem Polradwinkel *δ* = 70°, was die Reserve der theoretischen statischen Stabilitätsgrenze von *δ* = 90° berücksichtigt. Punkt E definiert den minimalen Erregerstrom mit 10 % der Leerlaufer-regung. Die Leistung der Turbine wird gleich der Leistung des Generators angenommen, weshalb diese *q(p)* nicht weiter beschränkt.

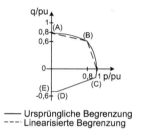

Abbildung 5-5: Implementierte Begrenzungen des Synchrongenerators

5.1.2.4 Regelung des BHKW

Die modellierten Regelungsstrecken des BHKWs sind in Abbildung 5-6 dargestellt. Das BHKW kann sich in zwei Betriebsmodi befinden: Der erste ist netzspeisend und soll nur aktiviert werden, wenn die Anlage am Verbundsystem angeschlossen ist – das ist der in Kapitel 5.1.2 erwähnte stromgeführte Modus. In diesem Modus hängen die Werte der eingespeisten Wirk- und Blindleistung nur von deren Sollwerten ab. Diese sind norma-lerweise an der Vergütung orientiert, was wiederum bedeutet, dass die Wirkleistung möglichst hoch und die Blindleistung nahezu neutral eingestellt ist. In diesem Fall nimmt die boolesche Variable *Teilnetz* den Wert null an. Diese Variable bestimmt, ob die Anlage im Teilnetz- oder Verbundbetrieb arbeitet. Nach Abbildung 5-6 wird der Sollwert der Wirkleistung mit dem gemessenen Wert der elektrischen Leistung verglichen und als Regelabweichung an den Drehzahlregler weitergegeben. Die Verstärkung K_{gov} des Reglers hat großen Einfluss auf die Stabilität des Generators und wird je nach Modus unterschiedlich eingestellt, sodass zwischen $K_{gov,vrb}$ beim Verbundbetrieb und $K_{gov,tln}$ beim Teilnetzbetrieb gewechselt wird. Die restlichen Parameter der Übertragungsfunk-tionen (siehe 5.1.2.1) bleiben in beiden Fällen gleich.

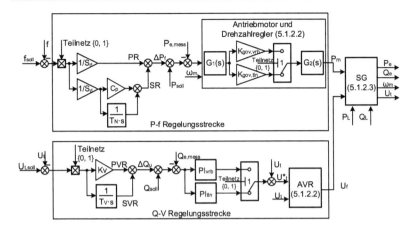

Abbildung 5-6: Modellierte Regelungsstrecken des BHKWs

Die Blindleistung wird indirekt geregelt, indem der Sollwert der Klemmenspannung U_t für den AVR angepasst wird. Anhand der Regelungsabweichung zwischen dem vorgegebenen Wert der Blindleistung Q_{soll} und dem gemessenen Wert der Blindleistung $Q_{e,mess}$ stellt ein PI-Regler eine Änderung des Ist-Wertes der Spannung U_t ein. Analog zur Verstärkung K_{gov} sind zwei getrennte Regler mit unterschiedlichen Parametern für den jeweils anderen Modus PI_{vrb} bzw. PI_{tln} vorgesehen. Die Einstellungen des AVR sind vom gewählten Modus unabhängig.

Dem BHKW kommt eine entscheidende Rolle zu, wenn das Verbundsystem nicht vorhanden ist. In diesem Fall wird das BHKW zur netzbildenden Einheit und ist somit für die Frequenz- und Spannungshaltung im Teilnetz verantwortlich. Dabei werden die P-f- und Q-U-Regelungsstrecken vollständig aktiviert. Sie orientieren sich an der Regelung, die im herkömmlichen Verbundsystem vorhanden ist. Die Frequenz wird dreistufig in Abhängigkeit von der Wirkleistung gesteuert. Die erste Stufe ist die Primärregelung, mit proportionaler Änderung von P zur Frequenzabweichung. Die zweite Stufe beinhaltet zusätzlich einen Integrator-Block, der die eingeschwungene Abweichung der Frequenz nachregeln soll. Bei der dritten Stufe handelt es sich um die Vorgabe des Koordinator-Agenten. Wie in Kapitel 6 erklärt wird, kümmert sich dieser um die optimale Lastaufteilung im Teilnetzbetrieb.

Bei der Bestimmung der Konstante S_d in der PR-Strecke wurde davon ausgegangen, dass das BHKW als netzbildende Einheit möglichst in der Nähe von 50 % ihrer Nennleistung betrieben werden soll, um die nötige Regelleistung liefern zu können. In dem Fall wurde als Wert für S_d 8 % gewählt, was bedeutet, dass bei einer Frequenzabweichung von 2 Hz die Wirkleistungseinspeisung um 50 % geändert werden soll. Die Verstärkung B der SR-Strecke entspricht dem *Frequency-Bias-Factor* eines *Automatic Generator-Controller* (AGC) und ist, ähnlich wie in *Multi-Area-Systems* mit *Non-Interactive Control*, gleich $1/S_d$ [85]. C_p liegt bei Reglern im Verbundsystem typischerweise zwischen 0,1 und 1 [85]. In dieser Arbeit wurde für C_p ein Wert von 0,2 gewählt, was bedeutet, dass mit dem gewählten B der proportionale Teil der SR-Wirkleistung 20 % der von PR kommenden Wirkleistung entspricht. Die Zeitkonstante T_N soll SR von PR entkoppeln und mit einem Trial-and-Error-Ansatz wurde der Wert 7,4 s für diese bestimmt.

Im Teilnetzbetrieb ist die Q-U-Regelung ebenso mehrstufig und entspricht der *Secondary Voltage-Regulation* (SVR) [85]. Der Pilotknoten für den Spannungsregler ist der Anschlusspunkt des BHKWs. Der Spannungssollwert dafür wird durch die Berechnung des optimalen Lastflusses (engl. *optimal power flow*, OPF) des Switch-Agenten festgelegt. Die gemessene Spannungsabweichung bildet das Eingangssignal des PI-Reglers, der in offener Form in Abbildung 5-6 gezeigt ist. Der P-Teil ist bei allen steuerbaren Anlagen (BHKW, PV-MS, siehe Kapitel 5.1.3.2; Batteriespeichersystem(BSS)-MS, siehe Kapitel 5.1.3.3) implementiert, der I-Anteil jedoch nur bei den BHKW. Wenn die Spannung sich aufgrund von Netzlaständerungen trotz Anpassung des U-Droop nicht an den Sollwert hält, soll die Blindleistungseinspeisung durch die Wirkung des Integrator-Blockes entsprechend angepasst werden. Diese Anpassung wird zum Blindleistungssollwert, der ebenfalls durch den OPF bestimmt, addiert und mit dem gemessenen Wert verglichen wird. Die beobachtete Q-Abweichung soll mittels eines weiteren PI-Reglers ausgeregelt werden, indem eine Korrektur zur gemessenen Klemmenspannung addiert wird.

Bei der Bestimmung von K_U wurde ebenso die Annahme von 50 % der Wirkleistungskapazität des BHKWs als Betriebspunkt getroffen, wie bei S_d. Weiterhin ist anhand der Charakteristik in Abbildung 5-5 ersichtlich, dass bei diesem Betriebspunkt die minimale und die maximale Blindleistung nicht symmetrisch sind und eine Abweichung im Bereich von ca. -40 % und 65 % aufweisen. Wenn K_U gleich 2 ist, wird bei der Nullblindleistungseinspeisung die Klemmenspannung von 1,2 p. u. das ganze Potential von -40 % aktivieren. Für die Zeitkonstante T_U wurde experimentell ein Wert von 10 s ermittelt.

Die Parameter $K_{gov,vrb}$, $K_{gov,tnl}$, P_{vrb}, T_{ivrb}, P_{tln} und T_{itln} wurden mittels Optimierung bestimmt, was in Anhang B beschrieben ist. Die Zusammenfassung aller Parameter des BHKW-Modells ist in Anhang A zu finden.

5.1.3 Inverterbasierte Mittelspannungsanlagen

Da *Distributed-Energy-Resources*(DER)-Anlagen, wie PV, Batteriespeicher oder Brennstoffzellen, Gleichstrom erzeugen, müssen sie zusätzlich mit einem WR ausgestattet werden, um in das AC-Netz einspeisen zu können. Selbst Wechselstromgeneratoren sowie z. B. Windturbinen mit Asynchrongeneratoren sind meistens mithilfe leistungselektronischer Konverter an das Netz angeschlossen. Neben der Anpassung der Parameter für den eingespeisten Strom werden die Konverter oft für die Optimierung der Einspeisung mittels *Maximal-Power-Point-Tracking* (MPPT) oder der Bereitstellung netzdienlicher Funktionalitäten, bspw. der Blindleistungsbereitstellung, genutzt. Das dynamische Verhalten der WR kann die Dynamik des Netzes aufgrund kleinerer Trägheit deutlich beeinflussen. Um diesen Einfluss zu berücksichtigen, wurden im Rahmen dieser Arbeit PV-Anlagen und Großbatteriespeicher auf MS-Ebene mit dem WR-Modell an das Netz angeschlossen. Das WR-Modell ist in beiden Fällen gleich und wird im Folgenden beschrieben. Die Unterschiede im Betrieb sind technologiespezifisch und werden in den Kapiteln 5.1.3.2 und 5.1.3.3 erklärt.

5.1.3.1 Wechselrichtermodell

Es wird hauptsächlich zwischen drei Betriebsarten eines WRs für die Netzankopplung von DER unterschieden: netzbildend, netzspeisend, netzspeisend-netzstützend. Ersterer erzeugt die Wechselspannung mit vorgegebener Frequenz und Amplitude, wobei sich die Wirk- und die Blindleistung durch das *Power-Sharing* zwischen allen Anlagen ergeben und in einem breiten Bereich ändern können. Im Gegenteil dazu speisen die netzspeisenden WR die vorgegebene Wirk- und Blindleistung bei bestehender Spannung ein. Netzstützung bedeutet in diesem Kontext, dass die WR ihre Einspeisung je nach Abweichungen der Frequenz bzw. Amplitude der Spannung mit einem Droop-Proportionsfaktor anpassen, siehe Gleichung (5-19).

$$\begin{cases} P^* = P_{soll} + \Delta P = P_{soll} + k_f \cdot \Delta f \\ Q^* = Q_{soll} + \Delta Q = Q_{soll} + k_u \cdot \Delta |U| \end{cases} \tag{5-19}$$

In dieser Arbeit sind die BHKW mit dem Synchrongenerator als netzbildende Einheit modelliert, wohingegen die WR-basierten Anlagen lediglich als netzspeisende bzw. -stützende modelliert wurden, weswegen im Folgenden lediglich diese Implementierung erklärt wird.

Die Wirkleistung der Anlage kann vom Regler der Eingangsquelle bestimmt werden, siehe Abbildung 5-7a), indem er typischerweise den *Maximal-Power-Points* (MPP) folgt. In diesem Fall ist der Regler des WRs für die Einhaltung der DC-seitigen Spannung auf einer zuvor definierten Ebene verantwortlich. Wenn die Anlage sich im netzstützenden Modus befindet, kann der WR-Regler auch die Wirk- und Blindleistungsänderungen, die sich durch die *f*- und |*U*|-Abweichungen ergeben, bestimmen. Die Eingangsquelle kann aber auch die Spannung des Zwischenkreiskondensators steuern, siehe Abbildung 5-7b). Dann hängen die eingespeiste Wirk- und Blindleistung vom WR-Regler ab. In dieser Arbeit wurde die in [86] genannte zweite Variante für die Modellierung gewählt.

Aufgrund der angenommenen Struktur der Anlage kann die detaillierte Nachbildung der Steuerung der Eingangsquelle vereinfacht und durch Einsetzen der idealen Spannungsquelle ersetzt werden. Der dreiphasige WR wird von den Spannungsquellen gespeist. Amplitude und Phase der Quelle werden angepasst, um die erwarteten Werte der Wirk- und Blindleistung am Ausgang bei bestehender $\underline{U}$ und f zu erzeugen (siehe Abbildung 5-8).

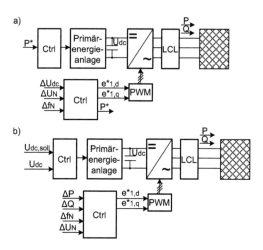

Abbildung 5-7: Schematische Darstellung der wichtigsten Blöcke der DER-Anlage: a) von Primärenergieanlage gesteuerte Wirkleistung; b) von Eingangsquelle gesteuerte Spannung der DC-Seite

Die $P_{min/max}$- und $Q_{min/max}$-Blöcke sind von den Primärenergieträgern sowie der Konstruktion des WRs abhängig und werden in den Kapiteln 5.1.3.2 und 5.1.3.3 näher erklärt. Die Abhängigkeit vom Primärenergiedargebot symbolisieren die Pfeile in Blöcken $P_{min/max}$, $Q_{min/max}$ in Abbildung 5-8.

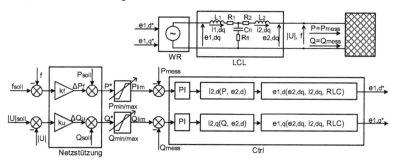

Abbildung 5-8: Ersetzen der WR-Topologie durch steuerbare Spannungsquelle

Wie schon in Abbildung 5-8 angedeutet, basiert die Steuerung auf der 0dq-Transformation, die bereits in Kapitel 5.1.2.3 dargestellt wurde. Diese transformiert die Wechselsignale in ‚konstante' Signale, was den Einsatz klassischer PID-Regler ermöglicht. Darüber hinaus wird bei der geeigneten Wahl des Transformationswinkels Θ die q-Komponente der Spannung null, wodurch die Trennung von P- und Q-Regelstrecke möglich ist:

$$\begin{cases} P = \dfrac{3}{2} \cdot (u_d \cdot i_d + u_q \cdot i_q) \overset{u_q=0}{\cong} \dfrac{3}{2} \cdot u_d \cdot i_d \\[3mm] Q = \dfrac{3}{2} \cdot (u_q \cdot i_d - u_d \cdot i_q) \overset{u_q=0}{\cong} -\dfrac{3}{2} \cdot u_d \cdot i_q \end{cases}$$

(5-20)

Es ergibt sich also die hierarchische Struktur der Regelung wie folgt:

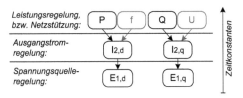

Abbildung 5-9: Hierarchie der Steuerung des WR-Modells

Es zeigt, dass für die Wirkleistung die Größen in der *d*-Achse und für die Blindleistung die in der *q*-Achse verantwortlich sind.

Bei der Regelung des Ausgangstromes spielen die Topologie und die Komponenten des Filters eine essenzielle Rolle. Die Hauptaufgabe des LCL-Filters ist die Dämpfung der Spitzen, die sich beim Schalten der Transistoren im WR ergeben, was beim Einsatz einer idealen Spannungsquelle allerdings nicht der Fall sein sollte. Die Nebenwirkung des Filters ist jedoch, dass aufgrund der vorhandenen Induktivitäten und Kapazitäten ein Einfluss auf die Dynamik der Anlage gegeben ist. Um diesen Einfluss nachzubilden, ist der Filter im DER-Anlage-Modell ebenfalls modelliert. Um die Regelung von $I_{2,dq}$ unter Berücksichtigung der RLC-Elemente zu bestimmen, werden die Kirchhoff-Gleichungen des Filters anhand von Abbildung 5-10 analysiert.

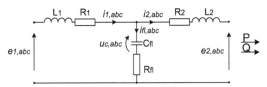

Abbildung 5-10: Topologie des LCL-Ausgangsfilters im abc-System

Das Gleichungssystem, das den LCL-Filter-Kreis im *abc*-System beschreibt, ist in (5-21) dargestellt. Die Indizien *abc* wurden aus Gründen der Übersichtlichkeit weggelassen.

$$\begin{cases} e_1 = i_1 \cdot R_1 + L_1 \cdot \dfrac{di_1}{dt} + u_C + i_{fl} \cdot R_{fl} \\[3mm] i_2 \cdot R_2 + L_2 \cdot \dfrac{di_2}{dt} + e_2 = i_{fl} \cdot R_{fl} + u_C \\[3mm] \dfrac{du_C}{dt} = \dfrac{1}{C_{fl}} \cdot i_{fl} \\[3mm] i_1 = i_{fl} + i_2 \end{cases}$$

(5-21)

Nach Umstellen ergeben sich alle Ableitungen auf der linken Seite des Gleichungssystems (5-22):

$$\begin{cases} C_{fl} \cdot \dfrac{du_C}{dt} = i_1 - i_2 \\[2mm] L_1 \cdot \dfrac{di_1}{dt} = e_1 - i_1 \cdot R_1 - u_C - (i_1 - i_2) \cdot R_{fl} \\[2mm] L_2 \cdot \dfrac{di_2}{dt} = -e_2 - i_2 \cdot R_2 + (i_1 - i_2) \cdot R_{fl} + u_C \end{cases} \qquad (5\text{-}22)$$

Wenn die $0dq$-Transformation angewendet wird, erhält man das Gleichungssystem (5-23). Da das System als symmetrisch betrieben ist, kann die null-Komponente weggelassen werden:

$$\begin{cases} \dfrac{du_{C,d}}{dt} = \dfrac{1}{C_{fl}} \cdot i_{1,d} - \dfrac{1}{C_{fl}} \cdot i_{2,d} + \omega \cdot u_{C,q} \\[2mm] \dfrac{du_{C,q}}{dt} = \dfrac{1}{C_{fl}} \cdot i_{1,q} - \dfrac{1}{C_{fl}} \cdot i_{2,q} - \omega \cdot u_{C,d} \\[2mm] \dfrac{di_{1,d}}{dt} = -\dfrac{R_1 + R_{fl}}{L_1} \cdot i_{1,d} + \dfrac{R_{fl}}{L_1} \cdot i_{2,d} + \dfrac{1}{L_1} \cdot e_{1,d} - \dfrac{1}{L_1} \cdot u_{C,d} + \omega \cdot i_{1,q} \\[2mm] \dfrac{di_{1,q}}{dt} = -\dfrac{R_1 + R_{fl}}{L_1} \cdot i_{1,q} + \dfrac{R_{lf}}{L_1} \cdot i_{2,q} + \dfrac{1}{L_1} \cdot e_{1,q} - \dfrac{1}{L_1} \cdot u_{C,q} - \omega \cdot i_{1,d} \\[2mm] \dfrac{di_{2,d}}{dt} = \dfrac{R_{fl}}{L_2} \cdot i_{1,d} - \dfrac{R_2 + R_{fl}}{L_2} \cdot i_{2,d} - \dfrac{1}{L_2} \cdot e_{2,d} + \dfrac{1}{L_2} \cdot u_{C,d} + \omega \cdot i_{2,q} \\[2mm] \dfrac{di_{2,q}}{dt} = \dfrac{R_{fl}}{L_2} \cdot i_{1,q} - \dfrac{R_2 + R_{fl}}{L_2} \cdot i_{2,q} - \dfrac{1}{L_2} \cdot e_{2,q} + \dfrac{1}{L_2} \cdot u_{C,q} - \omega \cdot i_{2,d} \end{cases} \qquad (5\text{-}23$$

Das Ziel ist es, Ausdrücke für $e_{1,d}$ und $e_{1,q}$ zu finden, da sie die gesuchten Steuergrößen sind. Nach der Transformation in den s-Bereich und dem Umstellen ergeben sich die folgenden algebraischen Gleichungen:

$$\begin{cases} E_{1,d} = a \cdot I_{2,d} + b \cdot E_{2,d} + c \cdot U_{C,d} - \omega \cdot \left(d \cdot I_{2,q} + L_1 \cdot I_{1,q} \right) \\[2mm] E_{1,q} = a \cdot I_{2q} + b \cdot E_{2,q} + c \cdot U_{C,q} + \omega \cdot \left(d \cdot I_{2,d} + L_1 \cdot I_{1,d} \right) \\[2mm] a = s^2 \cdot \dfrac{L_1 \cdot L_2}{R_{fl}} + s \cdot \left[\dfrac{R_1 \cdot L_2 + R_2 \cdot L_1}{R_{fl}} + L_1 + L_2 \right] + \dfrac{R_1 \cdot R_2}{R_{fl}} + R_1 + 1 \\[2mm] b = s \cdot \dfrac{L_1}{R_{fl}} + \dfrac{R_1 + R_{fl}}{R_{fl}} \\[2mm] c = -s \cdot \dfrac{L_1}{R_{fl}} - \dfrac{R_1}{R_{fl}} \\[2mm] d = s \cdot \dfrac{L_1 \cdot L_2}{R_{fl}} + L_2 \cdot \dfrac{(R_1 + R_{fl})}{R_{fl}} \end{cases} \qquad (5\text{-}24)$$

Anhand der beiden ersten Gleichungen in (5-24) lässt sich die Stromregelungsstrecke ableiten. Da diese Gleichungen analog aufgebaut sind, wird an dieser Stelle nur die erste Gleichung beschrieben. Nach den Gleichungen (5-20) ist die d-Komponente des Ausgangsstroms I_2 für die Wirkleistung und die q-Komponente für die Blindleistung verantwortlich. Der Sollwert der Eingangsspannung des Filters wird aus zwei Hauptbestandteilen berechnet: Der erste ist das Ausgangssignal eines PI-Reglers, das proportional zur Abweichung des $I_{2,d}$-Stroms ist. Der zweite besteht aus den *Feed-Forward-*

Spannungen, die im Filter kompensiert werden. Alle Variablen auf der rechten Seite, außer $\Delta I_{2,d}$, werden als Messgrößen in die Gleichung eingesetzt, womit auch die Entkopplung der Achsen erfolgt. Die Eingangsspannung des LCL-Filters in der d-Achse wird dadurch wie folgt berechnet:

$$E_{1,d}^* = \left(k_p + \frac{1}{s \cdot T_i}\right) \cdot \Delta I_{2,d} + b \cdot E_{2,d} + c \cdot U_{C,d} - \omega \cdot \left(d \cdot I_{2,q} + L_1 \cdot I_{1,q}\right) \qquad (5\text{-}25)$$

Wenn dies in (5-24) als $E_{1,d}$ eingesetzt und mit a nach $I_{2,d}$ umgestellt wird, ergibt sich folgende Abhängigkeit:

$$\begin{cases} I_{2,d} = G_C \cdot \Delta I_{2,d} \cdot G_{OB} \\[2mm] G_C = \left(k_p + \frac{1}{sT_i}\right) \\[2mm] G_{OB} = \dfrac{R_{fl}}{s^2 L_1 L_2 + s\left(R_1 L_2 + R_2 L_1 + R_{fl} L_1 + R_{fl} L_2\right) + R_1 R_2 + R_1 R_{fl} + R_2 R_{fl}} \end{cases} \qquad (5\text{-}26)$$

Damit lässt sich die innere Stromregelungsstrecke reduzieren und durch ein einfaches Ersatzbild darstellen:

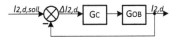

Abbildung 5-11: Ersatzschaltbild der Stromregelungsstrecke des LCL-Filters

Die RLC-Parameter des Filters sowie k_p und T_i des Stromreglers wurden experimentell unter Berücksichtigung des Routh-Hurwitz-Stabilitätskriteriums der Übertragungsfunktion, die in Abbildung 5-11 dargestellt ist, und der Berechnungszeit des Simulink-Solvers bestimmt. Basierend darauf wurden in einem weiteren Experiment die Parameter der Leistung des PI-Reglers ermittelt. Die verwendeten Parameter sind in Anhang A zusammengefasst.

5.1.3.2 Photovoltaikanlage

Wie bereits in Kapitel 5.1.3.1 beschrieben, wurden die Begrenzungen der PV-Anlagen berücksichtigt und als dynamisches Verhalten implementiert, um die Volatilität des Primärenergiedargebots besser nachbilden zu können. Dies ist durch die Blöcke $P_{min/max}$ und $Q_{min/max}$ in Abbildung 5-8 repräsentiert. Einerseits ist die I(U)-Charakteristik eines PV-Moduls nachgebildet, andererseits die Q(P)-Charakteristik eines PV-Wechselrichters.

Quaschning [87] beschreibt Modelle von PV-Zellen mit unterschiedlichen Komplexitätsgraden. Für die durchgeführten Simulationen wurde das Modell mit einer Stromquelle und einer Diode gewählt, siehe Abbildung 5-12a).

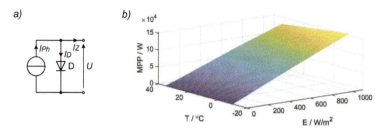

Abbildung 5-12: a) Modell der Solarzelle; b) Abhängigkeit des MPPs einer PV-Anlage von der Bestrahlungsstärke und Umgebungstemperatur nach (5-27)

Die Komplexität des Modells ist niedrig, dennoch für die meisten Anwendungen ausreichend genau, da die Abweichungen zu realen Werten nur wenige Prozent betragen. Das Modell ermöglicht die Bestimmung des MPPs unter verschiedenen Umgebungstemperaturen und Bestrahlungsstärken:

$$I_Z = I_{KTE} - I_K \cdot e^{-\frac{U_{D0T}}{m \cdot U_T}} \cdot \left(e^{\frac{U_D}{m \cdot U_T}} - 1 \right) \tag{5-27}$$

Dabei gilt:

- I_Z – Strom einzelner Solarzellen
- I_{KTE} – temperatur- und bestrahlungsabhängiger Kurzschlussstrom einzelner Solarzellen
- I_K – Kurzschlussstrom einzelner Solarzellen bei Standard-Testbedingungen
- U_{D0T} – temperaturabhängige Leerlaufspannung einzelner Solarzellen
- U_T – Temperaturspannung einzelner Solarzellen
- m – Emissionskoeffizient

Die Herleitung der Formel sowie die Werte der Koeffizienten sind in Anhang C zu finden.

Die einzelnen Solarzellen sind in Serie zu einem Modul geschaltet. Die in Serie verbundenen Module formen einen String. Mehrere parallele Strings ergeben ein PV-Array und können wiederum zu einer PV-Anlage formiert werden. Anhand der angenommenen Anordnung der PV-Anlagen werden die Leerlaufspannung und der Strom der Anlage berechnet und damit die *I(U)*-Charakteristik gebildet. Mit kleinen Schritten wird der Spannungsbereich abgetastet, die entsprechenden Stromwerte und die daraus resultierenden Leistungswerte werden berechnet und das Maximum wird als MPP für die weiteren Berechnungen herangezogen. Damit ist P_{max} gefunden, für P_{min} wird der Wert null angenommen. Die Begrenzung der Blindleistung ergibt sich durch P_{max} und die in Abbildung 5-13a) dargestellte Charakteristik.

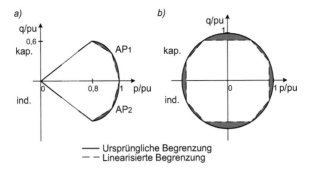

Abbildung 5-13: Implementierte Begrenzungen des WRs: a) PV-Anlage [88]; b) Batteriespeicher-System [89]

Die Begrenzung des realen WRs entspricht $\cos\varphi = 0{,}8_{ind/kap}$ [88] und kann durch einen Teilkreis dargestellt werden. Für die lineare Optimierung, die die Agenten verwenden, ist das jedoch nicht zulässig, weshalb ein Teil der Charakteristika linearisiert werden muss. Der Bereich zwischen $p = 0{,}8$ p. u. und $p = 1$ p. u. wurde für die kapazitiven sowie induktiven Bereiche jeweils in zwei neue Unterbereiche geteilt. Der Aufteilungspunkt AP_1, bzw. AP_2, wurde so gewählt, dass die in Abbildung 5-13a) schraffierte Fläche minimiert wird.

5.1.3.3 Batteriespeicheranlage

Ähnlich wie die PV-Anlage hat das Batteriespeichersystem eigene Begrenzungen der Wirk- und Blindleistung. Einerseits ist die Speicherkapazität der Batterie begrenzt, weshalb sie nicht unendlich lang geladen oder entladen werden kann. Andererseits begrenzt der WR die Scheinleistung der Anlage. Die Berechnung des *State of Charge* (SoC) innerhalb des Anlagemodells ist in Abbildung 5-14 zusammen mit der Prüfung der Lade- und Entladebedingungen dargestellt. Die SoC-Berechnung ist von der Speichertechnologie unabhängig und basiert auf der Integration der gemessenen eingespeisten Wirkleistung. Nach der im unteren Bereich der Abbildung 5-14 veranschaulichten Logik wird das Laden blockiert, sobald der SoC 100 % erreicht hat; analog dazu das Entladen, wenn der SoC null ist.

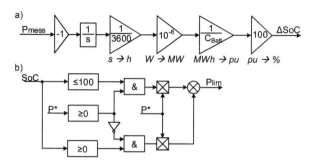

Abbildung 5-14: Nachbildung der Batteriespeicher: a) Berechnung des SoC, b) Bestimmung des Ladezustands

Der Wert der Blindleistung orientiert sich an dem Wert P_{lim} und den Begrenzungen des WRs. Die Leistungsbegrenzungen des WRs sind in Abbildung 5-13b) dargestellt. Der Leistungsfaktor ist zwar nicht beschränkt, sollte es jedoch zu einem Engpass kommen, wird die Wirkleistung priorisiert. Analog zur PV-Anlage wurden auch die Beschränkungen des BSS linearisiert. Die charakteristischen Punkte wurden so gewählt, dass die schraffierte Fläche in Abbildung 5-13b) minimiert wird.

Die beiden oben beschriebenen Leistungsbegrenzungen, also die aus dem SoC und der WR-Konstruktion resultierenden, sind auf die momentanen Leistungswerte bezogen. Der BSS-Agent implementiert eine überlagerte Begrenzung, die auf 15-minütige Durchschnittswerte gesetzt ist (siehe Kapitel 5.2.3).

5.1.4 Cold-Load-Pickup-Verhalten

Die Lastwerte bei der Wiederzuschaltung nach einem längeren Ausfall sind deutlich höher als vor der Versorgungsunterbrechung. Die Überschreitung ist vorübergehend und wird als *Cold-Load-Pickup* bezeichnet. Zugrunde liegen der Einschaltstoßstrom und die Verluste der Diversität der Lasten. Viele Faktoren tragen hierzu bei, unter anderem die Länge des Ausfalls, die Art der zugeschalteten Lasten, die Wetterbedingungen, die Schaltungsaktionen vor dem Hochfahren, die Ursache des Ausfalls, die Anwesenheit von DEA, die Tageszeit und das Lastniveau [90]. Der Verlust von Diversität betrifft hauptsächlich die thermostatgesteuerten Lasten, z. B. die Beheizung von Räumlichkeiten. Unter Normalbedingungen beziehen diese Anlagen nur elektrische Energie, sobald der Grenzwert durch die eingestellte Temperatur unterschritten wird. Nach einem längeren Ausfall ist diese Temperaturgrenze bei den meisten Anlagen unterschritten, was zur Folge hat, dass alle Anlagen bei Wiederversorgung elektrische Energie beziehen. Aus diesem Grund wird dieses Phänomen als *Cold-Load-Pickup* bezeichnet. Analoge Überlegungen können bezüglich der Kühlung durchgeführt werden.

Das Problem des CLPU-Verhaltens wurde schon vor Jahren festgestellt und ist seitdem Gegenstand der Forschung. Das Hauptziel hierbei ist eine Prognose der Last nach dem Ausfall. Die Autoren verwenden unterschiedliche Ansätze, um möglichst präzise Modelle zu erstellen. Das Problem ist komplex, da außer den bereits genannten Faktoren auch das Verhalten der Verbraucher berücksichtigt werden muss [91]. Das Modell des CLPU-Verhaltens wird oft durch eine abklingende Funktion dargestellt [92]-[95]:

$$p_{L,CLPU} = 1 + e^{-\frac{t}{\tau_p}} \tag{5-28}$$

$$q_{L,CLPU} = 1 + e^{-\frac{t}{\tau_q}} \tag{5-29}$$

Dabei gilt:

- $p_{L,CLPU}$ – Wert der bezogenen Wirkleistung nach der Wiederzuschaltung [p. u.]
- $q_{L,CLPU}$ – Wert der bezogenen Blindleistung nach der Wiederzuschaltung [p. u.]
- τ_p: Abklingkonstante der Wirkleistung
- τ_q: Abklingkonstante der Blindleistung

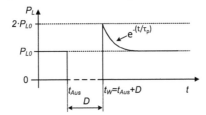

Abbildung 5-15: Lastvorgang beim CLPU

Ab dem Zeitpunkt t_W wird der Verlauf durch die Abklingfunktion mit der Zeitkonstante τ_p nachgebildet. Basierend auf Messungen geben die Autoren in [96] für τ_p sowie τ_q einen Wert von 900 s für deutsche Verteilnetze an. Die durchgeführten Messungen wurden nicht exakt beschrieben, es kann aber angenommen werden, dass wegen der frühen Phase der Entwicklung von Elektromobilität in Deutschland die Ladestationen kaum berücksichtigt wurden. Dieser Einfluss ist schwer abzuschätzen, weil noch nicht klar ist, wie groß die Flotte wird, welche Ladestrategie sich etablieren wird – z. B. einzelne Ladegeräte zu Hause oder größere Ladestationen am Arbeitsplatz – und somit wie die Gleichzeitigkeitsfaktoren aussehen werden [97]. Die Ladevorgänge aktuell verfügbarer Fahrzeuge können z. B. in [98]-[99] gefunden werden. Die Forschung der Hydro-Québec Distribution in Kanada zeigt, dass der Verlust der Diversität von Ladestationen eine exponentielle Abklingkurve beim CLPU verursachen kann [100]. Die Zeitkonstante τ_{LS} beträgt jedoch ca. 3600 s. Um diese Zeitkonstante zu berücksichtigen, werden die Verhältnisse zwischen prognostizierter Last und deren Elektromobilitätsanteil festgestellt. Wie in Kapitel 6.1.1 beschrieben, soll die Jahreshöchstlast von 80 GW im Jahr 2017 auf ca. 100 GW im Jahr 2035 ansteigen [12], [101]. Der Anstieg ist auf die Elektrifizierung im Wärme- und Verkehrssektor sowie den zunehmenden Bedarf an IT-Rechenleistung zurückzuführen [101]. Im Rahmen dieser Arbeit wurden 10 GW der Leistungssteigerung arbiträr der Elektromobilität zugewiesen, was 10 % der gesamten Last ausmacht. Basierend auf dem Verhältnis von 9:1 zwischen der Leistung und den heutigen Zeitkonstanten τ_h = 900 s sowie τ_{LS} = 3600 s, die den Ladenvorgängen entspricht, wurde eine Ersatzzeitkonstante τ_{er} mit einem Trial-and-Error-Ansatz ermittelt.

$$P_{CLPU} = P_{L0} \cdot \left(1 + 0{,}9 \cdot e^{-\frac{t-t_w}{\tau_h}} + 0{,}1 \cdot e^{-\frac{t-t_w}{\tau_{LS}}} \right) = P_{L0} \cdot \left(1 + e^{-\frac{t-t_w}{\tau_{er}}} \right), t \geq t_w \qquad (5\text{-}30)$$

Die Lösung der Gleichung (5-30) nach τ_{er} ist im Allgemeinen zeitabhängig, der Wert τ_{er} = 1058 s, der diese für $t = t_w$ + 1800 s löst, nähert den Verlauf ausreichend an (siehe Abbildung 5-16).

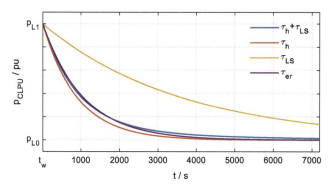

Abbildung 5-16: Vergleich der Verläufe von CLPU-Kurven mit unterschiedlichen Zeitkonstanten

5.1.5 Niederspannungsnetz

Die Niederspannungsnetze in Deutschland weisen hauptsächlich eine Nennspannung von 400 V [3]. Sie können in unterschiedlichen Topologien ausgelegt werden: als Strahl-, Ring- oder auch Maschennetze, wenn eine hohe Lastdichte vorhanden ist. Aufgrund der einfacheren Betriebsführung werden NS-Netze häufig als Strahlennetze betrieben [3], [11]. Die angeschlossenen Verbraucher lassen sich in drei Hauptkategorien unterteilen: Haushalte, Gewerbe, Kleinindustrie und Landwirtschaft. Der Leistungsbedarf in Haushalten und zum Teil auch im geschäftlichen Bereich sowie der Landwirtschaft lässt sich relativ gut verallgemeinern, der Verbrauch durch die Industrie hingegen ist branchenspezifisch und basierend auf Standardlastprofilen schwierig abzuschätzen. Aufgrund der Anzahl der angeschlossenen Verbraucher und des damit verbundenen Modellierungs- und Berechnungsaufwands sind die NS-Netze als dynamische Äquivalente der Zelle der aktiven Verteilnetze (engl. *dynamic equivalent of active distribution network cell*) [102] aggregiert. Durch die Reduzierung der gesamten Stränge zu einem Knoten soll die Modellgröße reduziert werden, allerdings sollen das Verhalten und die Charakteristika nicht verloren gehen.

5.1.5.1 Verbraucher

In [102] ist die Modellierung von Lasten allgemein in zwei Schritten dargestellt: Zunächst soll die Struktur der Lasten anhand von Messungen, Umfragen oder Literaturwerten gewählt werden und im zweiten Schritt sollen die Parameter des Modells, ebenfalls anhand von Literaturwerten oder Messungen, bestimmt werden. Die Kombination aus beidem führt zu unterschiedlichen Ansätzen, in dieser Arbeit wurde aber ausschließlich die literaturgestützte Modellierung angewendet.

Die im NS-Netz angeschlossenen Verbraucher wurden aggregiert und als dynamische Prosumer modelliert. Somit entspricht ein NS-Knoten einem Prosumer. Das Modell besteht aus mehreren Ebenen (siehe Abbildung 5-17), wobei die erste Ebene die Schnittstelle zum Netz darstellt und diese den zu erwartenden Wirk- und Blindleistungsaustausch implementiert. Auf der zweiten Ebene wird zwischen Verbrauch und Erzeugung (PV) unterschieden, die grundsätzlich unabhängig voneinander sind. Diese Werte bestehen aus Sollwerten bzw. Lastprofilen und den Anpassungen, die sich aufgrund von Abweichungen der Netzparameter ergeben. Das ist als statisches Modell zu sehen. Die Zeitabhängigkeit der Komponenten wird für die vorgelagerte Ebene als CLPU (siehe Kapitel 5.1.4) oder normkonformes Verhalten der PV (siehe Kapitel 5.1.5.2) vor und nach der Störung implementiert.

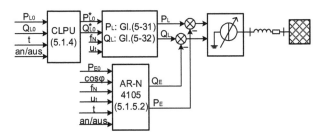

Abbildung 5-17: Struktur des aggregierten Niederspannungsnetzverbrauchers

Die spannungs- und frequenzabhängigen Lasten werden nach den folgenden Gleichungen berechnet [96], [103]:

$$P_L = P_{L0} \cdot \left(\frac{U}{U_0}\right)^{0,62} \cdot [1 + 0,01 \cdot (f - f_0)] \tag{5-31}$$

$$Q_L = Q_{L0} \cdot \left(\frac{U}{U_0}\right)^{0,96} \cdot [1 + 0,01 \cdot (f - f_0)] \tag{5-32}$$

5.1.5.2 Normkonformes Verhalten der Niederspannungserzeugung

Anlagen, die an das öffentliche Netz angeschlossen sind, müssen bestimmte technische Anschlussbedingungen (TAB) erfüllen, die durch den verantwortlichen Netzbetreiber anhand von Normen und Richtlinien definiert sind. Da die Erzeugungsanlagen auf NS-Ebene relativ neu waren, als die ersten TAB erschienen, wurden nicht alle Aspekte für den Betrieb vorgesehen. Ein Beispiel hierfür ist das „50,2-Hz-Problem" [104], das durch das kumulierte Verhalten kleiner PV-Anlagen zur Instabilität des Verbundnetzes bei Frequenzabweichung führen konnte. Drei Lösungen wurden verfolgt, um das Problem zu beheben. Seit dem 01.08.2011 sollen alle neu installierten NS-Erzeugungsanlagen die Anwendungsrichtlinie VDE-AR-N 4105 [38] erfüllen. Die davor installierten Anlagen mit einer Leistung über 10 kW sollten entweder auf VDE-AR-N 4105 oder BDEW-MS-RL bezüglich P(f), Trennen und Wiederzuschalten aktualisiert werden. Wenn die Aktualisierung aus technischen Gründen nicht möglich war, sollten die Anlagen umparametriert werden, indem sie unterschiedliche Werte der Abschaltfrequenz aufweisen, um die stochastische Verteilung sicherzustellen. Wiederzuschaltung erfolgt dann, wenn die Frequenz sich mindestens 30 s lang innerhalb des zulässigen Bereichs befunden hat. Die Ergebnisse einer Studie [105], die in Südwestdeutschland durchgeführt wurde, haben gezeigt, dass das Verhalten auch vor der abgeschlossenen Umrüstung nahe an den Vorgaben der VDE-AR-N 4105 lag. Darüber hinaus wurden die nicht AR-N-4105-konformen Anlagen vor 2012 installiert, was impliziert, dass bis 2035 ihre Bedeutung durch den Zuwachs neuer Anlagen kontinuierlich sinken wird. Selbst die maximale Leistung der PV-Anlagen wird um 3 bis 15 % aufgrund der Alterung der Solarmodule sinken [106]. Aus den oben genannten Gründen wurde in dieser Arbeit angenommen, dass das Verhalten der PV-Anlagen in NS-Netzen relativ homogen ist und der VDE-AR-N 4105 entspricht. Dieses Verhalten wird im Folgenden erläutert.

Während der Netzstörung sowie beim NWA ist es von großer Bedeutung, wie lange die Anlagen am Netz bleiben bzw. ab wann sie sich wieder mit dem Netz synchronisieren sollen. Die Erzeugungsanlagen müssen dazu die Netzfrequenz, f_N, und die Spannung, U_N, beobachten [38]. Das Frequenz-Kriterium ist in Abbildung 5-18 dargestellt. Solange sich f_N zwischen 47,5 und 50,2 Hz befindet, darf die Anlage ohne Begrenzungen einspeisen. Wenn aber die Grenze von 50,2 Hz überschritten wird, muss die Anlage ihre derzeitige Momentanleistung, P_m, mit einem Gradienten von 40 %/Hz reduzieren. Wenn der Wert 51,5 Hz überschritten wird, was der Leistung von 48 % P_m entspricht, muss sich die Anlage vom Netz trennen. Wiedereinspeisen darf die Anlage erst dann, wenn die gemessene f_N für länger als 5 bzw. 60 s unter 50,05 Hz lag (siehe Abbildung 5-19). Bei Unterfrequenz darf sich die Anlage unverzüglich bei 47,5 Hz abschalten. Nach der Wiederzuschaltung darf die Anlage den Gradienten von 10 % der P_{Amax}/min nicht überschreiten.

Die Anlage muss am Netz bleiben, solange die Spannung U_N innerhalb des Bereichs [0,8; 1,1] p. u. liegt. Wenn der Wert unter 0,8 p. u. sinkt, wie es bei einem Blackout der Fall ist, soll sich die Anlage innerhalb von 200 ms vom Netz trennen. Das Wiederzuschaltkriterium ist zeitabhängig: Die Zeit T_{Absch} zwischen der Abschaltung und der Rückkehr der Spannung über den Wert 0,85 p. u. und der Frequenz unter 50,05 Hz wird gemessen. Ab diesem Punkt wird die Zeit $T_{Rück}$ – bis zur Wiederzuschaltung abgemessen. Wenn T_{Absch} kleiner als 3 s ist, beträgt $T_{Rück}$ lediglich 5 s. Ist die Zeit T_{Absch} größer als 3 s, muss $T_{Rück}$ 60 s betragen. Nach der Wiederzuschaltung darf der Erzeuger mit dem Leistungsgradienten von 10 % der P_{Amax}/min einspeisen.

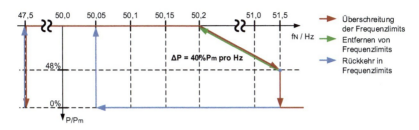

Abbildung 5-18: P(f)-Abhängigkeit [38]

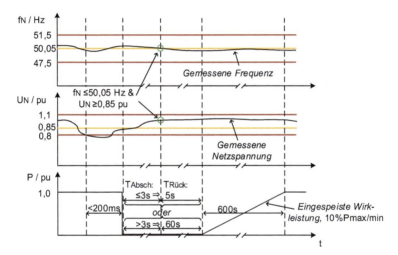

Abbildung 5-19: Anpassung der Wirkleistungseinspeisung nach dem Spannungsabfall und der Frequenzabweichung [38]

5.1.6 Inselbetriebserkennung

Es gibt eine Vielfalt von Inselbetriebserkennungsalgorithmen [107]. Hauptsächlich wird zwischen zentralen und dezentralen Methoden unterschieden. Bei Ersteren handelt es sich um den Ansatz einer zentralen Einheit, die die Erkennung durchführt oder koordiniert. Diese Einheit kann z. B. direkt in einem Umspannwerk platziert sein. Nach der Feststellung eines Inselbetriebs wird dieser Zustand den anderen Anlagen, vor allem den Erzeugungsanlagen, kommuniziert. Diese Methode wurde im Rahmen dieser Arbeit für die Anlagen auf MS-Ebene verwendet. Die Voraussetzung für den zuverlässigen Betrieb ist dabei die störungsfreie Kommunikation. Diese Notwendigkeit der Kommunikation erweist sich jedoch als Nachteil, wenn die NS-Ebene betrachtet wird.

Bei den dezentralen Methoden gibt es passive und aktive Ansätze. Die passiven Methoden erfordern größtenteils Messungen unterschiedlicher Größen, z. B. der *Rate of Change of Frequency* (ROCOF), wobei die Geschwindigkeit der Frequenzänderungen beobachtet wird. Bei aktiven Methoden werden dagegen gezielte Signale in das System eingespeist und das Systemverhalten wird beobachtet. Eine solche Methode wird auch *Active Frequency-Drift* (AFD) genannt und in der VDE AR-N 4105 für WR-basierte Anlagen empfohlen [38]. Die Methode beruht auf der Tatsache, dass die DEA als Stromquelle arbeiten und ihren eingespeisten Strom mit der gemessenen Klemmenspannung, die vom System vorgegeben wird, synchronisieren. Wenn das Netz ausfällt, erzwingt der Anlagestrom auf der Lastimpedanz eine Spannung mit einer steigenden bzw. sinkenden Amplitude bzw. Frequenz. Wenn die Grenzwerte der Über-/Unterspannungs- bzw. Frequenzrelais überschritten werden, wird die Anlage getrennt. Wenn jedoch die Last den Charakter eines RLC-Schwingkreises hat, kann die Resonanzfrequenz innerhalb der Grenzwerte liegen, weshalb der Inselbetrieb nicht erkannt wird (siehe Abbildung 5-20).

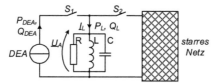

Abbildung 5-20: Schema zum Testen der AFD-Methode [38]

Die bezogenen Wirk- und Blindleistungen können durch folgende Gleichungen dargestellt werden:

$$P_L = Re\{\underline{S_L}\} = U_A \cdot Re\{\underline{I_L^*}\} = U_A^2 \cdot Re\left\{\frac{1}{\underline{Z^*}}\right\} = \frac{U_A^2}{R} \qquad (5\text{-}33)$$

$$Q_L = Im\{\underline{S_L}\} = U_A \cdot Im\{\underline{I_L^*}\} = U_A^2 \cdot Im\left\{\frac{1}{\underline{Z^*}}\right\} = U_A^2 \cdot \left[\frac{1}{\omega L} - \omega C\right] \qquad (5\text{-}34)$$

Wenn die DEA ein konstantes P einspeisen, wird die Spannungsamplitude U_A nach Gleichung (5-33) angepasst, sodass P_L der DEA-Leistung entspricht. Durch die Frequenz wird die Blindleistung bestimmt. Wenn die DEA mit $\cos\varphi = 1$ betrieben wird, wird sich die Resonanzfrequenz einstellen. Wenn sich U_A und ω_{res} innerhalb der Grenzen befinden, wird der Inselbetrieb nicht erkannt. Deswegen wird der Stromverlauf mit einem *Chopping-Fraction* (*cf*) verformt, um die *Non-Detection-Zone* (NDZ) zu verschieben (siehe Abbildung 5-21).

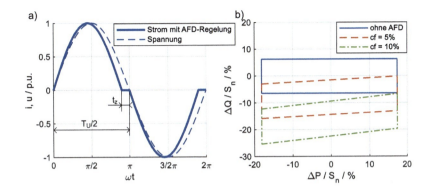

Abbildung 5-21: AFD-Regelung: a) Verlauf des Einspeisestroms; b) Non-Detection-Zone (das Innere des Polygons) der AFD-Methode in der ΔP-ΔQ-Ebene [108]

Die Einführung des *cf* führt nicht zu einer Reduzierung der NDZ, sondern lediglich zu einer Verschiebung, da die neue Resonanzfrequenz die Gleichung (5-35) erfüllen muss [109].

$$arg\left\{\frac{1}{\frac{1}{R}+\frac{1}{j\cdot\omega\cdot L}+j\cdot\omega\cdot C}\right\} = -\omega\cdot\frac{t_z}{2} = -\frac{1}{2}\cdot\frac{2\pi}{T_U}\cdot t_z = -\frac{1}{2}\cdot\pi\cdot cf \qquad (5-35)$$

cf kann sowohl positive als auch negative Werte annehmen, wobei bei induktiv geprägten Lasten positive Werte bevorzugt werden, da sie die Verschiebung der NDZ in Richtung der kapazitiven Lasten fördern [108].

Die AFD-Methode wurde bei einem Modell einer NS-PV-Anlage nach Abbildung 5-20 implementiert. Die Frequenz- sowie Spannungsverläufe sind in Abbildung 5-22 dargestellt. Der HS/MS-Leistungsschalter, siehe Abbildung 4-1, der dem Schalter S_2 in Abbildung 5-20 entspricht, wurde bei $t = 1$ s geöffnet und somit wurde das Teilnetz gebildet.

Um zu überprüfen, ob der Inselbetrieb bei Teilnetzbildung erkannt wird, wurde der Fall anhand der im Vorfeld dargestellten Modelle simuliert. Die NS-PV-Anlagen wurden aggregiert und der Worst Case der Synchronisierung der Ströme aller Anlagen wurde mit gleichem *cf* = 5 % angenommen. Im ersten Schritt ist das netzbildende BHWK im Teilnetz nicht vorhanden, siehe Abbildung 5-23a). Im zweiten Fall existiert das BHKW, allerdings ist die PV-Einspeisung so hoch, dass die Batteriespeicher als zusätzliche Last genutzt werden, siehe Abbildung 5-23b). Darüber hinaus wurden auch die P(f)-Charakteristika der PV-Anlagen nach Abbildung 5-18 modelliert, weil für die Frequenz des Teilnetzes der Wert 50,4 Hz festgelegt wurde, um die PV-Einspeisung zu reduzieren.

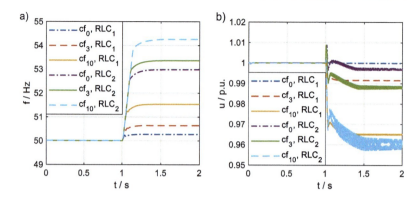

Abbildung 5-22: Einfluss der AFD-Regelung auf die Spannungsamplitude und die Frequenz nach der Trennung vom starren Netz bei unterschiedlichen cf und Parametern des Schwingkreises. RLC_1: R = 20 Ω, L = 20 mH, C = 500 µF; RLC_2: R = 20 Ω, L = 18 mH, C = 500 µF. cf_0 = 0 %, cf_3 = 3 %, cf_{10} = 10 %: a) Frequenzverlauf; b) Amplitude der Spannung an den Klemmen von DEA

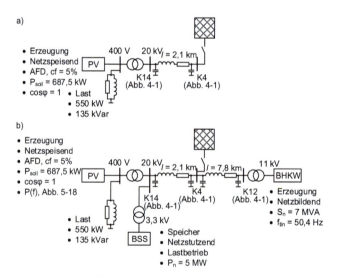

Abbildung 5-23: Teilnetz zum Testen der Inselbetriebserkennung durch NS PV-Anlagen: a) unter Abwesenheit von netzbildender Einheit; b) mit BHKW als netzbildender Einheit

Abbildung 5-24 weist darauf hin, dass die netzbildende Einheit die Erkennung des Teilnetzbetriebes durch die NS PV-Anlagen verhindert. Da bei weiteren Simulationen die netzbildende Einheit immer vorhanden sein soll, sind die Inselbetriebserkennungsmethoden überflüssig und aus diesem Grund wurden bei weiteren Simulationen vernachlässigt.

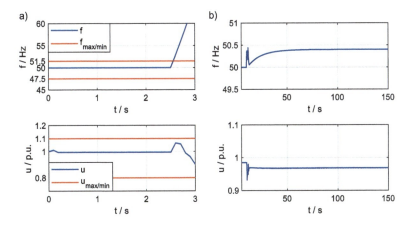

Abbildung 5-24: *Verläufe der Frequenz und Spannungsamplitude nach der Trennung vom starren Netz und bei aktivierter AFD-Regelung bei NS PV-Anlagen: a) Inselbetrieb wurde wegen Überfrequenz erkannt; b) mit vorhandener netzbildender Einheit blieben die Spannungsparameter innerhalb der erlaubten Grenzen (siehe a)) und der Inselbetrieb wurde nicht erkannt*

5.1.7 Wasserkraftwerk als Nachbildung eines schwachen Netzes

Nach einer Großstörung ist das System entweder in asynchrone Teilnetze gesplittet oder es kann ein großflächiger Stromausfall herrschen. Selbst dann, wenn das Teilnetz sich stabilisiert hat und die Verbraucher weiterhin versorgen kann, ist die Netzdynamik wegen der reduzierten Primärregelleistung (PRL) und Trägheit erheblich beeinflusst, weshalb das Netz als schwach charakterisiert werden kann. Ein kritischer Zustand entsteht, wenn alle Lasten und Kraftwerke abgeschaltet werden und das Netz wiederaufgebaut werden muss. Wie bereits in Kapitel 3.1 erläutert, werden aufgrund ihrer Schwarzstartfähigkeit häufig Wasserkraftwerke als Ausgangseinheiten des NWAs eingesetzt. Weiter werden die Leitungen in Richtung der großen thermischen Kraftwerke zugeschaltet, dabei auch Umspannwerke, um das System zu belasten und damit den Betrieb zu stabilisieren. Solange der Großteil des Verbundsystems nicht unter Spannung steht, gilt das Netz als schwach. Im Rahmen dieser Arbeit wurde der Vorgang der Aufnahme des MS-Teilnetzes durch WKW während des NWAs simuliert, um festzustellen, ob es vorteilhaft sein kann, wenn das Netz ein aktives Verhalten aufweist.

Das Modell des WKWs ist in Abbildung 5-25 dargestellt. Aus funktionaler Sicht weist es ähnliche Komponenten auf wie das BHKW. Allerdings verfügt die Hydroturbine über eine andere Dynamik, weshalb diese im Folgenden erklärt wird.

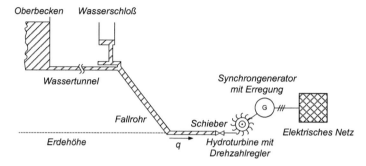

Abbildung 5-25: Schematische Darstellung des modellierten WKWs [110]

5.1.7.1 Synchrongenerator

Bei großen WKW werden häufig Synchrongeneratoren zur Wandlung der Wasserkraft in elektrische Energie genutzt. Es gibt typischerweise mehrere Einheiten, die sich im Parallelbetrieb befinden, jedoch wurde für diese Arbeit eine einzelne Einheit angenommen, die die gesamte Leistung eines Speicherwasserkraftwerks darstellt. Ein wichtiges Unterscheidungsmerkmal beim WKW ist die Polzahl der Maschine. Bei Niederdruckanlagen kommen Maschinen mit hoher Polzahl vor, bei Mittel- und Hochdruckanlagen, also ab 15 m Fallhöhe, werden Bauarten mit höheren mechanischen Nenndrehzahlen eingesetzt [111]. Für den Synchrongenerator für die WKW-Modellierung wurden Schenkelpolläufer mit vier Polen angenommen und der Generator wurde ähnlich dem BHKW modelliert (siehe Kapitel 5.1.2.3). Die Parameter sind in Anhang A zu finden.

5.1.7.2 Hydroturbine und Drehzahlregler

Abbildung 5-25 zeigt schematisch ein Speicherwasserkraftwerk. Das Wasserreservoir befindet sich im Oberbecken – deutlich über der Turbinenhöhe. Die Öffnung des Schiebers verursacht den Durchfluss q unter hydraulischer Fallhöhe h durch den Wassertunnel und das Fallrohr. Der Durchfluss treibt die Hydroturbine an, die mit dem Synchrongenerator gekoppelt ist. Die mechanische Leistung der Turbine bezogen auf die Turbinennennleistung lässt sich nach [112] mit folgender Gleichung ausdrücken:

$$p_m = A_t \cdot h \cdot (q - q_{nl}) - D \cdot G \cdot d\omega \qquad (5\text{-}36)$$

Dabei gilt:

- A_t – Proportionalitätsfaktor für die Umrechnung der Bezugsleistung der Turbine und des Generators
- h – hydraulische Fallhöhe
- q – Durchfluss
- q_{nl} – Leerlaufdurchfluss
- D – Dämpfungskonstante
- G – Öffnung des Schiebers
- $d\omega$ - Drehzahlabweichung

Die Veränderungsrate des Durchflusses wird durch Gleichung (5-37) beschrieben [112]:

$$\frac{dq}{dt} = \frac{1 - h - h_l}{T_w} \qquad (5\text{-}37)$$

Wobei:

- h_l – Verlust der hydraulischen Fallhöhe durch Reibungskräfte
- T_w – Laufzeit einer mit Schallgeschwindigkeit sich ausbreitenden Druckwelle im Fallrohr *(engl. water time constant, water starting time)*

Die Konstante T_w ist spezifisch für das hydraulische System der WKW [3], [112]. Der Zusammenhang zwischen Durchfluss und der Fallhöhe lässt sich, wie folgt ausdrucken [112]:

$$q = G \cdot \sqrt{h} \qquad (5\text{-}38)$$

Zwecks der Vereinfachung werden die Reibungsverluste, sowie der Leerlaufdurchfluss, der im Bereich von wenigen Prozenten der Nenndurchflusses liegt, vernachlässigt [112]. Die Berücksichtigung der Gleichungen (5-37) und (5-38) in (5-36) führt zu einer nichtlinearen Differenzialgleichung, die die Übertragungsfunktion zwischen der Öffnung des Schiebers G und der mechanischen Leistung der Turbine p_m darstellt. Es ist zu beachten, dass die in dieser Arbeit verwendete Simulink-Umsetzung der Übertragungs-funktion, Abbildung 5-26, das Eingangssignal G skaliert, anstatt vom Ausgangssignal mit dem Faktor A_t [113][114]. Die verwendete Verstärkung ist die Turbinenverstärkung mit G_{fl} und G_{nl} als Öffnung des Schiebers bei Nennlast bzw. Leerlauf.

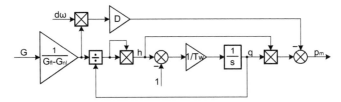

Abbildung 5-26: Implementiertes Modell der Hydroturbine mit Fallrohr (Penstock) [113], [114]

Das Signal G zum Öffnen oder Schließen des Schiebers kommt vom Drehzahlregler, der in Abbildung 5-27 dargestellt ist und auf [115] basiert. Das Stellmotorsignal u ist durch einen PID-ähnlichen Regler bestimmt. Das Ausgangssignal des PID-Reglers u dient als Eingangssignal des Modells der 2-Ordnung des Stellmotors, der den Schieber öffnet. Aufgrund der Rückkopplung des Wirkleistungs- sowie des Drehzahlsignals eig-net sich das präsentierte Modell zum Einsatz bei dynamischen Studien im Teilnetzbe-trieb.

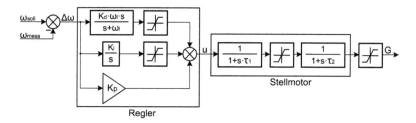

Abbildung 5-27: Drehzahlregler der Hydroturbine

5.1.7.3 Erregungssystem

Die Erregung des WKW-Generators ist als einfache Erregungsnachbildung nach IEEE Type 1 modelliert (siehe Abbildung 5-28). Im Gegensatz zum Erregungssystem des BHKWs (siehe Abbildung 5-3) ist hier die Sättigung aufgrund der Vereinfachung vernachlässigt. Die Parameter sind in Anhang A zu finden.

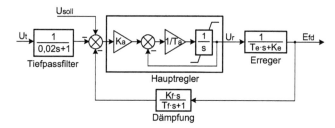

Abbildung 5-28: IEEE-Type-1-Erregungssystem für das WKW [83]

5.1.8 Zustandsschätzung des Teilnetzes

Die Netzführung soll möglichst optimal sein, weshalb Informationen über den Systemzustand des Netzes erforderlich sind. Diese Informationen werden mittels Zustandsschätzungs(ZS)-Algorithmen ermittelt. Wie bereits in Kapitel 4.3.3 angedeutet, ist die auf MS- und NS-Ebene installierte Messinfrastruktur nicht so zahlreich, wie es in HöS- und HS-Netz der Fall ist. Deshalb muss die ZS auf VN-Ebene stärker durch Alternativen zu physikalischen Messungen gestützt werden. Im Allgemein können für die ZS-Berechnung Eingangsdaten aus physikalischen Messungen, sogenannten virtuellen Messungen und Pseudomessungen verwendet werden [63]. Virtuelle Messungen betreffen die Größen, die als bekannt angenommen werden können, da sich ihre Werte aus der Struktur des Systems eindeutig ableiten lassen. So kann z. B. die Verbraucherleistung für einen reinen Erzeugungsknoten als null angenommen werden. Pseudomesswerte werden hingegen dort herangezogen, wo keine physikalischen Messungen durchgeführt wurden, die Werte sich aber in bestimmten Bereich anhand einer Wahrscheinlichkeit schätzen lassen. Als verbreitetes Beispiel dazu können Standardlastprofile dienen. Die Gewichtungsfaktoren der Eingangsdaten sind hierbei differenziert, da die drei Arten durch unterschiedliche Vertrauensintervalle bewertet werden müssen. In der ÜN-ZS ist die Substitution fehlender physikalischer Messwerte durch Pseudomessungen nahezu nicht existent, im VN-ZS hingegen schon, weshalb trotz ähnlicher Grundlagen der Fokus nicht gleich ist. Im Rahmen der vorliegenden Arbeit wurde die ZS durchgeführt, um die Betriebspunkte möglichst vieler Betriebsmittel zu bestimmen, die sonst nicht gemessen werden. Da wegen nicht vorhandener Messinfrastruktur große Abweichungen vom Ist-Zustand zu erwarten waren, sollte überprüft werden, ob trotz ungenauer Informationen der Agent-Koordinator das Netz führen kann, wenn die Verbindung zum HS-Netz nicht vorhanden ist. Abweichungen sind sowohl bei der Teilnetzbildung als auch beim Teilnetzbetrieb mit optimiertem Redispatching vorhanden.

Gleichung (5-39) stellt den Ausgangspunkt der ZS mittels der *Nonlinear-Weighted-Least-Squares*-Methode dar [116]. Die Summe der quadrierten Abweichungen *f* soll minimiert werden.

$$\min f = \|e\|^2 = e^T \cdot e = \sum_{i=1}^{m} \frac{1}{g_i^2} \cdot [z_i - h(x)_i]^2 \tag{5-39}$$

Dabei gilt:

- e – Vektor der Messabweichungen
- m – Anzahl der Messungen
- g_i – Gewichtungsfaktor i-ter Messung
- z_i – gemessener Wert
- $h(x)$ – nichtlineare Funktion, die den Zustand x_i mit der Messung z_i verbindet

Die Gleichung (5-39) wird gelöst, indem die Ableitung der Funktion *f* zu null gesetzt wird:

$$F(x) = -2 \cdot H_x^T \cdot R^{-1} \cdot [z - h(x)] = 0 \tag{5-40}$$

Es gilt:

- H_x – die Jakobi-Matrix der h(x)
- R – die Gewichtsmatrix mit der Form $\begin{bmatrix} g_1^2 & \cdots & 0 \\ \vdots & \ddots & \vdots \\ 0 & \cdots & g_m^2 \end{bmatrix}$

Der Vektor *x*, der die nichtlineare Gleichung (5-40) löst, stellt das Ergebnis der ZS dar.

Um das ZS-Modell des betrachteten Netzes zu analysieren, soll die Netztopologie noch einmal aufgegriffen werden (siehe Abbildung 4-1). Es wurde angenommen, dass die in dem MS-Netz angeschlossenen Generatoren ihre P- und Q-Sollwerte halten oder, falls sie abweichen, messen können. Das sind die Knoten 1, 5, 6 und 9. Diese Werte wurden in der ZS als Messwerte angenommen. Weiterhin sind an den Knoten keine Lasten vorhanden, weshalb die virtuellen Messungen von 0 W bzw. 0 Var herangezogen wurden. Außer der Leistung messen die Generatorregler auch die Spannungsamplituden an den Klemmen. Darüber hinaus wurde Knoten 1 als Referenzknoten angenommen, woraus sich eine zusätzliche virtuelle Spannungswinkelmessung ergibt. An Knoten 2 ist weder ein Generator noch eine Last angeschlossen, was zu der virtuellen Messung von 0 W und 0 Var führt. An Knoten 4 befindet sich die Verbindung zum HS-Netz. Es wurde deshalb als realistisch angenommen, dass die Spannungsamplitude, sowie der *P*- und *Q*-Fluss durch den HS/MS-Leistungsschalter bei allen Abgängen gemessen wird. Das bedeutet, dass die Last an Knoten 4 und die Leistungsflüsse in den Leitungen 4-3, 4-5 und 4-11 gemessen werden. Bei allen anderen Knoten, die die aggregierte NS-Last und die PV-Einspeisung darstellen, wurde keine direkte Messung modelliert. Stattdessen wurden an diesen Knoten Pseudomessungen von *P* und *Q* geführt. Dabei wurde angenommen, dass der VNB anhand von Informationen über die installierten Anschlüsse in Netzplänen die maximalen jährlichen Leistungen der Lasten an MS/NS-Transformatoren abschätzen kann. Diese Angabe zeigt nur schätzungsweise, in welchem Bereich sich die Lasten befinden können. Darüber hinaus kann der VNB z. B. anhand der Meldepflicht der EE-Anlagen nach dem Gesetz für den Ausbau von EE (Erneuerbare-Energien-Gesetz, EEG 2017) [117] und Referenzanlagen die Informationen über die PV-Einspeisung schätzungsweise ableiten. In Tabelle 5-1 ist die Betrachtung zusammengefasst.

Tabelle 5-1: Platzierung der angenommenen Messungen für die Zustandsschätzung

physikalische Messungen in Knoten bzw. Leitungen	virtuelle Messungen in Knoten	Pseudomessungen
• Erzeugungsleistung P: 1, 5, 6, 9 • Erzeugungsleistung Q: 1, 5, 6, 9 • Last P: 4 • Last Q: 4 • Leitungsfluss P: 4-3, 4-11, 4-13 • Leitungsfluss Q: 4-3, 4-11, 4-13 • Spannungsamplitude U: 4, 12 bis 15	• Last P: 2 • Last Q: 2 • Spannungswinkel φ: 1	• Last P: 3, 7, 8, 10 bis 15 • Last Q: 3, 7, 8, 10 bis 15

Die Gewichtungsfaktoren *g* in Gleichung (5-39) bleiben konstant während der Berechnung der ZS. Allerdings wurden sie so gewählt, dass sie die minimalen Werte der Funktion *f* garantieren. Typischerweise werden die Genauigkeiten entsprechender Messgeräte für die physikalischen Messungen genommen. Die virtuellen Messungen haben einen hohen Vertrauensgrad, weshalb sie mit dem höchsten Gewichtungsfaktor genommen werden. Die genaue Festlegung der Faktoren bei den Pseudomesswerten ist nicht trivial. Es ist aber offensichtlich, dass wegen der niedrigen Genauigkeit der Werte auch die Faktoren niedrig bleiben. In Anhang D ist die Bestimmung der Gewichtungsfaktoren mittels genetischer Algorithmen (GA) beschrieben. Die resultierenden Werte, die für die Simulationen angenommen wurden, sind in Tabelle D-1 aufgeführt.

5.2 Multi-Agenten-Systeme und implementierte Architektur

Durch die Einführung dezentraler Stromerzeugung ist die Systemstruktur und vor allem deren Steuerung deutlich komplexer geworden. Herausforderungen, die sich hieraus ergeben, sind die Anzahl und die geographische Verteilung der zu steuernden Anlagen. Einerseits weisen die Anlagen ein unabhängiges Verhalten in Bezug auf ihre Funktionsweise auf, wenn es bspw. um die Optimierung des Eigenbedarfs oder die Maximierung der Einspeiseleistung geht. Andererseits arbeiten sie innerhalb desselben Systems und sind elektrisch verbunden, weshalb die Stabilität des Energienetzes das oberste Ziel sein und entsprechend auch die höchste Priorität haben sollte. Das beschriebene Szenario ist ein typischer Anwendungsfall eines Systems, das auf intelligenten Agenten basiert [118]-[121]. Die Anwendung von MAS in elektrischen Energiesystemen wird schon seit Jahren untersucht [120], [122]-[124].

Aufgrund seiner Natur ist das Konstrukt eines Agenten schwer zu beschreiben, weshalb es in der Literatur auch keine eindeutige Definition gibt. Ein Agent kann eine rechnergestützte Einheit, ein Softwareprogramm oder ein Roboter, der seine Umgebung autonom beobachten und beeinflussen kann, sein (siehe Abbildung 5-29). In [120] wird dieser Begriff zu dem des intelligenten Agenten erweitert, der zusätzlich folgende Merkmale besitzt:

- Reaktivität (engl. *reactivity*) – Ein intelligenter Agent kann zeitnah auf Änderungen in seiner Umgebung reagieren, um die definierten Ziele zu erreichen.
- Proaktivität (engl. *pro-activeness*) – Ein intelligenter Agent ist zielorientiert. Er kann seine Handlungen an die herrschenden Umstände anpassen und aus eigener Initiative nach Alternativen suchen, um seine Ziele zu erreichen.
- soziale Fähigkeit (eng. *social ability*) – Ein intelligenter Agent kann mit anderen intelligenten Agenten interagieren. Dabei geht es nicht nur um reinen Datenaustausch, sondern auch um die Fähigkeit, zu verhandeln und zu kooperieren.

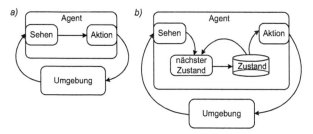

Abbildung 5-29: Abstrakte Agentenarchitekturen. a) rein reaktiver Agent; b) Agent mit Zustand [125]

Die innerhalb dieser Arbeit entwickelten Agenten weisen die oben genannten Eigenschaften in unterschiedlichem Maße auf.

Die wichtigsten Eigenschaften von MAS, die aus zwei oder mehr Agenten bestehen, sind Flexibilität und Erweiterbarkeit. Um das zu gewährleisten, wurden Standards für MAS-Plattformen entwickelt [123], [124]. 2005 wurde die ‚Foundation for Intelligent Physical Agents' (FIPA) als IEEE-Normenausschuss angenommen [123], [126]. Unter anderem aus diesem Grund hat das Java Agent DEvelopment Framework (JADE), in dem die FIPA-Standards implementiert sind, im Anwendungsbereich elektrischer Energiesysteme große Popularität gewonnen. Die Plattform weist viele notwendige sowie nützliche Funktionalitäten auf, ebenso die Anatomie der Agenten, sodass der Developer seinen Fokus nur auf die Ziele seiner Agenten und die Methoden, die zu diesen Zielen führen sollen, legen kann. Die JADE-Plattform stellt folgende Möglichkeiten zur Verfügung [127]:

- *Agent Management System* (AMS): Dies ist ein Agent, der den Betrieb der gesamten Plattform koordiniert. Alle Agenten müssen sich bei ihm registrieren lassen, um eine eindeutige Kennung zugewiesen zu bekommen.

- *Directory Facilitator* (DF): Dieser Agent bewahrt die Liste der Dienstleistungen der einzelnen Agenten und deren entsprechende Kennungen auf. Jedem Agenten ist die Kennung des DFs bekannt und die Agenten fragen ihn ab, wenn sie nach einer Dienstleistung suchen.

- *Container:* Auf diesem Baustein der Plattform sind die Agenten gruppiert. Die Container können auf getrennten Maschinen instanziiert werden, sodass die lokale sowie globale Beschreibung der Agenten nötig und aufbewahrt wird. Die lokale Beschreibung ist die *Local Agent Description Table* (LADT), die globale die *Global Agent Description Table* (GADT). Der Main-Container speichert in der *Container Table* (CT) auch die Beschreibung aller Container der Plattform.

- *Message Transport Service* (MTS): Diese Dienstleistung ist für jegliche Kommunikation auf der Plattform und mit anderen FIPA-konformen Plattformen verantwortlich. Die Kommunikation mit anderen Plattformen erfolgt mithilfe eines standardisierten Protokolls, das als *Message-Transport-Protocol* (MTP) bezeichnet wird. Für die Kommunikation innerhalb der Plattform wird das *Internal Message Transport Protocol* verwendet, das nicht FIPA-konform ist, aber für die Performance optimiert wurde.

Die beschriebenen Teile der JADE-Plattform sind zusammen mit den anwendungsspezifischen Agenten schematisch in Abbildung 5-30 dargestellt. Alle virtuellen Komponenten, bis auf den anwendungsspezifischen Agenten, werden durch die Plattform bereitgestellt.

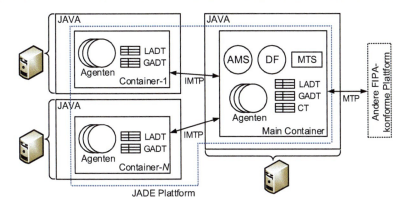

Abbildung 5-30: Schematische Darstellung der wichtigsten Komponenten der JADE-Plattform
[127]

5.2.1 Implementierte Agentenarchitektur

Die implementierte Multi-Agenten-Architektur sieht einen Agenten für jede dezentrale Anlage vor. Deswegen gibt es folgende Typen von Agenten, die unter dem gemeinsamen Namen ‚DER-Agenten' zusammengefasst werden:

- Photovoltaikanlage(PV)-Agent,
- Batteriespeichersystem(BSS)-Agent,
- Blockheizkraftwerk(BHKW)-Agent,
- Switch-Agent.

Jeder DER-Agent hat eigene Funktionalitäten und kann mit allen anderen kommunizieren, was sich aber in der Praxis nur auf die Kommunikation mit dem Switch beschränkt. Dies ist schematisch in Abbildung 5-31 dargestellt.

Es soll betont werden, dass die DER-Agenten auch mit den lokalen Reglern ihrer Anlagen kommunizieren. Zudem gibt es weitere Agenten, die bestimmte Dienstleistungen für die DER-Agenten sowie die Plattform übernehmen.

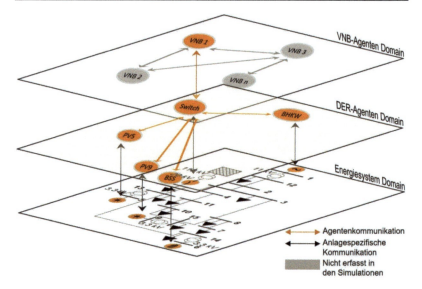

Abbildung 5-31: Abhängigkeit zwischen der Energiesystem-Domain und der Agenten-Domain in den durchgeführten Simulationen

5.2.2 Agent der Photovoltaik-Anlage

Der PV-Anlage-Agent bearbeitet die Befehle für den WR der Anlage. Der Agent verfügt über das mathematische Modell des PV-Panels und kann anhand der Spezifikation des Panels, z. B. der Anzahl und der Konfiguration der Zellen, der Wetterbedingungen, der Umgebungstemperatur oder der Irradiation, die MPP-Charakteristik berechnen, ähnlich wie in Kapitel 5.1.3 dargestellt. Auch die Spezifikation des WRs ist dem Agenten bekannt, weshalb dieser in der Lage ist, die eventuell verfügbare Wirk- und Blindleistung festzulegen. Im ungestörten Betrieb folgt der PV-Agent dem vorgelegten Fahrplan, was typischerweise die Einspeisung mit maximal möglicher Leistung bedeutet. Im Teilnetzbetrieb ist die Stabilität des ganzen Systems von höchster Priorität, weswegen die Einspeisung nach den Vorgaben des koordinierenden Switch-Agenten ausgerichtet wird. Falls aufgrund veränderter Wetterbedingungen die Einspeisewerte von der PV-Anlage nicht eingehalten werden können, informiert der PV-Agent den Switch-Agent, damit er die fehlende Leistung zwischen anderen, verfügbaren Anlagen aufteilen kann. Die ausgetauschten Signale sind in Tabelle 5-2 zusammengefasst.

5.2.3 Agent des Batteriespeichersystems

Ähnlich wie beim PV-Agent ist es die Hauptaufgabe des Agenten des BSS, einen WR zu steuern. Entsprechend Kapitel 5.1.3.3 ist der WR Vier-Quadranten-fähig. Die mögliche Änderung der Wirk- und Blindleistungseinspeisung hängt von dem aktuellen Ladezustand der Batterie, den aktuellen Werten der Einspeisung sowie der Spezifikation des

WRs ab. Der Ladezustand einer Batterie ergibt sich aus dem vergangenen Ladezyklus, der nicht direkt vom BSS-Agent, sondern vom lokalen WR-Regler beobachtet wird. Aus diesem Grund muss der Agent in erster Linie den Ladezustand abfragen, um die Werte der verfügbaren Wirk- und Blindleistung zu bestimmen. Anhand der Abfrage und unter Berücksichtigung des Begrenzungspolygons, das in Kapitel 5.1.3.3 dargestellt ist, erfolgte die Berechnung der verfügbaren Werte. Zuerst wurde die Wirkleistung betrachtet. Die maximalen sowie minimalen Werte der Wirkleistung wurden auf eine Zeitbasis von 15 Minuten bezogen und anhand folgender Formel berechnet:

$$P_{BSS,max} = \begin{cases} \dfrac{SoC}{100} \cdot C_n \cdot \dfrac{1}{\frac{1}{4}h} \\ P_{BSS,max} \leq P_{BSS,n} \end{cases} \tag{5-41}$$

$$P_{BSS,min} = \begin{cases} \dfrac{SoC - 100}{100} \cdot C_n \cdot \dfrac{1}{\frac{1}{4}h} \\ \left|P_{BSS,min}\right| \leq P_{BSS,n} \end{cases} \tag{5-42}$$

Dabei gilt:

- SoC – State of Charge [%]
- C_n – Nennkapazität des Speichers [kWh]
- $P_{BSS,n}$ – Nennleistung des Speichers [kW]

In den Formeln (5-41) und (5-42) wird angenommen, dass die maximale Wirkleistung, $P_{BSS,max}$, die Entladung mit dem größtmöglichen Wert bedeutet. Analog dazu entspricht die minimale Wirkleistung, $P_{BSS,min}$, dem Laden des Speichers, d. h. dem Betrieb mit negativer Wirkleistung. Die berechneten Werte müssen für mindestens 15 Minuten auf dem bestimmten Niveau bleiben können, bevor der Speicher komplett entladen bzw. geladen wird. Darüber hinaus dürfen die Werte die Nennleistung nicht überschreiten. Auf Basis von $P_{BSS,max}$, $P_{BSS,min}$ und dem Begrenzungspolygon wurden analog die Betriebspunkte der Blindleistung gefunden. Wie der PV-Agent informiert auch der BSS-Agent den Switch-Agent im Fall der Nicht-Einhaltung vorgegebener P_{soll}- und Q_{soll}-Werte.

5.2.4 Agent des Blockheizkraftwerks

Der Agent kontrolliert den Zustand des Synchrongenerators des BHKWs und bearbeitet die Befehle für die Turbinenregler sowie den Erreger unter Berücksichtigung der Generatorgrenzen.

5.2.5 Agent-Switch (Koordinator)

Der Switch-Agent ist der HS/MS-Schaltanlage zugewiesen und führt je nach Befehl des Netzbetreibers die Schließung oder Öffnung durch, was den Betrieb zwischen Verbund- und Teilnetzbetrieb bestimmt. Den direkten Impuls zum Öffnen oder Schließen generiert die Synchroncheckanlage, um einen möglichst milden Übergang zu gewährleisten. Die Zeiten dabei sind zu klein für die effektive Bearbeitung durch den Agenten, weshalb er die Aufgabe an die Synchroncheckanlage delegiert. Die Anlage beobachtet den Stromverlauf und öffnet den HS/MS-Leistungsschalter beim Stromnulldurchgang bzw. schließt diesen, wenn die Resynchronisationsbedingungen (siehe 6.2, bzw. Kapitel 6.4) erfüllt sind.

Darüber hinaus ist der Switch-Agent für die Koordination des Teilnetzes im Störfall verantwortlich. Im Auftrag des VNB soll er autonom die intentionale Teilnetzbildung durchführen und anschließend das Teilnetz führen (siehe Kapitel 6.2). Falls dies nicht gelingt, koordiniert der Switch-Agent den Schwarzstart des Teilnetzes (siehe Kapitel 6.3). Wenn der Fehler im übergeordneten Netz behoben ist oder die Unterstützung des Teilnetzes benötigt wird, führt der Switch-Agent die Resynchronisation durch und ordnet den gewünschten Betriebspunkt an (siehe Kapitel 6.4). Tabelle 5-2 fasst die Signale zusammen, die die Agenten miteinander und mit ihren Reglern austauschen. Der Betriebsmodus ‚Verbund-/Teilnetzbetrieb' ist einer der wichtigsten und wird als *M* bezeichnet.

Tabelle 5-2: Zusammenfassung der wichtigsten Signale, ausgetauscht zwischen Agenten, ihren lokalen Reglern und dem VNB

Agent	Vom lokalen Regler	Zum lokalen Regler	Vom Switch-Ag.	Zum Switch-Ag.	Vom VNB	Zum VNB
Switch (Koordinator)	$f_{tln}, f_{HS},$ $\|U\|_{tln},$ $\|U\|_{HS},$ $\Delta\varphi, M_{ist}$	M_{soll}			$M_{soll},$ $\Delta P_{soll},$ ΔQ_{soll}	$M_{ist},$ $f(P_{flex}, Q_{flex})$
PV	$P_{ist}, Q_{ist},$ $E_{ist},$ $T_{umg,ist}$	$f_{soll,vrb}, \|U\|_{soll,vrb}, P_{soll,vrb},$ $Q_{soll,vrb}, f_{soll,tln}, \|U\|_{soll,tln},$ $P_{soll,tln}, Q_{soll,tln}, M_{soll}$		$P_{max}, P_{ist}, Q_{ist},$ $\Delta P_{mangel},$ ΔQ_{mangel}	-	-
BSS	$P_{ist}, Q_{ist},$ SoC			$P_{max}, P_{min}, P_{ist},$ $Q_{ist}, \Delta P_{mangel},$ ΔQ_{mangel}	-	-
BHKW	$P_{ist}, Q_{ist},$ $f_{ist}, \|U\|_{ist}$			$P_{max}, P_{ist}, Q_{ist}$	-	-

5.3 Architektur der Simulationsumgebung

Um die entwickelten Konzepte simulativ untersuchen zu können, ist eine Umgebung nötig, die die Ko-Simulation von elektrischen Energiesystemen und MAS erlaubt. Da es hierzu nur beschränkte Möglichkeiten gibt, wurde eine dedizierte Ko-Simulations-Umgebung entwickelt. Die verwendete Architektur erweitert die in [128] dargestellte Architektur.

5.3.1 Übersicht über die Architektur

Die entwickelte Schnittstelle verknüpft zwei Simulationsumgebungen, beide für die andere Domain. Eine davon ist MATLAB/Simulink mit der Specialized Power Systems-Bibliothek [67] bzw. Matpower [129], mit der das elektrische System nachgebildet wird. Die andere ist JADE, in der die höhere Ebene der Steuerung in Form von MAS implementiert ist. Der Fokus liegt auf dem bidirektionalen, systematisierten Datenaustausch während der gesamten Dauer der Ko-Simulation. Zwar liefert Simulink Komponenten, die das Monitoring und das Logging von Daten während der Simulation ermöglichen, der externe Zugriff auf diese Daten ist jedoch nicht ohne weiteres möglich. Eine Option ist die Implementierung von Kommunikationskomponenten eines Standardprotokolls [130], [131]. Das TCP/IP-Protokoll wurde gewählt, um mit dem Client auf der Simu-link-Seite und dem Server auf der JADE-Seite zu kommunizieren. In dieser Architektur sammelt der Client die Signale im Simulink-Modell, die den unterschiedlichen Messun-gen entsprechen und für die Steuerung im System nötig sind, und übersendet sie in regelmäßigen Zeitintervallen an den Server. Der Server empfängt die Signale und verteilt sie unter den Agenten (siehe Abbildung 5-32).

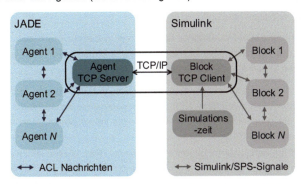

Abbildung 5-32: Übersicht über die entwickelte Ko-Simulations-Architektur [128]

Aus Sicht der JADE-Plattform ist der Server-Agent ein normaler Agent, der mit den anderen Agenten mithilfe des Standard-JADE-Kommunikationsmittels – den Agent Communication Language(ACL)-Nachrichten – kommuniziert. Der TCP-Client tauscht die Daten mit anderen Blöcken mithilfe der Standard-Simulink-Signalverbindung aus. Es gibt immer nur einen Server und einen Client, obwohl eine unterschiedliche Anzahl an Simulink-Blöcken und Agenten auf beiden Seiten existieren kann. Der Server und der Client konzentrieren die Signale und verwalten den Austausch. Es können auch Agenten vorkommen, die mit Simulink kommunizieren, zu denen es aber kein äquiva-lentes Anlagemodell in Simulink gibt. Die wesentliche Rolle spielt der Simulationszeit-Block auf der Simulink-Seite (siehe Abbildung 5-32), weil dieser die Referenzzeit für den Betrieb und die Synchronisation liefert.

5.3.2 TCP-Client in Simulink

Der TCP-Client ist auf der Simulink-Seite der Schnittstelle implementiert. Obwohl es betriebsfertige Blöcke zum Senden und Empfangen über das TCP/IP-Protokoll in den Simulink-Bibliotheken gibt, ist ihr Einsatz bei Anwendung ohne spezielle Anpassungen bezüglich der Zeitsynchronisation und der Bearbeitung ankommender und gesendeter Signale nicht möglich. Deswegen wurde eine in C programmierte S-Funktion für diesen Zweck verwendet [132]. Die Kernfunktionalität basiert auf Windows Sockets (Winsock), das die C-Sprache Schnittstelle und Mechanismen für die TCP-Kommunikation liefert [133].

5.3.3 Agenten und TCP-Server in JADE

Der TCP-Server ist als Agent implementiert und für die ankommenden sensorartigen Signale verantwortlich. Er empfängt sie von der Client-Komponente in Simulink und verteilt sie mithilfe der ACL-Nachrichten unter den anderen Agenten (siehe Abbildung 5-32). Diese Nachrichtenverwaltung wird im Framework mittels *Behaviour*-Konzept (Verhaltenskonzept) organisiert. Ein Behaviour in JADE repräsentiert eine Aufgabe, die ein Agent zu erledigen hat [127].

Im Vergleich zur JADE-Nomenklatur ist allerdings in diesem Framework eine andere Systematik des Agentenbehaviours vorgeschlagen, die sich an der Zeitsynchronisierung zwischen Simulink und JADE orientiert:

- periodisches Behaviour (engl. *periodic behaviour*, PB): Dieses wird in regulären Zeitintervallen ausgeführt, z. B. eine Messung eines beobachteten Parameters, und als generische JADE-Behaviour-Klasse implementiert. Mehrere PB bilden einen PB-Pool (PBP).

- reaktives Behaviour (engl. *reactive behaviour*, RB): Dieses erfolgt nur nach Anfrage der anderen Behaviours, innerhalb derselben oder anderen Agenten, z. B. die Lieferung bestimmter Datensätze der Datenbank, und wird als JADE-CyclicBehaviour-Klasse implementiert. Mehrere RB bilden einen RB-Pool (RBP).

- CyclicTCPBehaviour: Dieses Behaviour wird für die Kommunikation zwischen einem Agenten und dem TCP-Server-Agenten genutzt und als JADE-CyclicBehaviour-Klasse implementiert.

Jeder Agent, der Simulink-Signale abrufen möchte, muss eine Instanz des CyclicTCP-Behaviour aufweisen (siehe Abbildung 5-33). Dieses Behaviour verfügt über die Liste jedes periodischen Behaviours des Agenten, zusammen mit dessen Ausführungsperiode und den Zeiten bis zur nächsten Ausführung. Die TCP-Kommunikationsfähigkeit ist eine Dienstleistung, die beim DF-Agenten registriert werden muss, sodass der Server nur anhand einer Nachfrage beim DF alle relevanten Agenten orten kann. Für den Server-Agenten ist es nicht wichtig, wie oft die bestimmten Agenten den Datenzugriff brauchen, und er aktualisiert ihre Werte jedes Mal, wenn er sie vom Client empfängt. Außer dem dedizierten Thread, den der Server-Agent automatisch von der Plattform zugewiesen bekommt, ist für das Erfassen der ankommenden Client-Verbindungen auch ein zusätzlicher Thread vorgesehen.

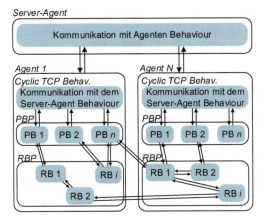

Abbildung 5-33: Zusammenhänge und Kommunikation zwischen den Behaviours auf der Plattform [128]

5.3.4 Zeitsynchronisation

Obwohl das Multithreading eine zentrale Rolle in MAS spielt, stellt es eine große Herausforderung für die Ko-Simulation dar. Die Zeitsynchronisation zwischen dem Betrieb der Agenten und der Ausführung des Simulink-Modells ist das Hauptanliegen des Frameworks. Die in JADE entwickelten Agenten laufen in Echtzeit nach der Betriebssystemuhr, wobei die Ausführung des Simulink-Modells je nach Komplexität variieren kann. Der Einfluss des Mangels einer gemeinsamen Zeitquelle ist besonders ausgeprägt, wenn die Agenten in regelmäßigen Zeitintervallen Aktionen durchführen oder die zeitliche Entwicklung von Parametern analysieren müssen. Das Problem kann gelöst werden, indem die Simulink-Simulationszeit als Referenz herangezogen und die Return-Bestätigung im Behaviour angewendet wird.

Return-Bestätigung bedeutet, dass jedes Behaviour, unabhängig davon, ob es periodisch oder reaktiv ist, eine Erfolgsbestätigung an das aufrufende Behaviour senden muss (siehe Abbildung 5-33). Dies ist ein wichtiger Unterschied zum nativen JADE-Framework, bei dem das Behaviour normalerweise ohne eine solche Benachrichtigung abgeschlossen wird. In diesem Framework wird es als ‚Return-Bestätigungs-Prinzip' bezeichnet und basiert ausschließlich auf ACL-Nachrichten. Der Nachteil dieses Prinzips besteht darin, dass es die Parallelisierung der Berechnung begrenzt, da jedes Behaviour auf das Ende des Ablaufs seines Subbehaviour (Unterverhalten, SB) warten muss. Das Prinzip hilft jedoch sicherzustellen, dass die Ergebnisse aller von den Agenten durchgeführten Berechnungen gleichzeitig und zum richtigen Simulationszeitpunkt an Simulink gesendet werden, obwohl sich die Ausführungszeit der Berechnungen erheblich unterscheiden kann. Ein Agent muss nur die Rückgabe aller seiner PBs an den Server-Agenten bestätigen. Das RB wird hier nicht explizit berücksichtigt, da es auf Anfrage eines anderen Agenten aufgerufen werden können. Das RB 1 des Agenten *N* wird vom PB *n* des Agenten 1 aufgerufen (siehe Abbildung 5-33). Dies bedeutet, dass ein Agent die Bestätigung an den Server bereits senden kann, obwohl zumindest eines der RBs des Agenten möglicherweise noch nicht beendet ist, da das RB einige Dienste für einen anderen Agenten bereitstellt. In dem Fall, wie in Abbildung 5-33 dargestellt, wird das RB 1 des Agenten *N* implizit als Unterverhalten eines PBs *n* des Agenten 1 betrachtet. Im Allgemeinen können die Abhängigkeiten des Behaviours wie folgt zusammengefasst werden:

- Periodische Behaviours werden gemäß dem Zeitplan im TCPCyclicBehaviour erzeugt. Sie müssen das erfolgreiche Ende des Betriebs bestätigen.
- Ein reaktives Behaviour kann jederzeit erstellt werden und zwar nicht nur von Agenten, die mit dem Server kommunizieren. Sie müssen das erfolgreiche Ende des Betriebs des anfordernden Behaviours bestätigen.
- Periodisches Behaviour kommuniziert nicht mit anderem PB. Es kann selbständig sein und keine Dienste von anderen Behaviours benötigen (PB *n* von Agent *N* in Abbildung 5-33) oder mit RBs innerhalb oder außerhalb eines Agenten kommunizieren (RB *i* von Agent 1 vs. RB 1 von Agent *N*, siehe Abbildung 5-33).
- Reaktives Behaviour kann so konzipiert sein, dass es nur mit anderen RBs kommuniziert (RB 2 von Agent 1, siehe Abbildung 5-33).
- Reaktives Behaviour kann subsequent weitere RBs aufrufen, aber schließlich muss nur der Return des anfänglichen PBs an den Server bestätigt werden (z.B. RB 1 von Agent 1, siehe Abbildung 5-33).

Einerseits ermöglicht die Implementierung des Return-Bestätigungs-Prinzips die Koordination der Ko-Simulation, andererseits unterscheidet sich ein System, das einem solchen Prinzip folgt, von der Realität, weil es zeitsynchronen Messungen und Sollwerten entspricht, was in der Realität selten der Fall ist. In der Anfangsphase der Entwicklung neuer MAS-basierter Steuerungsstrategien und der entsprechenden Konzeptnachweise stellt ein solches Merkmal jedoch keinen wesentlichen Nachteil dar.

5.3.5 Berechnung des quasidynamischen Lastflusses unter Einbeziehung der Frequenzdynamik

Wie bereits in Kapitel 5.3.1 angedeutet, können die Berechnungen im Hinblick auf den elektrischen Bereich je nach Simulationsszenario auf zwei Weisen verlaufen: Die erste Art der Berechnung erfolgt mittels Specialized Power Systems-Bibliothek von Matlab/Simulink [134] und wird zu Simulationen der Teilnetzbildung und Resynchronisation, entsprechend den Kapiteln 6.2 und 6.4, mit dem Fokus auf dynamische Zustände genutzt. Aufgrund hoher Simulationszeiten eignet sich diese Weise für die Zeitspannen des Hochfahrens eines Netzes nicht, weswegen die zweite Möglichkeit entwickelt wurde. Ähnlich wie in [35] präsentiert, wurde hierbei die statische Lastflussberechnung mithilfe von Matpower [129] mit einer vereinfachten Nachbildung der Netzdynamik kombiniert. Die Lastflussberechnung liefert die Knotenspannungen und Leistungen, das

Modell die Dynamik und den zeitlichen Verlauf der Frequenz im System. Anders als in [35] wurden beide Komponenten in einem Simulink-Modell umgesetzt. Darüber hinaus sollte das Modell der Dynamik in der Lage sein, eine beliebige Anzahl an Generatoren unterschiedlicher Struktur zu betrachten, nicht nur den Slack-Generator. In der Lastflussberechnung sollten die Begrenzungen der Generatoren, die $\Delta Q(\Delta U)$-Charakteristika der Generatoren, die $\Delta P(\Delta U)$ der Lasten und $P(f)$ nach [38] berücksichtigt werden.

5.3.5.1 Vereinfachte Frequenzdynamik im Teilnetz

Das in Kapitel 5.1.2.3 dargestellte Modell des Synchrongenerators sowie das in Kapitel 5.1.3.1 beschriebene Modell des WRs benötigen relativ kleine Zeitschritte, um die numerische Stabilität zu behalten. Im Folgenden werden die Vereinfachungen aufgeführt, die verwendet wurden, um die Dynamik der Systemfrequenz vereinfacht nachbilden zu können. Ziel dabei war es, den Einfluss der Wirkleistungsbilanz auf die Systemfrequenz abzubilden. Das Teilnetz wird als „One Area" [85] betrachtet, wobei sich die Systemträgheit hauptsächlich durch das BHKW ergibt, weil die großen Zeitkonstanten des Generators die Trägheit maßgeblich beeinflussen. Abbildung 5-34 zeigt die Struktur des Modells: Die Systemträgheit ist durch die Übertragungsfunktion dargestellt. Die Trägheit des BHKWs ist auf zwei Komponenten aufgeteilt. Es gibt den PT1-Block mit der Zeitkonstante T_t, was der Turbinenträgheit entspricht. In Kapitel 5.1.2.1 wurde bereits erklärt, dass das verwendete Modell die Trägheitskonstante des Antriebs nicht beinhaltet, sondern diese zusammen mit der Konstante des Generators durch deren Verdoppelung einbezogen wird. In dieser Darstellung ist die Modellierung der Antriebsträgheit notwendig, um die Erzeuger- und die Verbraucher-Leistung addieren zu können. Deswegen entspricht T_t der einfachen Trägheitskonstante des Synchrongenerators. Die zweite Komponente der Trägheit des BHKWs, die mit der Generatorträgheit verbunden ist, ist in der verwendeten Übertragungsfunktion $\Delta f/\Delta P$ bereits enthalten.

Die P-f-Regelung blieb im Vergleich zu Abbildung 5-6 unverändert, mit der Ausnahme, dass die Verluste vernachlässigt wurden und die mechanische Leistung P_m der elektrischen P_{el} gleichgesetzt wurde.

Das vereinfachte Modell einer WR-basierten Anlage ist anhand des Beispiels der PV-Anlage aus Knoten 5 in Abbildung 5-34 veranschaulicht. Im Vergleich zur Abbildung 5-8 ist nur die P-f-Regelungsstrecke berücksichtigt und die Regelung des Ausgangstromes I_{2d} nach Gleichung (5-26) und Abbildung 5-11 implementiert. Um die Ausgangsleistung der Anlage zu berechnen, wurde der Strom I_{2d} mit dem Nennwert der Spannung U_{2d} multipliziert. Die Modelle des BSS und einer weiteren PV-Anlage haben die gleiche Struktur und sind deshalb nicht dargestellt.

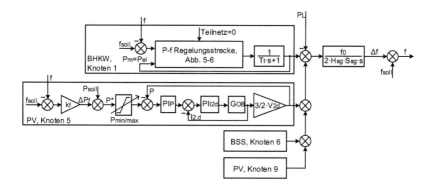

Abbildung 5-34: Struktur des vereinfachten Modells zur Berechnung der Frequenz im Teilnetz

5.3.5.2 Quasidynamischer Lastfluss im Teilnetz

Um die Lastfluss- und Spannungs-Profile im Teilnetz bei sich ändernder Topologie zu bestimmen, wurde ein weiteres Modul entwickelt und verwendet. Hierbei wurden folgende Parameter berücksichtigt: die Spannungsstützung durch die Erzeuger, die Abhängigkeit der 400-V-Erzeugungsanlagen von der Frequenz und der Spannungspräsenz nach VDE AR-N 4105, der CLPU-Effekt sowie die Spannungsabhängigkeit der Lasten. Zur Berechnung wurde der lineare OPF von Matpower verwendet. Der OPF wurde anstatt einfaches Lastfluss genutzt, um die Abhängigkeiten zwischen Leistungen und Frequenz sowie Spannungen berücksichtigen zu können. Diese Abhängigkeiten wurden als lineare Begrenzungen nachgebildet. Der OPF-Solver wurde durch eine dedizierte S-Funktion aufgerufen und anhand der ankommenden Daten der Agenten aktualisiert. Zu den Daten gehören:

- die Auflistung der Netzknoten unter Spannung,
- die Auflistung der Lasten unter Spannung,
- die Auflistung der Leitungen in Betrieb,
- die Auflistung der hochgefahrenen Generatoren,
- die Auflistung der Begrenzungen der Generatoren,
- die Auflistung der Leistungen der Lasten und
- die Sollwerte der Wirk- und Blindleistung sowie der Spannung für die MS-Erzeuger.

Zudem wurden die Simulationszeit und die folgenden vom Frequenzmodul berechneten Werte vorgegeben:

- Systemfrequenz,
- Wirkleistungsungleichgewicht und
- Wirkleistungsbetriebspunkte der MS-Erzeuger.

Sobald eine Topologieänderung stattgefunden hatte, wurde ein neues OPF-Problem formuliert. Die Werte der Lasten sind von der Spannung und der Simulationszeit abhängig. Das grundlegende Modell kann durch die Gleichungen (5-43) und (5-44) dargestellt werden [96].

$$P_L(u,f) = P_{L,n} \cdot u^{0,63} \cdot (1 + 0,01 \cdot \Delta f) \tag{5-43}$$

$$Q_L(u,f) = Q_{L,n} \cdot u^{0,96} \cdot (1 + 0,01 \cdot \Delta f) \tag{5-44}$$

Aufgrund kleiner Deltas in der Frequenzabweichung sowie der Abweichung selbst wurde der frequenzabhängige Teil vernachlässigt. Dennoch blieb die Spannungsabhängigkeit nichtlinear und konnte daher in der linearen Optimierung der Lastflussberechnung nicht direkt übernommen werden. Die Abhängigkeit der Blindleistung von der Spannung ist nahezu linear, was anhand des Vergleichs in Abbildung 5-35a) ersichtlich ist, und wurde als solche betrachtet. Die Spannungsabhängigkeit der Wirkleistung wurde im Bereich von 0,2 bis 1,8 p. u. mithilfe der Matlab Curve Fitting-Toolbox [135] mit einem Polynom erster Ordnung linearisiert. Das Ergebnis ist in Abbildung 5-35b) dargestellt.

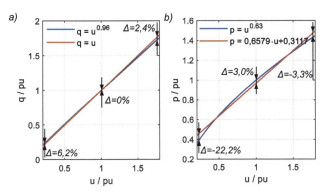

Abbildung 5-35: Linearisierung der Spannungsabhängigkeit der Lasten: a) Blindleistung; b) Wirkleistung

Die für die Wirk- und Blindleistung der Lasten final angenommenen Formeln sind:

$$P_L(u) = P_{L,n} \cdot (0,6579 \cdot u + 0,3117) \tag{5-45}$$

$$Q_L(u) = Q_{L,n} \cdot u \tag{5-46}$$

Der modellierte CLPU-Effekt sorgt für die Zeitabhängigkeit der Lasten. Die Werte für $P_{L,n}$ sowie $Q_{L,n}$ wurden vor jeder Ausführung der Lastflussberechnung je nach Zeit, die seit dem Anschalten vergangen war, aktualisiert und für die Berechnung als konstant angenommen. Auch das Verhalten der nicht steuerbaren PV-Anlagen verursacht die Zeit- und Frequenzabhängigkeit der Leistung von MS/NS-Knoten (siehe Abbildung 5-18 und Abbildung 5-19). Die aktuellen Leistungen der kleinen PV-Anlagen wurden von den Leistungen der Lasten subtrahiert, um die Leistungen der Knoten zu erhalten.

Die PQ-Charakteristiken der in den Kapiteln 5.1.2 und 5.1.3 beschriebenen Anlagen sind durch (5-47) bis (5-49) dargestellt, wobei der erste Satz dem BHKW entspricht (siehe Abbildung 5-5), der zweite der MS-PV und der dritte dem BSS (siehe Abbildung

5-13). Die letzte Begrenzung der Wirkleistung in (5-47) ist strenger als die, die sich aus dem Leistungsdiagramm des Synchrongenerators ergibt. Weil es sich um die netzbildende Einheit handelt, sollen Sicherheitsabstände von den Grenzen garantiert sein. In dieser Form sind die Begrenzungen in das OPF-Problem einbezogen.

$$\begin{cases} 0{,}21 \cdot p_{BHKW} + q_{BHKW} \leq 0{,}77 \\ 3 \cdot p_{BHKW} + q_{BHKW} \leq 3 \\ 2 \cdot p_{BHKW} - q_{BHKW} \leq 2 \\ 0{,}39 \cdot p_{BHKW} - q_{BHKW} \leq 0{,}44 \\ -q_{BHKW} \leq 0{,}39 \\ 0{,}1 \leq p_{BHKW} \leq 0{,}9 \end{cases} \tag{5-47}$$

$$\begin{cases} -0{,}75 \cdot p_{MSPV} + q_{MSPV} \leq 0 \\ -0{,}75 \cdot p_{MSPV} - q_{MSPV} \leq 0 \\ 1{,}91 \cdot p_{MSPV} + q_{MSPV} \leq 2{,}13 \\ 1{,}91 \cdot p_{MSPV} - q_{MSPV} \leq 2{,}13 \\ 6{,}16 \cdot p_{MSPV} + q_{MSPV} \leq 6{,}16 \\ 6{,}16 \cdot p_{MSPV} - q_{MSPV} \leq 6{,}16 \\ 0 \leq p_{MSPV} \leq 1 \end{cases} \tag{5-48}$$

$$\begin{cases} -1{,}11 \cdot p_{BSS} + q_{BSS} \leq 1{,}44 \\ -0{,}85 \leq p_{BSS} \leq 0{,}85 \\ 1{,}11 \cdot p_{BSS} + q_{BSS} \leq 1{,}44 \\ 1{,}11 \cdot p_{BSS} - q_{BSS} \leq 1{,}44 \\ -1{,}11 \cdot p_{BSS} - q_{BSS} \leq 1{,}44 \\ -6/6{,}7 \leq q_{BSS} \leq 6/6{,}67 \end{cases} \tag{5-49}$$

Darüber hinaus wurden weitere Bedingungen definiert: die Knotenspannungsstützung durch die steuerbaren Generatoren $\Delta Q_g(\Delta u)$ und die Verteilung von zusätzlicher Last zwischen den Generatoren nach der Leistungszahl K. Die zusätzliche Last wird von der implementierten Abhängigkeit $\Delta P_L(\Delta u)$ und der $P_{pv}(f)$-Charakteristik verursacht. Diese zusätzliche Last, die sich durch die Änderungen der Spannung ergibt, führt zu einem Leistungsungleichgewicht und damit zu einer Frequenzänderung. Die Generatoren beteiligen sich deswegen proportional zur Leistungszahl K an der zusätzlichen Last. Die Leistung eines Generators besteht aus dem Sollwert und dem Anteil der zusätzlichen Last, siehe Formel (5-50). Die zusätzliche Last kann als Differenz zwischen der Summe der spannungsabhängigen Last und der Summe des Sollwertes der Generatoren dargestellt werden, siehe Gleichung (5-51). Wenn die spannungsabhängige Last durch (5-45) ersetzt wird, stellt Gleichung (5-52) den Wert der Wirkleistung des i-ten Generators dar.

$$P_{G,i} = P_{G,soll,i} + K_{G,i} \cdot \Delta f = P_{G,soll,i} + K_{G,i} \cdot \frac{\sum_{j=1}^{nlan} \Delta P_{L,j}}{\sum_{j=1}^{ngan} K_{G,j}} \tag{5-50}$$

$$P_{G,i} = P_{G,soll,i} + \frac{K_{G,i}}{\sum_{j=1}^{ngan} K_{G,j}} \cdot \left(\sum_{j=1}^{nlan} P_{L,j}(u_j) - \sum_{j=1}^{ngan} P_{G,soll,j} \right) \tag{5-51}$$

$$P_{G,i} = P_{G,soll,i} + \frac{K_{G,i}}{\sum_{j=1}^{ngan} K_{G,j}}$$
$$\cdot \left(\sum_{j=1}^{nlan} P_{L,n,j} \cdot (0{,}6579 \cdot u_j + 0{,}3117) - \sum_{j=1}^{ngan} P_{G,soll,j} \right) \tag{5-52}$$

Die spannungsabhängige Blindleistungseinspeisung der Generatoren wird nach Gleichung (5-53) implementiert, mit bezogenem Wert der Blindleistung:

$$q_{G,i} + k_{q,i} \cdot u_i = q_{G,soll,i} + k_{q,i} \cdot u_{soll,i} \tag{5-53}$$

Die Zielfunktion des OPF-Problems soll die Abweichung der Spannungssollwert am Knoten, an dem die netzbildende Einheit, das BHKW, platziert ist, minimieren, siehe Formel (5-54). Es soll vereinfacht nachbilden, dass die anderen netzstützenden Erzeuger lediglich proportionaler Teil haben und das BHKW auch über den integralen Teil des Reglers verfügt. Das führt dazu, dass die Spannung mit der Zeit ausgeregelt wäre, wenn das BHKW genug Blindleistung zur Verfügung stellen könnte.

$$\min_u f(u) = \left(u_{BHKW,soll} - u_{BHKW} \right)^2 \tag{5-54}$$

Somit wurde das OPF-Problem von [129] erweitert und mit den Begrenzungen nach den Gleichungen (5-45) bis (5-49), (5-52) und (5-53) sowie der Zielfunktion (5-54) gelöst.

Das in Kapitel 5.3.5.1 beschriebene Modul zur vereinfachten Nachbildung der Frequenzdynamik wurde bei jedem Simulationsschritt des Simulink-Modells berechnet. Wenn sich die Topologie während des Simulationszeitschritts nicht geändert hat, wurde das OPF-Problem mit den aktuellen Daten aktualisiert, aber nicht neu formuliert. Unabhängig davon, ob die Topologieänderung stattgefunden hat, wurden die gleichen Signale ausgegeben:

- Knotenspannungen,
- MS/NS-Knotenwirk- und -blindleistungen,
- die Einspeisung der PV-Anlagen auf 400-V-Ebene sowie
- die Blindleistung der MS-Generatoren.

5.3.5.3 Interaktion zwischen quasidynamischem Lastfluss und dem Modell der Netzdynamik

Für die vollständige Simulation der elektrischen Seite des Systems ist die gezielte Interaktion zwischen dem Modul für die Frequenzberechnung und dem Modul für die Lastflussberechnung unerlässlich, was schematisch in Abbildung 5-36 dargestellt ist. Die Signale der Agenten werden an das Lastflussmodul geleitet, wo sie je nach Erfüllung bestimmter Konditionen bearbeitet werden. Weil das Frequenzmodul nicht rechenintensiv ist, wurde es bei jedem Zeitschritt des Simulink-Solvers aufgerufen. Im Gegensatz dazu wurde der Lastfluss nur unter bestimmten Konditionen berechnet. Die Konditionen für die Bearbeitung der Signale und gleichzeitig die Durchführung der Lastflussberechnung sind die steigenden Flanken von:

- K1: Die Topologie des Netzes wurde geändert.
- K2: $|\Delta P| \leq 0{,}2$ MW, was bedeutet, dass das Wirkleistungsungleichgewicht im System unter 0,2 MW sinkt.
- K3: Die letzte Berechnung ist älter als 10 s.

Die beiden Module sind mittels ΔP, f und P_{BHKW}, P_{PV5}, P_{BSS} sowie P_{PV9} gekoppelt. Die beiden ersten Signale sind einfache Rückkopplungen, die bei jedem Simulationsschritt gleichermaßen betrachtet wurden. Die Ermittlung der Werte der Wirkleistungen der Generatoren ist aufwändiger. Die Lastflussberechnung braucht unter anderem einen Generatorbetriebspunkt als Eingangsgröße. Wenn K1 erfüllt ist, wurde der Wert der erhaltenen Sollwerte den Agenten entnommen ($P_{G,sollAgent}$) und während der Berechnung eventuell um die Laständerungen und Primärregelung (PR) geändert, was in Kapitel 5.3.5.2 erklärt wurde. So wurde das Spannungsprofil bestimmt. Um den Frequenzverlauf nach der Topologieänderung und mit neuen Sollwerten der Agenten zu berechnen, wurden die Signale $P_{G,sollAgent}$ direkt abgerufen. Da im Frequenzmodul Primärregelung sowie Sekundärregelung (SR) berücksichtigt sind und die Last den Ergebnissen der Lastflussrechnung entnommen wurde, nähern sich mit der Zeit die Generatorwirkleistungen den Werten aus der Lastflussrechnung an, was den zeitlichen Verlauf der Systemfrequenz nachbildet.

Wenn K2 oder K3 erfüllt ist, wurde der Lastflussberechnung nicht $P_{G,sollAgent}$, sondern die vom Frequenzmodul berechneten P_{BHKW}, P_{PV5}, P_{BSS} und P_{PV9} vorgegeben. Grund hierfür ist, dass sich während der weiteren Simulationsschritte nach der Topologieänderung die Lastverteilung gegenüber der vom Agent-Switch angenommenen Lastverteilung ändert. Die Änderung kann durch die SR, die die netzbildende Einheit implementiert, oder durch die zeitliche Abhängigkeit der Lastknoten verursacht werden. Diese Änderung muss wiederum für die Spannungsprofilbestimmung berücksichtigt werden. Das Frequenzmodul nimmt auch bei K2 und K3 die $P_{G,sollAgent}$ als Eingangswerte an.

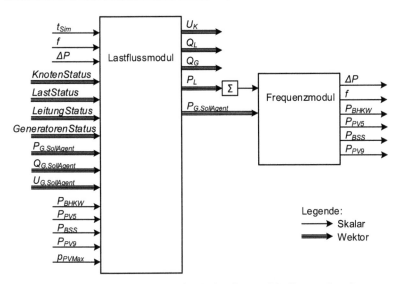

Abbildung 5-36: Interaktion zwischen Modulen der Lastfluss- und der Frequenzberechnung

K1, K2 und K3 sind so formuliert, um möglich selten, jedoch nicht seltener als in einer bestimmten Taktung, die rechenintensive Lastflussberechnung zu formulieren und durchzuführen. K2 soll garantieren, dass eine neue Lastflussberechnung erst dann erfolgt, wenn sich das Frequenzmodul im eingeschwungenen Zustand befindet. Weil der Lastfluss immer mit ΔP = 0 endet, manifestiert sich das Erreichen dieses Ziel dadurch, dass die steuerbaren Generatoren die Last mithilfe der PR und mit kleiner Toleranz gedeckt haben, womit sich ΔP dem Wert null nähert.

5.3.6 Einzelner Schritt der Ko-Simulation

Um die Funktionsweise zu veranschaulichen, ist in Abbildung 5-37 eine Übersicht über den Ablauf und die wichtigsten Ereignisse eines Schrittes der Ko-Simulation dargestellt.

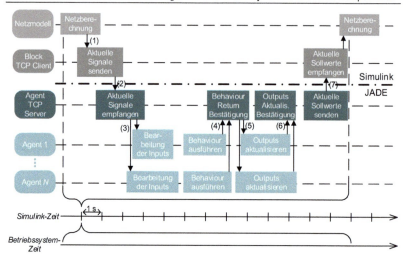

Abbildung 5-37: Ereignissequenz während der Kommunikation zwischen JADE und Simulink
[128]

Die Ko-Simulation ist bereits gestartet. Sobald die Netzberechnung für den aktuellen Betriebspunkt in Simulink beendet wird, wird es vom Simulink-Engine-Scheduler geprüft, ob der TCP-Client-Block aufgerufen werden soll. Falls ja, werden ausgewählte Ergebnisse vom TCP-Client-Block eingelesen, (1), und über TCP/IP zusammen mit dem Zeitstempel an der Server-Agenten gesendet, (2). Während dieser auf die Antwort des Servers wartet, sind die weiteren Berechnungen in Simulink blockiert. Der Server verteilt die Werte unter Agenten, (3). Dann vergleichen die Agenten die aktuelle Simulationszeit mit ihrer internen Liste von PB und entscheiden, ob bestimmte davon gestartet werden sollen. Wenn für diesen Zeitraum kein geplantes Behaviour vorliegt, sendet der Agent eine Nachricht an den Server-Agenten, um zu bestätigen, dass alle seine Behaviour erfolgreich beendet wurden, (4). Die Bestätigung ist aus Sicht des Server-Agenten ein wesentlicher Bestandteil der Koordination. Ohne diese wäre es problematisch, zu garantieren, dass keine Ausgaben aktualisiert werden, nachdem die Werte an Simulink zurückgesendet wurden. Falls ein Agent geplante Aufgaben ausführen muss, müssen alle PB nach Abschluss ihrer Aktionen die Bestätigung an das CyclicTCPBehaviour-Objekt senden. Wenn alle betrachteten Agenten das erfolgreiche Ende ihrer PB bestätigt haben, fordert der TCP-Server-Agent sie auf, die endgültigen Sollwerte zu übermitteln, (5). Erst nachdem der Server-Agent Antworten von allen Agenten erhalten hat, (6), sendet er die aktuellen Sollwerte an den TCP-Client, (7), der seine Ausgaben mit diesen Werten aktualisieren soll. In Simulink beginnt dann der nächste Simulationsschritt.

6 Neue Multi-Agenten-basierte Strategien für die Netzführung bei Großstörungen und Netzwiederaufbau

6.1 Untersuchte Szenarien

In den Kapiteln 6.2 bis 6.4 werden drei Multi-Agenten-basierte Strategien beschrieben, die bei bestimmten Szenarien des Betriebs des untersuchten Systems angewendet wurden. Die Szenarien sind:

- die intentionale Teilnetzbildung und der Teilnetzbetrieb (Kapitel 6.2),
- das Hochfahren des Teilnetzes nach einem Blackout (Kapitel 6.3) und
- die Resynchronisation des Teilnetzes mit starkem und schwachem Netz (Kapitel 6.4).

Diese Szenarien sollen alle Möglichkeiten, die nach einer Störung zu erwarten sind, abbilden. Darüber hinaus sollen die einzelnen Strategien auch unter unterschiedlichen Last- und Erzeugungsbedingungen getestet werden, um zu prüfen, ob sie immer stabil funktionieren, und ihre Grenzen festzustellen. Aufgrund dessen wird zusätzlich eine Reihe von Last-Erzeugung-Varianten für die Szenarien eingeführt. Ähnlich wie die Auswahl der zu modellierenden Technologien in Kapitel 4.1.1 sind die Varianten basierend auf verfügbaren Prognosen der Entwicklungen im deutschen elektrischen Energiesystem definiert worden.

6.1.1 Dimensionierung der Last-Erzeugung-Varianten für die untersuchten Szenarien

Basierend auf den in Kapitel 4.1.1 getroffenen Annahmen und den Datenquellen müssen die Varianten quantitativ definiert werden. Die Varianten sollen extreme, aber trotzdem wahrscheinliche Last-Erzeugung-Situationen nachbilden, die im Hinblick auf die Koordination problematisch sein könnten. Das erste Extrem stellt die Situation an einem sonnigen Tag während der Mittagsstunden dar. An solch einem Tag ergibt sich eine hohe Einspeisung der auf NS installierten PV-Anlagen. Diese Situation ist aus Systemsicherheitssicht ungünstig, da die Anlagen nicht sicher erreichbar und damit nicht kontrollierbar sind. Das andere Extrem umfasst die Stunden ohne Sonneneinstrahlung, also die Nacht oder der Morgen bzw. Abend, in denen die Last gegenüber der regenerativen Einspeisung dominiert. Eine dritte Möglichkeit liegt zwischen den zwei Extremen und stellt eine ausgewogene Last-Erzeugung-Situation dar. Dadurch ergeben sich drei Varianten für die Szenarien:

- Variante 1: sonnige Stunden, Grundlast
- Variante 2: dunkle Stunden, Spitzenlast

- Variante 3: ausgewogene Stunden, ausgewogene Last

Es ist zu erwarten, dass Variante 1 die kürzeste Dauer von allen drei Varianten aufweist, da fast die maximal mögliche Einspeisung aus PV angenommen wird, was nur während weniger Stunden am Tag bei günstigen Wetterbedingungen zu erwarten ist.

Der Ausgangspunkt ist jeweils die Last im untersuchten Netz, wobei jede Variante das Verhältnis zwischen der Last und der Einspeisung durch regenerative Erzeugung bestimmt. Die Verhältnisse wurden basierend auf Kapitel 4.1.1 und der Annahme, dass als Jahreshöchstlast in Deutschland im Jahr 2035 ein Wert von 100 GW geschätzt werden kann [12], untersucht. Diese Lastabschätzung fasst alle Spannungsebenen zusammen. Dennoch wird der Anstieg der Jahreshöchstlast um ca. 20 GW im Vergleich zum Jahr 2017 durch die Elektrifizierung im Wärme- und Verkehrssektor sowie den zunehmenden Bedarf an IT-Rechenleistungen begründet [101]. Es wird angenommen, dass die Änderungen hauptsächlich auf MS-Ebene und unteren Ebenen stattfinden werden, die auch im Fokus von dieser Arbeit stehen. Um die Last angemessen auf die Spannungsebenen aufzuteilen, wurden die öffentlich zugänglichen Daten, die vom größten VNB BWs (Netze BW) gemäß der gesetzlichen Verordnung veröffentlicht wurden (siehe Tabelle 6-1), genutzt. Weil die Jahreshöchstlast durch den VNB nicht veröffentlicht wurde, wird die dargestellte entnommene Arbeit für die Schätzung der Leistung herangezogen.

Tabelle 6-1: Entnommene Jahresarbeit im Netze-BW-Netzgebiet im Jahr 2019 [136]

		HS-Ebene	Umspannung HS/MS	MS-Ebene	Umspannung MS/NS	NS-Ebene	Summe
entnomme-ne Jahres-arbeit	TWh	42,26	25,25	20,36	10,09	11,35	109,31
	%	38,66	23,10	18,63	9,23	10,38	100

Auf MS, MS/NS und NS wurden insgesamt 38,24 % der gesamten Energie verbraucht. Diese Zahl wurde als Anteil der Jahreshöchstlast 2019 (ca. 80 GW) [137], die von den entsprechenden Spannungsebenen beigetragen wurde, angenommen. Der zu erwartende Zubau von 20 GW Last wurde diesen Spannungsebenen zugeordnet. Wie üblich wurde für die Grundlast ungefähr die Hälfte der Jahreshöchstlast angenommen, womit die Grundlast 50 GW beträgt [138]. Bei gleichbleibenden Last-Erzeugung-Verhältnissen auf bestimmten Spannungsebenen ergeben sich die in Tabelle 6-2 aufgeführten Werte.

Tabelle 6-2: Maximale Leistung der Anlagen im nachgebildeten MS-Netz

	Last NS + MS/NS	PV NS + MS/NS	PV MS	Biomasse MS	Batteriespeicher MS
	[MW]				
maximale Leistung	10	12,5	8	7	X

Die Größe der Biomasse-Anlage scheint auf den ersten Blick im Verhältnis zu anderen Anlagen nicht proportional zu sein. Sie ist allerdings, laut Kraftwerksliste BDEW und BnetzA, nicht ungewöhnlich groß [139], [140]. Der Großbatteriespeicher wurde berücksichtigt, die genauere Festlegung der Speicherkapazität und Leistung wird im Folgenden beschrieben.

In Kapitel 2.1 wurde bereits die Struktur der Last in Deutschland dargestellt. Im betrachteten MS-Netz wurden die Industrielast sowie der Verkehr wegen der Größe des Systems vernachlässigt. Die vorhandene Last wurde zwischen Haushalten, Handel und Gewerbe, öffentlichen Einrichtungen und Landwirtschaft aufgeteilt. Um diesen gemischten Lastgang zu modellieren, wurden die Standardlastprofile (SLP) des BDEW genutzt [141]. Für den Haushalt ist der Lastgang H0 gesetzt, für die Landwirtschaft L0. Die öffentlichen Einrichtungen wurden zusammen mit Handel und Gewerbe durch G0 nachgebildet. Weil nur diese Lastgruppen berücksichtigt wurden, wurde der Lastvorgang aus den Profilen H0, G0 und L0 im Verhältnis 27 : (14 + 8,5) : 1,5 gebaut, was der prozentuellen Aufteilung der Verbraucher in Deutschland entspricht, siehe Kapitel 2.1. Die SLP sind alle bereits auf die gleiche Jahresarbeit bezogen, weshalb nur die Anteilfaktoren beim Addieren berücksichtigt werden mussten. Ähnlich wie beim originalen SLP wurden die Lastkurven für Sommer und Winter, jeweils für Samstag, Sonntag und Werktag, erstellt, wobei die Übergangszeiten jedoch als nicht extreme Fälle nicht betrachtet wurden. Alle sechs Verläufe wurden so hochskaliert, dass der angenommene Wert von 10 MW dem höchsten Punkt der sechs erstellten Verläufe entspricht, siehe Abbildung 6-1a).

Die PV-Einspeisung wurde mithilfe des EnBW-EV0-Standardeinspeisungsprofils nachgebildet [142]. Die höchste Jahresleistung entspricht dem Eintrag aus dem Juni um 14:00 Uhr und wurde als Referenz für die Peak-Leistung der Anlagen angenommen. Weiterhin wurde der Verlauf eines Tages im Dezember als anderes Extrem mit der niedrigsten Einspeisung herangezogen, siehe Abbildung 6-1b).

Anhand der Residuallast kann die nötige Größe des Batteriespeichers geschätzt werden. Die Leistung sowie die Energie der negativen Last sollen durch den Batteriespeicher absorbiert werden. Wenn die Residualleistung die Kapazität des BHKWs übersteigt, soll die Batterie im Generatorbetrieb arbeiten. Für den Fall des Junis mit der höchsten PV-Einspeisung muss noch berücksichtigt werden, dass das netzbildende BHKW die Mindestleistung einspeisen muss. Es wurden 10 % der Nennleistung angenommen, was 0,7 MW entspricht. Die Leistung verstärkt die Residuallast im negativen Bereich, siehe Abbildung 6-2a). Im Dezember ist die Grundlast des BHKWs gesichert. Wie anhand der Abbildung 6-2a) sichtbar ist, sind im Winter die ausreichende Leistung sowie Speicherkapazität des Batteriespeichers für die Unterstützung während der Zeiten von Residuallasten über 7 MW entscheidend. Die Berechnungen der Residuallast unterscheiden sich in beiden Fällen, da im Sommer nur die PV-Einspeisung aus der NS-Ebene betrachtet wurde und im Winter zusätzlich die Einspeisung aus MS-Ebene. Der Grund dafür ist, dass größere Anlagen die Situation im Sommer verschlechtern würden und deshalb, aufgrund ihrer direkten Regelbarkeit, abgeregelt werden.

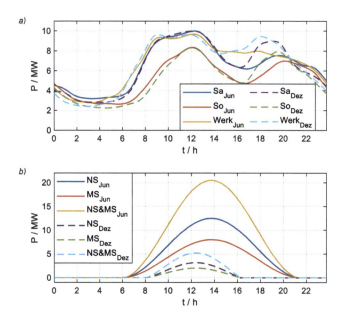

Abbildung 6-1: Leistungsverläufe: a) kumulierte Lastkurven nach Tag der Woche und Saison; b)
PV-Einspeisung nach Spannungsebene und Monat

Die nötige Leistung und Speicherkapazität je nach Tag im Sommer und Winter sind in
Tabelle 6-3 zusammengefasst. Die errechneten Werte sind relativ hoch. Der Fall des
Sommers kann gemildert werden, wenn die P(f)-Charakteristik nach VDE AR-N 4105
(siehe Kapitel 5.1.5.2) betrachtet und angenommen wird, dass das Teilnetz bei starker
PV-Einspeisung mit gezielt erhöhter Frequenz betrieben wird. Dafür wurden 50,7 Hz
angenommen, was der Reduzierung auf 80 % der Einspeisung entspricht, siehe Abbil-
dung 6-2b). Die in dem Fall entnommene Energie sowie die nötige Leistung sind in
Tabelle 6-3 dargestellt.

Anhand von Tabelle 6-3 ist ersichtlich, dass der Sommersonntag die größte Herausforderung bezüglich der Speicherkapazität darstellt. Auch mit der reduzierten Einspeisung
aus NS ist die zu entnehmende Energie hoch. Im Winter wird die größte Speicherkapazität an Werktagen benötigt (10,2 MWh). Es wurde allerdings angenommen, dass es
aus wirtschaftlichen Gründen eher unwahrscheinlich ist, dass solch ein Batteriespeicher
oft vorkommen wird, weshalb die Speicherkapazität von 7 MWh gewählt wurde. Es
muss betont werden, dass die Werte für einen Teilnetzbetrieb von 24 h berechnet sind.
Sollte der Betrieb kürzer dauern, können auch deutlich kleinere Speicherkapazitäten
ausreichen. Die Leistung des Speichers wird allerdings als kritischer gesehen, weshalb
hier ±5 MW gewählt wurden.

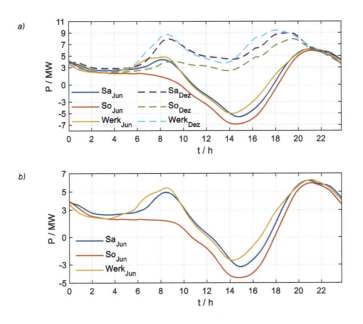

Abbildung 6-2: Residuallast: a) nach Tag und Monat; b) nach Tag und Monat unter Annahme der
Einspeisungsreduzierung durch erhöhte Frequenz f = 50,7 Hz

Tabelle 6-3: Überschüssige Leistung und Energie im untersuchten Teilnetz im Sommer bzw.
Winter je nach Wochentag

| | Sommer | | | | | | Winter | | |
| | f = 50,0 Hz | | | f = 50,7 Hz | | | | | |
	Sa	So	Werk.	Sa	So	Werk.	Sa	So	Werk.
Leistung [MW]	-5,7	-6,9	-5,0	-3,3	-4,5	-2,6	2,0	1,0	2,5
Speicherkapazität [MWh]	-22,9	-35,1	-19,5	-9,7	-19,1	-6,8	6,1	1,3	10,2

In [143], [144] wurde als Preis für Großbatteriespeichersysteme ein Wert zwischen 244
und 629 €/kWh angegeben, was erhebliche Kosten bei der gewählten Speicherkapazität verursachen würde. Aus diesem Grund sollte auch eine zusätzliche wirtschaftliche
Analyse folgen, um festzustellen, welche Speichergröße aus wirtschaftlicher Sicht
sinnvoll wäre. Diese wurde jedoch im Rahmen der vorliegenden Arbeit nicht durchgeführt.

Die quantitative Definition der am Anfang des Kapitels beschriebenen Varianten ist in Tabelle 6-4 dargestellt. Die Verteilung der Last sowie der PV-NS- und PV-MS/NS-Einspeisung, auf die bestimmten Knoten ist in Tabelle E-3 enthalten.

Tabelle 6-4: Quantitative Definition der Szenario-Varianten. Bei NS+MS/NS der Betriebspunkt, bei PV MS verfügbare Leistung, bei Biomasse MS und Batteriespeicher MS installierte Leistung

	Last NS + MS/NS	PV NS + MS/NS	PV MS	Biomasse MS	Batterie-speicher MS
	[MW]				
Variante 1 (Jun, So, 14:30 Uhr)	6,3	12,4	7,9	7	5
Variante 2 (Dez, Werktag, 18:00 Uhr)	9,4	0	0	7	5
Variante 3	8	6	4	7	5

6.2   Intentionale Teilnetzbildung und Teilnetzbetrieb zum Schutz des Mittelspannungsnetzes

Die intentionale Teilnetzbildung durch das aktive Verteilnetz unter Kontrolle von Agenten ist als Maßnahme gegen den Ausfall gedacht, wegen der Raschheit der Prozesse während Störungen aber nicht immer möglich. Nach Abbildung 4-3 soll die Teilnetzbildung durch den Netzbetreiber aktiviert werden, wenn die Parameter mittels konventioneller Konzepte, z. B. PR, nicht innerhalb der erlaubten Grenzen gehalten werden können oder das Verteilnetz, im Rahmen des frequenzabhängigen Lastabwurfs, sowieso getrennt werden soll.

6.2.1 Ablauf des optimierten Teilnetzbildungsverfahrens

Nach dem Erhalt des Signals zur Teilnetzbildung übernimmt der Agent-Switch die Koordination des Betriebs, was in Abbildung 6-3 mit ‚(1)' gekennzeichnet ist. Anhand des Ablaufdiagramms in Abbildung 6-3 ist ersichtlich, dass während des Prozesses der intentionellen Teilnetzbildung zwei Arten von OPF-Berechnungen durchgeführt werden, (2) und (3). Ziel der Optimierungen ist es, Sollwerte für die steuerbaren Erzeugungsanlagen zu finden, die die vorgegebenen Anforderungen erfüllen. Bezüglich der Teilnetzbildung (2) soll garantiert werden, dass kein Leistungsaustausch mit dem überlagerten Netz mehr stattfindet, um die Trennung möglichst sanft durchzuführen. Dabei sollen alle Grenzwerte eingehalten werden. Diese sind für den Fall des Teilnetzbildung-OPFs durch (5-47) bis (5-49), (6-1) und (6-2) beschrieben. Formel (6-1) beschreibt die Knotenspannungen. Da sich am Knoten 4 der Anschluss an das HS-Netz befindet, Abbildung 4-1, ist die Begrenzung als nur leichte Abweichung vom gemessenen Wert definiert. Die Ungleichung (6-2) begrenzt den Leistungsfluss über den HS/MS-Leistungsschalter auf 0,1 MW, bzw. MVar. Diese Begrenzung ist nicht auf null gesetzt, um die Konvergenz des Lastflusses zu verbessern. Die Werte, die mit einem Symbol ($\wedge$) gekennzeichnet sind, wurden iterativ erhöht, falls die Berechnung nicht konvergiert hat. Im Fall von Leistung war die Erhöhung um ±0,5 MW, bzw. ±0,5 MVar, im Fall von Spannung 0,01 p.u.

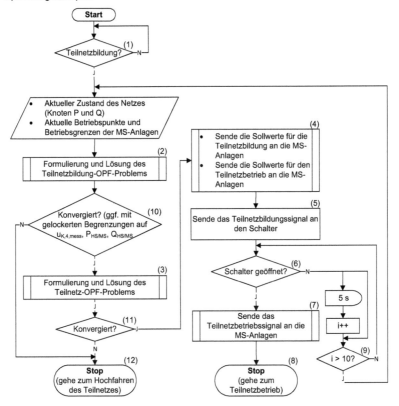

Abbildung 6-3: Ablauf der intentionellen Teilnetzbildung

$$\begin{cases} u_{K,4,mess} - 0.01^{(\wedge)} \le u_{K,4} \le u_{K,4,mess} + 0.01^{(\wedge)} \\ 0.9 \le u_{K,i} \le 1.1 \,, i \ne 4 \end{cases} \tag{6-1}$$

$$\begin{cases} -0.1^{(\wedge)} \, MW \le P_{HS/MS} \le 0.1^{(\wedge)} \, MW \\ -0.1^{(\wedge)} \, MVar \le Q_{HS/MS} \le 0.1^{(\wedge)} \, MVar \end{cases} \tag{6-2}$$

Die zu minimierende Zielfunktion ist durch Gleichung (6-3) dargestellt. Sie besteht aus der gewichteten Summe der quadrierten Abweichungen der neuen Sollwerte von den aktuellen Werten der jeweiligen Generatoren und dem quadrierten Wert für den Leistungsaustausch mit dem HS-Netz. Da die Trennung möglichst schnell nach der Entscheidung durchgeführt werden soll, sollen in Bezug auf die neuen Sollwerte keine deutlichen Änderungen nötig sein. Die Gewichtungsfaktoren bei den Generatoren sind proportional zur Trägheit der Einheiten. Deshalb ist der Faktor im Fall des BHKW-Synchrongenerators der größte. Allerdings wurde noch die Wurzel gezogen, um die Differenzen zu mildern (Tabelle 6-5). Größere erlaubte Abweichungen in (6-1) und (6-2) würden dazu führen, dass die Transienten größere Spannungs- und Frequenzvolatilitäten verursachen. Die nicht steuerbaren PV-Anlagen, die auf NS-Ebene installiert sind, könnten darauf reagieren, indem sie sich vom Netz trennen. Deswegen ist der Leistungsaustausch in der Zielfunktion enthalten – trotz gelockerter Grenzen soll er nicht unnötig erhöht werden. Der entsprechende Gewichtungsfaktor wurde so gewählt, dass der Anteil der Zielfunktion vergleichbar mit den anderen Anteilen bleibt. Die Werte sind in Tabelle 6-5 zusammengefasst.

$$
\min_{p,q} f(p,q) = \sum_{i=1}^{ngan} m_{p,i} \cdot \left(p_{G,ist,i} - p_{G,neu,i} \right)^2
$$
$$
+ \sum_{i=1}^{ngan} m_{q,i} \cdot \left(q_{G,ist,i} - q_{G,neu,i} \right)^2 + m_{p,HS/MS} \cdot p_{HS/MS,neu}^2 \qquad (6\text{-}3)
$$
$$
+ m_{q,HS/MS} \cdot q_{HS/MS,neu}^2
$$

Tabelle 6-5: Gewichtungsfaktoren der Zielfunktion bei Teilnetzbildung-OPF (Block (2) in Abbildung 6-3)

	BHKW	PV5	BSS	PV9	HS/MS-Schalter
m_p	$\sqrt{3,48}$		$\sqrt{0,2}$		
m_q	$\dfrac{\sqrt{3,48}}{2}$		$\dfrac{\sqrt{0,2}}{2}$		0,8

Bei der Teilnetzbildung-OPF-Berechnung, (2), wurde angenommen, dass die Frequenz weiterhin unter 50,2 Hz liegt, weshalb die kleinen PV-Anlagen ihre Einspeisung nicht ändern. Deswegen wurden die gemessenen bzw. geschätzten NS-Knotenleistungen als PQ-Knoten in der Lastflussberechnung nachgebildet. Die Leistungen der MS-Erzeuger stellen die Optimierungsvariablen dar.

Nach der Teilnetzbildung-OPF-Berechnung wurde das Teilnetzbetrieb-OPF-Problem formuliert und gelöst, Block (3). Der erste Unterschied zwischen beiden OPF-Berechnungen liegt daran, dass bei der Teilnetzbildung eine feste Frequenz angenommen wurde. Im Gegensatz dazu arbeitet das BHKW im Teilnetzbetrieb als netzbildende Einheit und die weiteren MS-Erzeuger agieren als netzstützende Einheiten, weshalb nicht nur die Sollwerte der Wirk- und Blindleistung berechnet wurden, sondern auch die Sollfrequenz und -spannung. Bei der OPF-Berechnung wird normalerweise der eingeschwungene Zustand vorausgesetzt, unter Annahme der Nennfrequenz, was auch bei dem Teilnetzbildung-OPF der Fall war. Wenn aber das Verbundsystem abgeschaltet wird, kann die Frequenz im Teilnetz unabhängig eingestellt werden. Damit kann die Einspeisung von kleinen NS-Erzeugern, die sonst nicht steuerbar sind, beeinflusst werden. Dieser Einfluss kann anhand von Abbildung 5-18 ermittelt werden. Die Charakteristik ist allerdings nicht linear und kann deshalb nicht direkt in die Berechnung einbezogen werden. Um das Problem zu umgehen, wurde nur der lineare Teil zwischen 50,2 Hz und 51,0 Hz betrachtet und als Begrenzungen formuliert, siehe Gleichung (6-4). Die obere Grenze wurde arbiträr gewählt, um den Sicherheitsabstand von 51,5 Hz zu halten, wenn die Anlagen sich schlagartig abschalten. Die untere Grenze ist der Knickpunkt der Charakteristik: Wenn die Berechnung den Wert von 50,2 Hz ergibt, wird 50,0 Hz als Sollfrequenz angenommen, da kein Unterschied zwischen der Einspeisung $P(f = 50,0)$ und $P(f = 50,2)$ besteht. Der Ungleichungssatz (6-5) beschreibt die Punkte auf der $P(f)$-Charakteristik für die Frequenz nach (6-4) und die Abhängigkeit der Blindleistung von der Wirkleistung der Anlagen mittels $\tan\varphi$. Die Begrenzungen sind für jeden MS/NS-Knoten separat mit $P_{@50,2}$ parametrisiert, was der Einspeisung bei $f = 50,2$ Hz entspricht und die aktuellen Wetterbedingungen berücksichtigt.

$$50,2\ Hz \leq f \leq 51,0\ Hz \qquad\qquad (6\text{-}4)$$

$$\begin{cases} \dfrac{P}{P_{@50,2}} + 0,4\dfrac{1}{Hz} \cdot f = 21,08 \\ 0,68 \cdot P_{@50,2} \leq P \leq P_{@50,2} \\ \qquad \tan\varphi \cdot P - Q = 0 \end{cases} \qquad\qquad (6\text{-}5)$$

Wie bereits in Kapitel 5.1.8 angedeutet, wurde der Wettereinfluss anhand von Referenz-PV-Anlagen, die auf MS-Ebene angeschlossen sind, abgeleitet. Die bekannte installierte Leistung des MS/NS-Knotens wurde mit dem Verhältnis der normierten aktuell maximal möglichen Einspeisung der Referenzanlagen und deren Nennleistung multipliziert.

Die Abhängigkeit der modellierten Lasten von der Frequenz ist unter den angenommenen Frequenzabweichungen vernachlässigbar. Anders als bei dem Teilnetzbildung-OPF wurde die PV-Einspeisung aus den gemessenen bzw. geschätzten MS/NS-Knotenleistungen P und Q extrahiert, um die Lastwerte festzustellen, siehe Gleichung (6-6). $P_{L,i}$ und $Q_{L,i}$ wurden in der Berechnung als konstant angenommen.

$$\begin{cases} P_{L,i} = P_{K,mess,i} + k_{ref} \cdot P_{G,n,i} \\ Q_{L,i} = Q_{K,mess,i} + \tan\varphi_{G,i} \cdot k_{ref} \cdot P_{G,n,i} \\ \qquad k_{ref} = \dfrac{P_{max,ist,ref}}{P_{n,ref}} \end{cases} \qquad\qquad (6\text{-}6)$$

Dabei gilt:

- $P_{L,i}$, $Q_{L,i}$ - Wirk- bzw. Blindleistung der Last am i-ten MS/NS-Knoten

- $P_{K,mess,i}$, $Q_{K,mess,i}$ – gemessene bzw. geschätzte Wirk- bzw. Blindleistung am i-ten MS/NS-Knoten

- $P_{G,n,i}$ – installierte Leistung der NS-PV-Anlagen am i-ten MS/NS-Knoten

- $\varphi_{G,i}$ – Leistungsfaktor der NS-PV-Anlagen am i-ten MS/NS-Knoten (für alle Anlagen als identisch angenommen)

- $P_{max,ist,ref}$ – aktuell maximal mögliche Einspeisung der MS-Referenzanlage

- $P_{n,ref}$ – Nennleistung der MS-Referenzanlage

Die Knotenspannungen wurden dabei nach (6-7) begrenzt.

$$0,9 \leq u_{K,i} \leq 1,1 \tag{6-7}$$

Die Zielfunktion, die minimiert werden soll, ist von Frequenz und Wirkleistung der BHKW abhängig, siehe Gleichung (6-8). Die Frequenz ist in der Zielfunktion präsent, obwohl sie sich im Teilnetzbetrieb im Bereich von 50,2 bis 51,5 Hz ohne Abschaltungen befinden könnte. Sie soll durch den Solver jedoch nicht unnötig hoch gewählt werden. Das BHKW ist für die Primär-, Sekundär- und Spannungsregelung verantwortlich. Um dies leisten zu können, sollten bestimmte Reserven beibehalten werden. Deswegen zielt die Funktion (6-8) darauf ab, möglichst nah an 50 % der Auslastung des BHKWs zu bleiben. Die Abweichung der Frequenz ist auf 0,8 Hz normiert, was den Abstand zwischen minimaler und maximaler Grenze darstellt.

$$\min_{p,f} f(p,f) = 12,5 \cdot (100 \cdot p_{BHKW} - 50)^2 + \left[100 \cdot \frac{(f - 50,2\,Hz)^2}{0,8\,Hz}\right] \tag{6-8}$$

Um den Prozess zu beschleunigen, sollen die Berechnungen im Hintergrund regelmäßig stattfinden, sodass die Sollwerte sofort vorhanden wären, wenn sie nötig würden. Die Sollwerte für die Teilnetzbildung (P, Q) sowie den Teilnetzbetrieb (P, Q, u, f) werden gleichzeitig an die MS-Anlagen gesendet, (4). Wenn die Agenten bestätigt haben, dass die entsprechenden Anlagen die Sollwerte implementiert haben, wird das Signal zum HS/MS-Leistungsschalter gesendet, dass dieser geöffnet werden soll, sobald der Fluss über den HS/MS-Leistungsschalter die Grenzwerte unterschritten hat, (5). Ab diesem Moment wird kontrolliert, ob der Leistungsschalter bereits geöffnet wurde, (6). Falls dies der Fall ist, wird im Rahmen der zentralen Inselbetriebserkennung ein Signal an die MS-Anlagen gesendet, um sie zu informieren, dass der Betriebsmodus zu wechseln ist, (7). Damit fängt der Teilnetzbetrieb an, (8). Sollte das nicht der Fall sein, wird alle 5 s erneut überprüft und nach zehn Iterationen der gesamte Vorgang wiederholt, (9). Wenn entweder der Teilnetzbildung-OPF, (10), oder der Teilnetz-OPF, (11), nicht konvergiert, wird kein stabiles Teilnetz gebildet, was zum Ausfall und anschließend zum Hochfahren des Teilnetzes führen wird, (12).

6.2.2 Simulation der intentionalen Teilnetzbildung

Die Teilnetzbildung kann unter unterschiedlichen Bedingungen stattfinden. Außer den in Tabelle 6-4 definierten Varianten wurde auch die Spannung des HS/MS-
-Leistungsschalters betrachtet. Es wird von einer konstanten Amplitude der Spannung

ausgegangen. Alternativ wurde die sinkende Spannung aus dem Ereignis in Frankreich, siehe Abbildung 2-5c), nachgebildet. Der Verlauf mit dem höchsten Gradienten, in der Abbildung als ‚Menuel' bezeichnet, wurde gewählt. Die vereinfachte Form, die in der Simulation verwendet wurde, ist in Abbildung 6-4 dargestellt. Die Spannung sinkt ab t = 10 s für 30 s mit dem Gradienten 0,15/min und ab t = 40 s mit dem Gradienten 0,03/min. In den Simulationen wurde davon ausgegangen, dass sich der Netzbetreiber nach 60 s dazu entscheidet, die Teilnetzbildung zu initiieren.

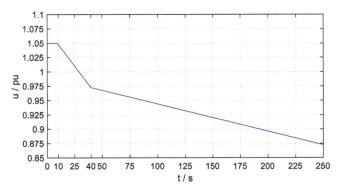

Abbildung 6-4: Spannung des überlagerten Netzes bei Teilnetzbildung mit sinkender Spannung

Die NS-PV-Anlagen arbeiten mit festem $\cos\varphi$ = 0,9. Im Gegensatz dazu können die MS-Erzeugungsanlagen beim Verbundbetrieb entweder netzspeisend oder -stützend arbeiten. Im netzstützenden Modus bleiben die $\Delta P(\Delta f)$- sowie die $\Delta Q(\Delta u)$-Statik unverändert im Vergleich zum Teilnetzbetrieb. Im Teilnetzbetrieb ist die BHKW-Anlage netzbildend.

Für die bei der Teilnetzbildung durchgeführten Lastflussberechnungen, die näher in Kapitel 6.2.1 erklärt sind, wurden Eingangswerte benötigt. In der Simulation wurden sie auf zwei Weisen geliefert: Bei der einen Möglichkeit wurden die Werte direkt aus der Simulation abgelesen und dem Agenten zur Verfügung gestellt. Durch die zweite Möglichkeit wurde die in Kapitel 5.1.8 beschriebene Zustandsschätzung involviert. In diesem Fall wurden nur die Werte für die Zustandsschätzung aus der Simulation abgelesen und die darauf basierenden geschätzten Werte dem Agenten zur Verfügung gestellt. Um die Verläufe der aufeinanderfolgenden Simulationen einfacher vergleichen zu können, wurde für die Zustandsschätzung immer der gleiche Satz an Messfehlern angenommen.

Um den Einfluss der Kommunikationsverzögerungen auf die Stabilität der Teilnetzbildung zu prüfen, wurden die Latenzzeiten in den Simulationen berücksichtigt. Die Verzögerungen in der Kommunikation zwischen Anlagen und Agenten wurden nachgebildet, indem die Messwerte von den Anlagen in Richtung der Agenten sowie die Sollwerte von den Agenten in Richtung der Anlagen um festdefinierte Latenzzeiten in Bezug auf die Simulationszeit verzögert werden. Es wurde arbiträr angenommen, dass die

Kommunikation die Kriterien nach Tabelle 4-5 erfüllt. Die Kommunikation zwischen dem HS/MS-Leistungsschalter und seinem Agenten fällt in die Kategorie der Verteilnetzautomatisierung. Die Kommunikation zwischen anderen Anlagen und ihren Agenten wird der Kategorie ‚DEA und Speicher' zugeordnet. In beiden Fällen wurden die längsten Zeiten modelliert: 200 ms und 2 s. In Kapitel 5.1.6 wurde bereits erklärt, dass die Inselbetriebserkennung auf MS-Ebene zentral festgestellt und anderen Anlagen mitgeteilt wird. Die Zeitverzögerung spielt dabei eine wichtige Rolle. In den Simulationen besteht diese aus der Verzögerung der Schalterzustandsermittlung durch den Schalter-Agent (200 ms) und der Verzögerung der Mitteilung zwischen Erzeugungsanlage-Agenten und den Anlagen (2 s). Die Verzögerung ergibt in der Summe 2,2 s.

Die Kombination der in diesem Unterkapitel beschriebenen Aspekte, ergeben 16 unterschiedliche Konfigurationen des Modells, die in Tabelle 6-6 zusammengefasst sind. Abbildung 6-5 zeigt die wichtigsten Verläufe aus den Simulationen der Konfiguration 16 bei Variante 2.

Tabelle 6-6: Definition von Konfigurationen der Simulationen der Teilnetzbildung

Konfiguration	$|u_{HS/MS}|$		Werte für die Lastflussberechnung		Kommunikationsverzögerungen		Betriebsmodi der MS-Anlagen	
	konst.	sink.	gemessene	geschätzte	keine	2,2 s	speisend	stützend
1	x		x		x		x	
2	x		x		x			x
3	x			x	x		x	
4	x			x	x			x
5	x		x			x	x	
6	x		x			x		x
7	x			x		x	x	
8	x			x		x		x
9		x	x		x		x	
10		x	x		x			x
11		x		x	x		x	
12		x		x	x			x
13		x	x			x	x	
14		x	x			x		x
15		x		x		x	x	
16		x		x		x		x

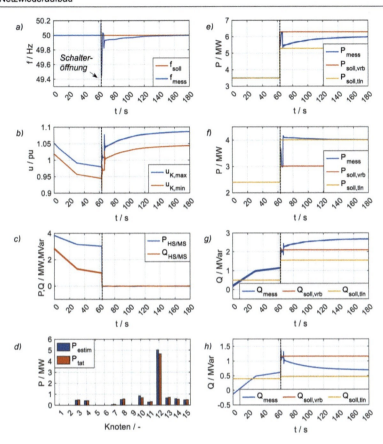

Abbildung 6-5: Übersicht über die wichtigsten Größen während der Teilnetzbildung bei Variante 2 (Tabelle 6-4) und Konfiguration 16 (Tabelle 6-6). Bei t = 60 s hat die Teilnetzbildung angefangen, bei t = 63,2 s wurde der Leistungsschalter geöffnet: a)
Sollfrequenz und gemessener Wert der Frequenz im Teilnetz; b) maximale und
minimale Knotenspannung; c) Leistungsfluss über den HS/MS-Schalter; d) Vergleich der tatsächlichen und geschätzten Werte der Wirkleistung von
MS/NS-Knoten für t = 60 s; e) gemessene Wirkleistung des BHKWs und entsprechende Sollwerte für die Teilnetzbildung und den Teilnetzbetrieb; f) gemessene Wirkleistung des BSS und entsprechende Sollwerte für die Teilnetzbildung
und den Teilnetzbetrieb; g) Blindleistungswerte analog zu e); h) Blindleistungswerte analog zu f)

In der Simulation sank die Spannung des überlagerten Netzes (siehe Abbildung 6-4) und bei der Simulationszeit t = 60 s wurde entschieden, das Teilnetz zu bilden. Die sinkende Spannung ist in Abbildung 6-5b) sichtbar, in der die minimalen und maximalen Werte der Spannung im Teilnetz dargestellt sind. Anhand entsprechender Messungen wurden die Leistungswerte der MS/NS-Knoten geschätzt. Die geschätzte Wirkleistung wurde mit den tatsächlichen Werten in Abbildung 6-5d) verglichen.

Die OPF-Berechnungen ergeben die Wirk- und Blindleistungssollwerte für die verfügbaren MS-Anlagen für die Teilnetzbildung und den Teilnetzbetrieb, in dem Fall BHKW und BSS, da bei Variante 2 keine PV-Einspeisung vorhanden ist. Die Vergleiche der Soll- und Messwerte sind in Abbildung 6-5e)–h) dargestellt. Vor allem der gemessene Wert der Blindleistung weicht vom Verbundbetriebs-Sollwert vor der Trennung deutlich ab. Dies liegt daran, dass in der Konfiguration die MS-Anlagen vor der Teilnetzbildung netzstützend agieren und bei u_{soll} = 1 p.u. ihre Blindleistungseinspeisung entsprechend der $Q(u)$-Charakteristik ändern.

Die Wirkleistungsabweichung ist erst nach der Leistungsschalteröffnung sichtbar, was die Konsequenz aus der Frequenzabweichung, siehe Abbildung 6-5a), ist. Die Frequenz bleibt auch direkt nach der Trennung innerhalb des Bereiches von 49,4 Hz bis 50,2 Hz. Der Integrator in der Frequenzsteuerung des BHKWs sorgt für die Reduktion der Frequenzabweichung, was auch anhand der gemessenen Wirkleistungen des BHKWs und BSS zu sehen ist, allerdings jeweils auf andere Weise, weil das BSS netzstützend und das BHKW netzbildend ist.

Obwohl die Entscheidung über die Teilnetzbildung in t = 60 s getroffen wurde, wurden die neuen Sollwerte wegen der Kommunikationslatenz erst in t = 62 s erhalten und implementiert. Durch die Änderungen der Sollwerte wurde der Leistungsfluss über den Leistungsschalter innerhalb von 1,2 s unter 0,5 MW und 0,5 MVar gebracht, weshalb der HS/MS-Leistungsschalter geöffnet wurde. Der Wert von ±0,5 MW für den Wirkleistungsfluss und ±0,5 MVar für den Blindleistungsfluss, wurde als maximale Grenze für den Leistungsschalter gewählt, bei der er noch geöffnet werden kann. Die MS-Erzeuger haben das erst nach weiteren 2,2 s erfahren und wurden weiterhin als netzstützend betrieben. Erst in t = 65,4 s hat das BHKW die Sekundärregelung der Frequenz und Spannung initiiert und gleichzeitig wurden die Sollwerte von P, Q, f und u für den Teilnetzbetrieb aktiv, um den Betriebspunkt des BHKWs möglichst nah an 50 % von P_{max} zu bringen, sodass eine negative sowie eine positive Leistungsreserve vorhanden ist.

Die Ergebnisse der Simulationen aller 16 Konfigurationen bei allen drei Varianten sind in Tabelle 6-7 zusammengefasst. Die höchste Teilnetzbildungserfolgsrate war bei Variante 3 zu beobachten, bei der in 15 Fällen das Teilnetz beim ersten Versuch stabil gebildet wurde. Nur bei Konfiguration 5, bei der eine Kommunikationsverzögerung vorhanden war und die steuerbaren Erzeugungsanlagen netzspeisend betrieben wurden, war dies nicht erfolgreich. Es ist bemerkenswert, dass Konfiguration 7 erfolgreich war, obwohl im Gegensatz zu Konfiguration 5 geschätzte anstatt gemessener Werte für die Berechnung der Sollwerte genutzt wurden. Die nähere Betrachtung der Verläufe hat ergeben, dass bei der Konfiguration die Spannungsstabilität des Synchrongenerators verloren ging.

Bei Variante 2, bei der keine PV-Einspeisung vorhanden war, wurde der Synchrongenerator nach der Trennung stärker belastet, was die Sicherheitsgrenze gefährden kann. Allerdings wurde nur bei den Konfigurationen 13 und 15 kein stabiles Teilnetz gebildet. Bei diesen beiden Konfigurationen bestanden Kommunikationsverzögerungen, die MS-Erzeugungsanlagen haben vor der Trennung im netzspeisenden Modus gearbeitet und die Spannungsamplitude im HS-Netz ist gesunken. Wenn aber vor der Trennung der netzstützende Modus gewählt war, war die Teilnetzbildung erfolgreich, wie bei Konfiguration 14 bzw. 16.

Wie erwartet war die Erfolgsrate bei Variante 1 aufgrund der hohen Einspeisung aus PV-Anlagen die niedrigste. Hierbei wurde bei zehn Konfigurationen das Teilnetz erfolgreich gebildet, bei dreien allerdings erst nach dem zweiten Versuch. Bei diesen dreien war die Amplitude der Spannung im HS-Netz konstant. Grund dafür, dass erst der zweite Versuch erfolgreich war, ist, dass die OPF-Berechnungen für die Teilnetzbildung die Abhängigkeiten der Knotenlasten von den Knotenspannungen und der Netzfrequenz nicht berücksichtigen. Diese Abhängigkeiten sind jedoch im Modell des Netzes vorhanden. Beim ersten Versuch ändern die neuen Sollwerte den Lastfluss im MS-Netz und somit auch das Spannungsprofil relativ stark. Die neuen Knotenspannungen verursachen die Änderungen des Verbrauches im MS-Netz, was sich im Leistungsfluss über den HS/MS-Leistungsschalter widerspiegelt. Das führt dazu, dass der tatsächliche Fluss von dem anhand OPF-Berechnung antizipierten Wert leicht abweicht. Beim zweiten Versuch unterscheiden sich die neuen Sollwerte nur wenig von dem neuen Ist-Stand nach dem ersten Versuch. Deswegen ist die Abweichung der Knotenlasten kleiner in diesem Fall. Das kann bedeuten, dass im dynamischen Fall, wenn die Bedingungen sich schneller ändern, die Versuche erfolglos wären. Nicht stabile Teilnetze treten bei den Konfigurationen auf, bei denen Verzögerungen bestanden und die MS-Anlagen netzspeisend gearbeitet haben. Die Liste wird durch drei Konfigurationen (die Konfigurationen 8, 10 und 12) ergänzt, bei denen die Teilnetzbildung nicht erfolgreich war, sodass der Fluss über den Leistungsschalter nicht genügend gesunken ist, um den Leistungsschalter zu öffnen. Es kann angenommen werden, dass es bei diesen drei Konfigurationen im Fall von Störungen im überlagerten Netz auch im MS-Netz zum Ausfall kommen wird.

Insgesamt lässt sich sagen, dass, unter konservativer Annahme, nur die beim ersten Versuch erfolgreichen Teilnetzbildungen das MS-Netz vor Spannungslosigkeit bewahren. In 7 von 16 Fällen bei Variante 1 und in 36 von 48 Fällen bei allen drei Varianten wurde das MS-Netz erfolgreich geschützt. Es ist anzumerken, dass solch eine extreme PV-Einspeisung wie bei Variante 1, im Vergleich zu Variante 2 und 3, nur selten vorkommt. Daher sollte diese nicht gleichgewichtet oder als ausschlaggebend betrachtet werden.

Tabelle 6-7: Erfolg der Teilnetzbildung bei unterschiedlichen Konfigurationen des Modells und unterschiedlichen Varianten des Last-Erzeugung-Verhältnisses

Konfiguration	Variante 1	Variante 2	Variante 3
1	Erfolg	Erfolg	Erfolg
2	Erfolg bei zweitem Versuch	Erfolg	Erfolg
3	Erfolg	Erfolg	Erfolg
4	Erfolg bei zweitem Versuch	Erfolg	Erfolg
5	nicht stabil	Erfolg	nicht stabil
6	Erfolg	Erfolg	Erfolg
7	Erfolg bei zweitem Versuch	Erfolg	Erfolg
8	Teilnetzbildung nicht erfolgreich	Erfolg	Erfolg
9	Erfolg	Erfolg	Erfolg
10	Teilnetzbildung nicht erfolgreich	Erfolg	Erfolg
11	Erfolg	Erfolg	Erfolg
12	Teilnetzbildung nicht erfolgreich	Erfolg	Erfolg
13	nicht stabil	nicht stabil	Erfolg
14	Erfolg	Erfolg	Erfolg
15	nicht stabil	nicht stabil	Erfolg
16	Erfolg	Erfolg	Erfolg

6.2.3 Zwischenfazit

Die intentionelle Teilnetzbildung wird implementiert, um den Einfluss des Fehlers im HS-Netz auf das Verteilnetz zu minimieren und die Kunden trotz Ausfall im überlagerten Netz weiter versorgen zu können. Die Trennung verläuft in zwei Stufen: Erstens werden anhand der Berechnung des OPFs die Sollwerte für die steuerbaren Erzeuger gefunden und anschließend implementiert, um den Leistungsfluss über den Schalter zu minimieren. Zweitens, ebenso basierend auf der OPF-Berechnung, allerdings mit anderen Begrenzungen und Zielfunktionen, werden die neuen Sollwerte gefunden, um den stabilen Teilnetzbetrieb zu ermöglichen. Hierbei wird auch die Frequenz als Optimierungsvariable betrachtet, um die Einspeisung aus nicht steuerbaren kleinen PV-Anlagen zu reduzieren und das Last-Erzeugung-Verhältnis dem Wert 1 anzunähern und gleichzeitig den Betriebspunkt der netzbildenden Einheit, des BHKWs, in der Nähe von 50 % zu setzen, damit die Leistungsreserve gewährleistet werden kann.

Für die Simulationen wurden insgesamt 48 Szenarien definiert, in denen Aspekte wie die konstante bzw. sinkende Spannung am HS/MS-Transformator, Kommunikations-verzögerungen, die Genauigkeit der Eingangsdaten oder der Betriebsmodus der Anlagen berücksichtigt wurden. Die Simulationen haben die erfolgreiche Teilnetzbildung in 36 Szenarien ergeben, hauptsächlich bei den Varianten 2 und 3, bei denen die PV-Einspeisung angemessen war. Das System hätte mit großer Wahrscheinlichkeit Probleme mit Spannungen, die mit großem Gradienten sinken. Allerdings hat sich gezeigt, dass es effizient gegen reelle Spannungsverläufe agieren kann. Die angenommenen Kommunikationsverzögerungen haben einen relativ kleinen Einfluss, wenn die MS-Erzeugungsanlagen auch im Verbundbetrieb netzstützend arbeiten.

6.3   Hochfahren des Teilnetzes nach dem Blackout

Wie in Kapitel 6.2 erläutert, ist die Bildung eines Teilnetzes nur unter bestimmten Bedingungen möglich. Wenn das System nicht in der Lage ist, den Übergang zwischen dem Verbund- und dem Teilnetzbetrieb nach einem Fehler stabil zu überstehen, werden sich die Erzeugungsanlagen auf allen Spannungsebenen des Teilnetzes vom Netz trennen, was unmittelbar zur Lastabschaltung führt und als ‚Blackout des Netzes' bezeichnet werden kann. Wenn bestimmte Bedingungen in diesem Zustand erfüllt sind, muss das lokale Netz nicht unbedingt auf die Spannungsrückkehr im überlagerten Netz warten, wie die herkömmlichen NWA-Strategien das vorsehen, sondern kann aus eigenen Kräften in den Teilnetzbetrieb hochfahren. Die Mindestanforderungen für das Hochfahren aus eigenen Kräften lassen sich wie folgt zusammenfassen:

- genug Erzeugungsleistung, um die Nachfrage der Lasten decken zu können,
- genug Regelleistung, um die Änderungen der Last, bzw. Erzeugung, insbesondere die Wiederzuschaltung mit CLPU-Effekt ausregeln zu können,
- mindestens eine schwarzstartfähige und netzbildende Erzeugungseinheit sowie
- die schwarzfallfeste Kommunikation.

Die Reaktionszeit ist von großer Bedeutung, da die Bedingungen zeitabhängig sind. Kurzfristig, d. h. im Minutenbereich, können sich die Wetterbedingungen ändern, was Einfluss auf das Primärenergiedargebot hat. Zusätzlich, wie bereits in Kapitel 5.1.4 erklärt, muss mit verdoppelten Amplituden der Lasten direkt nach der Wiederzuschaltung gerechnet werden, was wiederum durch die Regelleistung der Erzeuger abgedeckt werden muss. Mittelfristig (im Bereich von Stunden) müssen die Wetterbedingungen in Betracht gezogen werden und der Einfluss von Ereignissen wie Sonnenuntergang/-aufgang oder einer Windflaute auf die Erzeugungsmöglichkeiten muss abgeschätzt werden. Darüber hinaus ändern sich die Betriebspunkte der Lasten nach Lastprofilen, was die Abschätzung der direkt nach Wiederzuschaltung zu erwartenden Last weiter verkompliziert. Im Folgenden werden zwei Algorithmen für die optimierte Erzeugungs- und Lastzuschaltung beim automatisierten Hochfahren des Teilnetzes vorgeschlagen. Die beiden Algorithmen wurden im MAS implementiert und simuliert, die Ergebnisse der Simulationen sind in Kapitel 6.3.2 beschrieben.

6.3.1 Optimierter Ablauf der Last- und Erzeugungszuschaltung

Das Hochfahren eines Teilnetzes aus eigenen Kräften wird schrittweise durchgeführt, wobei jeder Schritt die Zuschaltung von Erzeugung oder Last umfasst. Die Lasten sollten schnellstmöglich wieder eingeschaltet werden, sodass die Dauer der Versorgungsunterbrechung minimiert wird. Sie dürfen aber die Kapazitäten der sich schon im Netz befindenden Generatoren nicht überschreiten. Deshalb kann der Prozess als Optimierungsproblem angesehen werden. Da das übergeordnete Ziel des Betriebes elektrischer Energienetze die Energieversorgung ist, kann die Güte der Optimierung mit der verbrauchten Energie der Lasten in einen Zusammenhang gesetzt werden. Alternativ kann die Anzahl der Kunden analysiert werden, die auch mit der verbrauchten Energie korreliert.

Für jede Last lässt sich die Energie schätzen, die während des Hochfahrens nach dem Ausfall nicht geliefert wird:

$$W_{L,i}^- = P_{L,i} \cdot t_{hL,i} \qquad (6\text{-}9)$$

mit:

- $W_{L,i}^-$ – nichtgelieferte Energie der i-ten Last
- $P_{L,i}$ – Leistung der i-ten Last
- $t_{hL,i}$ – Zeit zum Hochfahren der i-ten Last

Für das gesamte betrachtete Netz mit nl Lasten addiert sich die Energie:

$$W^- = \sum_{i=1}^{nl} W_{L,i}^- = \sum_{i=1}^{nl} P_{L,i} \cdot t_{hL,i} \qquad (6\text{-}10)$$

Das Ziel der Optimierung sollte die Minimierung der gesamten nichtgelieferten Energie W^- sein. Die wegen des CPLU-Effekts zusätzlich bezogene Energie wird nicht einbezogen, weil dieser Anteil unabhängig von der Dauer der Lastwiederanschaltung (LWA) bleibt. Infolge werden zwei Algorithmen vorgeschlagen, um das Problem zu lösen. Beim ersten wird das Optimierungsproblem mittels Mixed Integer Linear Programming (MILP) angegangen. Der zweite Algorithmus basiert auf allgemein gültigen Annahmen und der iterativen Selektion der Anlagen.

6.3.1.1 MILP-basierter Algorithmus zur Auswahl der Knoten

Beim MILP-basierten Algorithmus, der in Abbildung 6-6 dargestellt ist, wird über die Wiederzuschaltung der Lasten und Generatoren anhand einer MILP-Optimierung entschieden, (1), was zur weiteren Verringerung des Werts der nichtgelieferten Energie beitragen soll. Wenn die Lösung in Form von Vektoren mit Zustand der einzelnen Anlagen, Lastenknoten oder steuerbaren Erzeuger gefunden wurde, wird der Frequenzverlauf auf Basis des vereinfachten Modells, (2), geprüft. Das Modell ist analog zu dem in

Kapitel 5.3.5.1 beschriebenen aufgebaut. Die Umsetzbarkeit der Konfiguration wird weiter auf Basis des OPFs geprüft, (3). Wenn eines der Kriterien in (4) nicht erfüllt wird, wird ein zusätzlicher Generator hinzugefügt. Der Prozess endet, wenn der MILP-Solver keine weitere Last zum Wiederzuschalten nennen kann, (5), was im besten Fall bedeutet, dass die Lastenliste leer ist, oder aber auch, dass nicht genug Regelleistung im Netz verfügbar ist.

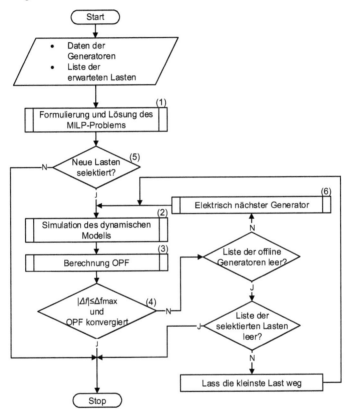

Abbildung 6-6: Flussdiagramm der Bestimmung der Zuschaltung von Generatoren und Lasten während des Hochfahrens des Teilnetzes anhand der MILP-Optimierung

6.3.1.1.1 Formulierung des MILP-Problems

Das MILP-Problem wird im Folgenden formuliert. Der Wiederzuschaltungsprozess besteht aus mehreren Schritten, wobei bei jedem Lasten oder Erzeuger zugeschaltet werden. Ein nächster Schritt erfolgt erst dann, wenn die Erzeuger auf 400-V-Ebene voll aktiviert wurden. Deshalb wird angenommen, dass die nachfolgenden Wiederzuschaltungsiterationen mindestens 15 Minuten verzögert werden sollen. In größeren Netzen mit kleinem Überschuss von steuerbarer Erzeugung kann dies zu mehreren Iterationen führen, sodass die Zeiten der LWA im Stundenbereich liegen können.

Die LWA kann im Vorfeld für alle Schritte optimiert werden oder es können einzelne Iterationen unabhängig voneinander optimiert werden. Der erste Ansatz soll bei idealen Bedingungen zu besseren Ergebnissen führen, weil bei globalen Problemen der Einfluss einzelnen Iterationen aufeinander ebenfalls optimiert wird. Allerdings muss berücksichtigt werden, dass die Genauigkeit der Last- und Wetterprognosen mit Näherrücken des prognostizierten Zeitpunkts steigt, wodurch eventuell die Revision der im Vorfeld berechneten Reihenfolge der Zuschaltung notwendig wird. Zusätzlich spielt die Dynamik des Netzes eine wichtige Rolle bei der LWA. Im Fall der falschen Abschätzung einer der Iterationen und der ungewollten Abschaltung von Lasten muss die Berechnung erneut durchgeführt werden, weswegen der Vorteil der einmaligen Spezifikation der Reihenfolge nicht mehr so deutlich wird. Darüber hinaus ist eine derartige Optimierung deutlich komplizierter als die Optimierung der einzelnen Iterationen. Aus den genannten Gründen wurden die einzelnen Iterationen getrennt optimiert. Als Kriterium der Optimierung wurde die Minimierung der nichtgelieferten Energie jeder einzelnen Iteration angenommen. Die Energie der *i*-ten Iteration kann anhand der Gleichung (6-10) durch die Gleichung (6-11) beschrieben werden:

$$W_{ges}^{-(i)} = P_{L,aus,ges}^{(i-1)} \cdot t_{3s,ges}^{(i)} + P_{L,aus,ges}^{(i)} \cdot 15\ min \qquad (6\text{-}11)$$

Dabei gilt:

- $P_{L,aus,ges}^{(i)} = \sum_{j=1}^{nlaus} P_{L,j}$ – gesamte Leistung der Lasten, die nach der *i*-ten Iteration ausgeschaltet bleiben
- t_{3s} – Dauer des Starts, der Synchronisation und der Stabilisierung eines Generators
- $t_{3s,ges}^{(i)}$ – Summe der Dauer t_{3s} aller Generatoren, die innerhalb der *i*-ten Iteration zugeschaltet werden

Es ist sichtbar, dass die beide Summanden der Gleichung (6-11) voneinander abhängig sind, da die Lasten umso länger auf Wiederzuschaltung warten müssen, je größer die Dauer $t_{3s,ges}$ wird. Gleichzeitig wird $P^{(i)}_{L,aus,ges}$ umso kleiner. Die beiden Größen sind diskret und können als Funktionen des Zustandsvektors dargestellt werden:

$$P_{L,aus,ges}^{(i)} = \sum_{j=1}^{nl} P_{L,j} - \boldsymbol{P}_L \cdot \boldsymbol{x}_L^{(i)}, \qquad \boldsymbol{x}_L^{(i)} : x_{L,j}^{(i)} = \begin{cases} 0 - Last\ aus \\ 1 - Last\ an \end{cases} \qquad (6\text{-}12)$$

$$t_{3s,ges}^{(i)} = \boldsymbol{t}_{3s,gek}^{(i)} \cdot \boldsymbol{x}_{G,gek}^{(i)}, \qquad \boldsymbol{x}_{G,gek}^{(i)} : x_{G,gek,j}^{(i)} = \begin{cases} 0 - Generator\ aus \\ 1 - Generator\ an \end{cases} \qquad (6\text{-}13)$$

Dabei gilt:

- $\boldsymbol{P}_L$ – Zeilenvektor der Leistungen aller Lasten
- $\boldsymbol{x}_L$ – Spaltenvektor der Zustände aller Lasten
- $\boldsymbol{t}_{3s}$ – Zeilenvektor der t_{3s} Dauer der betrachteten Generatoren
- $\boldsymbol{x}_G$ – Spaltenvektor der Zustände der betrachteten Generatoren

- *gek* – Tiefstellung, die darauf hinweist, dass der Vektor gekürzt ist und beinhaltet nur die Indizien der Lasten oder Generatoren, die noch nicht angeschaltet wurden

Der Zustandsvektor wird die folgende Form annehmen:

$$x = \begin{bmatrix} x_G \\ x_L \end{bmatrix} = \begin{bmatrix} x_1 \\ \vdots \\ x_{ng+nl} \end{bmatrix} \qquad (6\text{-}14)$$

Die erste Bedingung des MILP-Problems begrenzt die Variablen als ganzzahlige Werte im Bereich [0, 1]:

$$\bigwedge_{k \in \{1,\dots,ng+nl\}} 0 \le x_k \le 1 \ \wedge \ x_k \in \mathbb{Z} \qquad (6\text{-}15)$$

Weiterhin muss garantiert werden, dass die neu zugeschalteten Lasten die Erzeugungsleistung nicht übersteigen:

$$P_{L,an,ges}^{(i)} \le P_{G,an,ges}^{(i)} + \Delta P_{G,an,ges}^{(i-1)} \qquad (6\text{-}16)$$

$$\boldsymbol{P}_{L,gek}^{(i)} \cdot \boldsymbol{x}_{L,gek}^{(i)} \le \boldsymbol{P}_{G,gek}^{(i)} \cdot \boldsymbol{x}_{G,gek}^{(i)} + \sum_{j=1}^{ngan} \Delta P_{G,j} \qquad (6\text{-}17)$$

$$[-\boldsymbol{P}_{G,gek}^{(i)} \ \boldsymbol{P}_{L,gek}^{(i)}] \cdot \begin{bmatrix} \boldsymbol{x}_{G,gek}^{(i)} \\ \boldsymbol{x}_{L,gek}^{(i)} \end{bmatrix} \le \sum_{j=1}^{ngan} \Delta P_{G,j} \qquad (6\text{-}18)$$

Dabei gilt:

- $\boldsymbol{P}_G$ – Zeilenvektor der Nennleistungen der betrachteten Generatoren
- ΔP_G – freie Kapazität eines Generators, der vor der *i*-ten Iteration angeschlossen wurde; ein fester Wert bei der *i*-ten Iteration

Analog dazu soll auch die Blindleistung begrenzt werden:

$$[-\boldsymbol{Q}_{G,gek}^{(i)} \ \boldsymbol{Q}_{L,gek}^{(i)}] \cdot \begin{bmatrix} \boldsymbol{x}_{G,gek}^{(i)} \\ \boldsymbol{x}_{L,gek}^{(i)} \end{bmatrix} \le \sum_{j=1}^{ngan} \Delta Q_{G,j} \qquad (6\text{-}19)$$

Mit:

- $\boldsymbol{Q}_L$ – Zeilenvektor der Blindleistungen der betrachteten Lasten
- $\boldsymbol{Q}_G$ – Zeilenvektor der Blindleistungskapazitäten der betrachteten Generatoren
- ΔQ_G – freie Blindleistungskapazität eines Generators, der vor der *i*-ten Iteration angeschlossen wurde; ein fester Wert bei der *i*-ten Iteration

Der Unterschied zur Betrachtung der Wirkleistung ist, dass in den meisten Fällen die Blindleistung eines Erzeugers durch die aktuelle Wirkleistungseinspeisung und durch das Betriebsdiagramm des Erzeugers beschränkt ist. Einerseits sind alle Anlagen durch die maximale Scheinleistung begrenzt, andererseits können die Anlagen, wie die modellierten PV-Anlagen, nicht mit einem $cos\varphi$ kleiner als 0,8 arbeiten, Abbildung 5-13. Außerdem ist die Blindleistung der Lasten, Q_L, als induktive Blindleistung zu interpretieren (spannungssinkend). Diese kann nicht nur durch Generatoren, sondern zum Teil auch durch Kapazitäten des Netzes geliefert werden. Da die P-Q-Abhängigkeit nur bereichsweise linear ist, lässt sie sich in der Problemformulierung nicht nachbilden, weshalb die Bedingung (6-19) gelockert wurde. Als Q_G wurden die Werte der Nennwirkleistungen herangezogen, was nur in seltenen Fällen präzis ist, allerdings die absolute Obergrenze darstellt. Aus diesen Gründen ist die Bedingung (6-19) als notwendig, aber nicht hinreichend zu interpretieren.

Während der Lastzuschaltung entsteht eine Frequenzschwankung, die beispielhaft in Abbildung 6-7 dargestellt ist und durch Parameter Δf_{dyn} und Δf_{stat} charakterisiert wird.

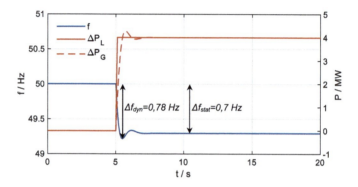

Abbildung 6-7: Frequenzschwankung bei Lastzuschaltung und aktivierter Primärregelung

Ohne Verbindung zum Verbundsystem ist die Primärregelleistung im Vergleich zu Lastsprüngen relativ klein, weshalb die Frequenzabweichungen größer als die von Schutzeinrichtungen tolerierten Werte werden können. Der Toleranzbereich ist nicht symmetrisch und wenn die Frequenz unter 49,0 Hz sinkt, werden die ersten Stufen des Lastabwurfs durchgeführt. Bei Erzeugungsüberschuss sollen die Generatoren ab 50,2 Hz die Einspeisung reduzieren, dürfen sich allerdings erst ab 51,5 Hz vom Netz trennen. Deswegen ist zu beachten, dass die Δf_{dyn} nicht den Wert von 1 Hz überschreit. Jedoch gibt es keine direkte lineare Abhängigkeit zwischen Δf_{dyn} und der Struktur des Netzes. Ein empirischer Hilfsfaktor $f_{dynStat}$ wird verwendet, um das Problem umzugehen:

$$f_{dynStat} = \frac{\Delta f_{dyn}}{\Delta f_{stat}} \tag{6-20}$$

Die im System verfügbare Regelleistung muss so hoch sein, dass die Frequenzschwankung Δf_{dyn} kleiner als der maximale Wert Δf_{dynMax} = 1 Hz ist. Damit dies garantiert ist, muss die folgende Ungleichung erfüllt sein:

$$\Delta f_{dynMax} \geq \Delta f_{dyn} = f_{dynStat} \cdot \Delta f_{stat}$$

$$= f_{dynStat} \cdot \frac{P_{L,gek}^{(i)} \cdot x_L^{(i)}}{K_{G,gek}^{(i)} \cdot x_{G,gek}^{(i)} + \sum_{j=1}^{ngan} K_{G,j}} \tag{6-21}$$

Nach der Umformulierung ergibt sich die Form, die für das MILP-Problem geeignet ist:

$$-\Delta f_{dynMax} \cdot K_{G,gek}^{(i)} \cdot x_{G,gek}^{(i)} + f_{dynStat} \cdot P_{L,gek}^{(i)} \cdot x_{L,gek}^{(i)}$$
$$\leq \Delta f_{dynMax} \cdot \sum_{j=1}^{ngan} K_{G,j} \tag{6-22}$$

$$\left[-\Delta f_{dynMax} \cdot K_{G,gek}^{(i)} \quad f_{dynStat} \cdot P_{L,gek}^{(i)} \right] \cdot \begin{bmatrix} x_{G,gek}^{(i)} \\ x_{L,gek}^{(i)} \end{bmatrix}$$
$$\leq \Delta f_{dynMax} \cdot \sum_{j=1}^{ngan} K_{G,j} \tag{6-23}$$

Die Ungleichung (6-23) stellt sicher, dass die Summe der freien Kapazitäten die notwendige Leistung überschreitet. Dadurch ist dennoch nicht garantiert, dass die Grenzen einzelner Generatoren durch ihren Anteil an der Regelleistung, der sich aus K_G und Δf ergibt, nicht überstiegen werden. Um die Bedingung zu erweitern, wurde eine neue Ungleichung definiert. Für den j-ten Generator gilt Folgendes:

$$\Delta P_{G,j}^{(i-1)} \geq K_{G,j} \cdot f_{dynStat} \cdot \Delta f_{stat} \tag{6-24}$$

$$K_{G,j} \cdot f_{dynStat} \cdot \frac{P_{L,gek}^{(i)} \cdot x_{L,gek}^{(i)}}{K_{G,gek}^{(i)} \cdot x_{G,gek}^{(i)} + \sum_{j=1}^{ngan} K_{G,j}} \leq \Delta P_{G,j}^{(i-1)} \tag{6-25}$$

Wenn alle bereits hochgefahrenen Generatoren berücksichtigt werden, kann (6-26) als letzte Bedingung formuliert werden. Für die bessere Verständlichkeit sind in diesem Fall auch die Dimensionen der Vektoren in der Tiefstellung angegeben:

$$\left[-\Delta P_{G,ngan\times1}^{(i-1)} \cdot K_{G,gek,1\times ngaus}^{(i)} \quad f_{dynStat} \cdot K_{G,gan\times1}^{(i-1)} \cdot P_{L,gek,nlaus\times1}^{(i)} \right]$$
$$\cdot \begin{bmatrix} x_{G,gek,ngaus\times1}^{(i)} \\ x_{L,gek,nlaus\times1}^{(i)} \end{bmatrix} \leq \sum_{j=1}^{ngan} K_{G,j} \cdot \Delta P_{G,gan\times1}^{(i-1)} \tag{6-26}$$

Die Ungleichung (6-26) ist strenger als (6-23), wenn alle Generatoren schon aktiviert wurden. Ist dies nicht der Fall, berücksichtigt (6-26) jedoch nicht alle Anlagen. Deshalb müssen beide Ungleichungen im MILP-Problem beinhaltet sein. Die nicht hochgefahrenen Generatoren können nicht berücksichtigt werden, weil das zu Nichtlinearität führen würde, was durch lineare Programmierung nicht berücksichtigt werden kann.

Wie bereits erklärt, ist die Blindleistungsreserve nichtlinear vom Wirkleistungsbetriebspunkt eines Generators abhängig und lässt sich in der Form linearer Gleichungen für das MILP-Problem nicht zusammenfassen. Deswegen haben die Ungleichungen (6-23) und (6-26) kein Äquivalent bezüglich der Blindleistung.

Der empirische Koeffizient $f_{dynStat}$ wird anhand von Simulationen bemessen. Er hängt von dem Erzeugungsmix und der Lastgröße ab. Im Hinblick auf den Erzeugungsmix wird hauptsächlich zwischen Synchrongeneratoren und inverterbasierten Anlagen unterschieden. Der Koeffizient wurde für unterschiedliche Verhältnisse der installierten Leistung des Synchrongenerators zur installierten Leistung der inverterbasierten Anlagen berechnet und ist in Abbildung 6-8 a) dargestellt. Es ist eindeutig, dass sich der Koeffizient nicht linear mit dem Anteil der Leistung des Synchrongenerators an der Gesamtleistung des Systems ändert.

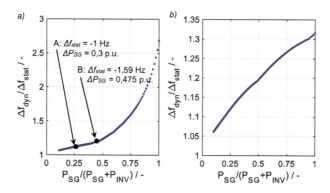

Abbildung 6-8: Verhältnis zwischen dynamischer und statischer Abweichung der Frequenz in Abhängigkeit von der Synchron- und Inverterleistung.
a) Lastsprung von 0,99·S_{nSG}; b) Lastsprung von 0,44·S_{nSG}

Der nichtlineare Verlauf der Charakteristik ist auf die Sättigungskomponenten des Modells des Synchrongenerators zurückzuführen. Der dargestellte Verlauf wurde für den Lastsprung von 0,99 S_{nSG} bemessen, da bei einer höheren Last zwangsläufig weitere Generatoren benötigt würden und das die Analyse verschleiern würde.

Mit den angenommenen Einstellungen der Statik der Generatoren, die zwischen 6 und 8 % liegen, bedeutet ein solcher Lastsprung eine Frequenzabweichung, die außerhalb des erlaubten Bereichs von [-1 Hz, +1,5 Hz] liegt. Der Punkt A im linken Diagramm der Abbildung 6-8 entspricht dem Grenzwert, an dem die statische Frequenzabweichung den Wert -1 Hz aufweist und unter den Lastbedingungen der Einspeisung des Synchrongenerators 0,3 p.u. (auf S_{nSG} bezogen) beträgt.

Anhand der y-Achse ist abzulesen, dass $f_{dynStat}$ größer als 1 für diesen Punkt ist. Das bedeutet, dass |Δf_{dyn}| im Punkt A 1 Hz überschreitet, weswegen eigentlich nur der Teil links von Punkt A, in dem die Frequenzabweichungen nachlassen, erlaubt und dadurch von entscheidender Bedeutung ist. Die nähere Betrachtung des vereinfachten dynamischen Modells ergab, dass die Komponenten des Modells nicht in Sättigung treten, wenn der Anteil der vom Synchrongenerator zu liefernden Leistung 0,475 p.u. nicht übersteigt, siehe Punkt B der Abbildung 6-8a). Für solch einen Lastsprung wurden die Simulationen wiederholt, wie in Diagramm b) der Abbildung 6-8 dargestellt. Es zeigt sich, dass in diesem Bereich der Koeffizient $f_{dynStat}$ leicht steigt. Deswegen wurde für die Bedingung (6-26) der konservativste Wert von 1,32 angenommen. Allerdings ist die

Annahme nur im Bereich von 0 bis 0,475 p.u. von ΔP_{SG} gültig, weswegen eine zusätzliche Bedingung, die dies garantiert, nötig ist, (6-28):

$$K_{SG} \cdot \Delta f_{stat} \leq 0,475 \cdot S_{SG} \tag{6-27}$$

$$K_{SG} \cdot P_{L,gek}^{(i)} \cdot x_{L,gek}^{(i)} \leq 0,475 \cdot S_{SG} \cdot \left(K_{G,gek}^{(i)} \cdot x_{G,gek}^{(i)} + \sum_{j=1}^{gan} K_{G,j} \right) \tag{6-28}$$

Das MILP-Problem wird aus den Gleichungen (6-11), (6-15), (6-18), (6-19), (6-23), (6-26) und (6-28) formuliert und ist hier zusammengefasst:

$$\min_{x} f(x) = \left[P_{L,ges}^{(i-1)} \cdot t_{3s,gek}^{(i)} - 15 \min \cdot P_{L}^{(i)} \right] \cdot \begin{bmatrix} x_{G,gek}^{(i)} \\ x_{L}^{(i)} \end{bmatrix}$$

$$\bigwedge_{k \in \{1,\ldots,ng+nl\}} 0 \leq x_k \leq 1 \wedge x_k \in \mathbb{Z}$$

$$\left[-P_{G,gek}^{(i)} \quad P_{L,gek}^{(i)} \right] \cdot \begin{bmatrix} x_{G,gek}^{(i)} \\ x_{L,gek}^{(i)} \end{bmatrix} \leq \sum_{j=1}^{ngan} \Delta P_{G,j}$$

$$\left[-Q_{G,gek}^{(i)} \quad Q_{L,gek}^{(i)} \right] \cdot \begin{bmatrix} x_{G,gek}^{(i)} \\ x_{L,gek}^{(i)} \end{bmatrix} \leq \sum_{j=1}^{ngan} \Delta Q_{G,j}$$

$$\left[-\Delta f_{dynMax} \cdot K_{G,gek}^{(i)} \quad f_{dynStat} \cdot P_{L,gek}^{(i)} \right] \cdot \begin{bmatrix} x_{G,gek}^{(i)} \\ x_{L,gek}^{(i)} \end{bmatrix} \tag{6-29}$$

$$\leq \Delta f_{dynMax} \cdot \sum_{j=1}^{ngan} K_{G,j}$$

$$\left[-\Delta P_{G,ngan\times1}^{(i-1)} \cdot K_{G,gek,1\times ngaus}^{(i)} \quad f_{dynStat} \cdot K_{G,gan\times1}^{(i-1)} \cdot P_{L,gek,nlaus\times1}^{(i)} \right]$$
$$\cdot \begin{bmatrix} x_{G,gek,ngaus\times1}^{(i)} \\ x_{L,gek,nlaus\times1}^{(i)} \end{bmatrix} \leq \sum_{j=1}^{ngan} K_{G,j} \cdot \Delta P_{G,gan\times1}^{(i-1)}$$

$$K_{SG} \cdot P_{L,gek}^{(i)} \cdot x_{L,gek}^{(i)} \leq 0,475 \cdot S_{SG} \cdot \left(K_{G,gek}^{(i)} \cdot x_{G,gek}^{(i)} + \sum_{j=1}^{gan} K_{G,j} \right)$$

Durch die Lösung des OPF-Problems, (3) in Abbildung 6-6, soll geprüft werden, ob die Last-Erzeugung-Konfiguration keine Spannungsprobleme verursachen wird, da dies zu wiederholten Abschaltungen führen könnte. Ähnlich wie in Kapitel 6.2.1 beschrieben, nutzt der OPF die Ungleichungssätze (5-47) bis (5-49) und ist durch (6-30) ergänzt. Die Zielfunktion wird durch (6-31) ausgedrückt:

$$\bigwedge_{i \in \langle 1,nk \rangle \cap \mathbb{N}} 0,95 \leq u_i \leq 1,1 \tag{6-30}$$

$$f(P_g) = \sum_{j=1}^{ngan} \left(\sum_{p=1}^{nlan} P_{L,p} \cdot \frac{P_{G,n,j}}{\sum_{k=1}^{ngan} P_{G,n,k}} - P_{G,j} \right)^2 \qquad (6\text{-}31)$$

Dabei gilt:

- $ngan$ – Anzahl der hochgefahrenen Generatoren, inklusive der aktuellen Iteration
- $nlan$ – Anzahl der wiedergeschalteten Lasten, inklusive der aktuellen Iteration
- $P_{G,n,j}$ – Nennleistung des j-ten Generators
- u_i – Spannung am i-ten Knoten, p.u.-Wert

An der Stelle sind die Indizes der zugeschalteten Lasten und Generatoren schon bekannt. Deshalb ist nur Komponente P_{Gj} in Gleichung (6-31) variabel. Die Zielfunktion besteht aus der Summe von Quadraten der Abweichungen zwischen der Wirkleistung der Generatoren und dem Teil der gesamten Last im Netz. Der Teil der Last ist proportional zum Anteil der Nennleistung des Generators an den summierten Nennleistungen aller hochgefahrenen Generatoren. Die gefundene Lösung wird von dem in Kapitel 6.3.1.3 beschriebenen Algorithmus umgesetzt.

6.3.1.1.2 Bestimmung des elektrisch nächsten Generators

Soll der OPF nicht konvergieren oder ist die Frequenzschwankung nach der Simulation zu groß, wird die Zuschaltung eines weiteren Generators betrachtet, (6) in Abbildung 6-6. Der Generator wird nicht anhand seiner Position auf der Liste gewählt, sondern anhand der elektrischen Distanz zu der in der Iteration betrachteten Last. Grund dafür ist, dass während der Lastzuschaltung die Spannung im Netz sinkt, insbesondere an den Last- und benachbarten Knoten. Die Generatoren, die sich elektrisch näher an den Knoten befinden, können besser dazu beitragen, dass die Spannung die Grenze von 0,85 p.u. nicht erreicht.

Es gibt unterschiedliche Ansätze für die Bewertung des Einflusses von Änderungen der Blindleistung in einem Knoten und der Spannung in anderen Knoten [145]-[147]. Insbesondere die in [147] dargestellte Methode, die auf der Sensitivitätstheorie basiert, liefert einen angemessenen Kompromiss zwischen der Genauigkeit der Ergebnisse und der Einfachheit der Berechnung [148]. Die Sensitivitätsmatrix wird ausschließlich anhand der Leitungsimpedanzen berechnet, weshalb sie für eine bestimmte Topologie konstant bleibt. Der Nachteil ist jedoch, dass damit nur radiale Netze analysiert werden können. Weil das nicht immer garantiert werden kann, wurde eine auf der Jakobi-Matrix basierende Methode verwendet [146]. Der Zusammenhang zwischen Änderungen von Knotenblindleistungen und Knotenspannungsbeträgen ist durch (6-32) und (6-33) dargestellt [146]:

$$\Delta U = J_R^{-1} \cdot \Delta Q \qquad (6\text{-}32)$$

$$J_R = \left[\frac{\partial Q}{\partial U} - \frac{\partial Q}{\partial \theta} \cdot \left(\frac{\partial P}{\partial \theta} \right)^{-1} \cdot \frac{\partial P}{\partial U} \right] \qquad (6\text{-}33)$$

Die Werte der Ableitungen in (6-33) wurden anhand des Lastflusses der sich nach dem MILP-Problem ergebenden Lasten und Erzeuger berechnet. Allerdings wird die Topologie um den Knoten eines der noch nicht betrachteten Generatoren erweitert. Da der Generator sich nicht unbedingt an einem Knoten, der bereits unter Spannung steht, befinden muss, werden auch alle dazu notwendigen Leitungen mittels der in Kapitel 6.3.1.1.3 beschriebenen Methode gefunden. Die Matrizen J_R^{-1} werden für jeden noch nicht durch die MILP-Lösung gewählten Generator berechnet. Der Generator mit höchstem Eintrag in der J_R^{-1} an der Stelle der größten Last wird zum Hochfahren genutzt.

6.3.1.1.3 Ermittlung der Verbindungen für den Netzaufbau

Wenn ein Blackout-Zustand im Netz herrscht, sind häufig viele Leitungen abgeschaltet, weshalb die elektrischen Verbindungen, die normalerweise bestehen, nicht vorhanden sind. Während des Hochfahrens des Netzes sollten immer weitere spannungslose Knoten an die bereits unter Spannung stehenden angeschlossen werden. Wenn ein Last- oder Erzeugungsknoten zugeschaltet werden soll, soll die kürzestmögliche Strecke zum nächsten Knoten unter Spannung gefunden werden.

Das Problem wurde im Rahmen der Arbeit rekursiv gelöst. Basierend auf der Adjazenzmatrix des Teilnetzes zu dem Zustand vor dem Blackout wurde geprüft, ob in direkter Nachbarschaft des gewählten Knotens ein Knoten unter Spannung verfügbar ist. Wenn das nicht der Fall ist, wurde dieses Vorgehen für alle Knoten aus der Nachbarschaft wiederholt. Der Algorithmus stoppt, wenn mindestens ein Knoten unter Spannung in der Kette gefunden wurde. So wird die Verbindung mit der niedrigsten Anzahl an Leitungen, aber nicht unbedingt der niedrigsten Impedanz gefunden. Die summarische Impedanz der Leitungen kann berücksichtigt werden, wenn es mehrere parallele Verbindungen gibt, wie es in dem Beispiel in Abbildung 6-9 der Fall ist, in dem die Impedanzen der Leitungen entlang der Strecken *I*, *II*, *III* entscheiden, welche Leitung gewählt wird.

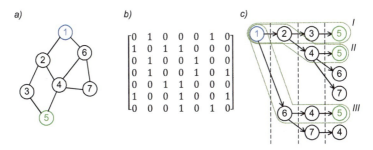

Abbildung 6-9: Bestimmung der Knoten der kürzesten Strecke zwischen den spannungslosen Knoten 1 und unter Spannung stehenden Knoten 5: a) Topologie des Teilnetzes; b) Adjazenzmatrix; c) gefundene Strecken

6.3.1.2 Iterativer Algorithmus zur Auswahl der Knoten

Ein wichtiger Bestandteil des in Kapitel 6.3.1.1 beschriebenen Algorithmus ist das Modell des dynamischen Verhaltens von Generatoren. Die Daten, die dafür nötig sind, stehen dem Netzbetreiber nicht immer zur Verfügung, weswegen im Folgenden ein alternativer Ansatz dargestellt wird.

Wenn die Kapazität an Regelleistung im Netz ausreicht, kann der Wert der nichtgelieferten Energie W^- nach (6-10) minimiert werden, indem alle Lasten gleichzeitig wiedereingeschaltet werden. Ist die verfügbare Kapazität niedriger, müssen die Lasten eine nach der anderen zugeschaltet werden (siehe Abbildung 6-10). Die Abbildung zeigt den Prozess der LWA im Netz mit beschränkter Erzeugungs- und damit auch Regelleistung. Die vier Lasten betragen: $P_{L,1}$ = 4 MW, $P_{L,2}$ = 3 MW, $P_{L,3}$ = 1,5 MW, $P_{L,4}$ = 1 MW. Die Regelleistungskapazität P_G hat einen Wert von 11 MW. Wegen des CLPU-Effekts können nicht alle vier Lasten gleichzeitig geschaltet werden. Darüber hinaus wurde angenommen, dass die Anschwungzeit der Leistung nach der LWA 60 Minuten beträgt, was mit der Zeitkonstante des CLPU-Effekts zusammenhängt.

Die Zeit vor dem Lastwiedereinschaltungsprozess t_{vor} ist von der angenommenen Reihenfolge der Zuschaltung unabhängig, weshalb die während dieser Zeit nichtgelieferte Energie nicht betrachtet wurde.

Abbildung 6-10 veranschaulicht, dass die Reihenfolge der Zuschaltung die gesamte nichtgelieferte Energie W^- beeinflusst. In Bild a) werden die Lasten von der größten bis zur kleinsten einzeln wieder eingeschaltet. Die nichtgelieferte Energie beträgt:

$$W_a^- = 60\ min \cdot \left(P_{L,2} + P_{L,3} + P_{L,4}\right) + 60\ min \cdot \left(P_{L,3} + P_{L,4}\right) +$$
$$+60\ min \cdot P_{L,4} = 60\ min \cdot 9\ MW = 9\ MWh \tag{6-34}$$

Die nötige Regelleistung P_{max} liegt bei 10,5 MW. Im Fall b) ist die Reihenfolge geändert, sodass zuerst die kleinste Last, $P_{L,4}$ = 1 MW, zugeschaltet wird. Die nichtgelieferte Energie W_b^- sowie die nötige Erzeugungsleistung P_{max} erhöhen sich und ergeben jeweils 13,5 MWh und 11 MW. Die Erhöhung der Energie lässt sich erklären, wenn betrachtet wird, dass in beiden Fällen a) und b) die Lasten $P_{L,2}$ und $P_{L,3}$ jeweils die gleiche Zeit abwarten, die größte Last $P_{L,1}$ jedoch im Fall b) deutlich später als im Fall a) wiederzugeschaltet wird, wodurch ihr Beitrag zum Integral der Energie deutlich höher ist. Wenn allerdings mindestens 11 MW Regelleistung im Netz verfügbar wären, könnten die Lasten $P_{L,1}$ und $P_{L,4}$ gleichzeitig zugeschaltet werden, wodurch die nichtgelieferte Energie W_c^- auf 6 MWh reduziert würde. Es lässt sich verallgemeinern, dass die nichtgelieferte Energie minimal ist, wenn die Lasten in absteigender Reihenfolge zugeschaltet werden:

$$\bigwedge_{i \in \langle 1, nl-1 \rangle \cap \mathbb{N}} P_{L,i} \geq P_{L,i+1} \Rightarrow W_{min}^- \tag{6-35}$$

Darüber hinaus ist die erste Aussage der Implikation (6-35) auch deswegen vorteilhaft, da die niedrigstmögliche Regelleistungskapazität benötigt wird. Dies kann durch folgende Überlegung begründet werden: Wenn die Lasten von der größten zur kleinsten sortiert und in dieser Reihenfolge wieder eingeschaltet werden, wird nach der Schaltung einer k-ten Last die Peak-Leistung maximal:

$$P_{max,k} = \sum_{i=1}^{k-1} P_{L,i} + 2 \cdot P_{L,k} \qquad (6\text{-}36)$$

Der Faktor 2 in (6-36) resultiert aus dem CLPU-Effekt, durch den sich die Leistung der zugeschalteten Last kurzfristig verdoppelt.

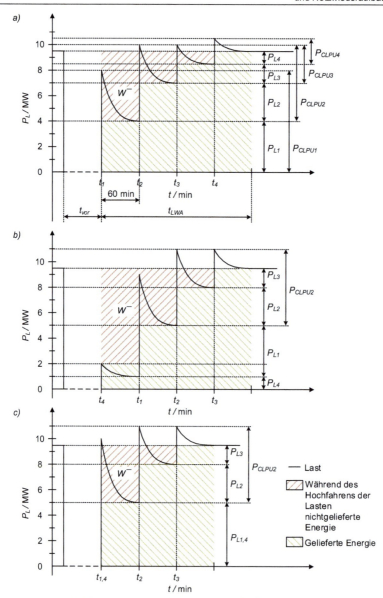

Abbildung 6-10: Wiederzuschaltung der Lasten P_{L1}, P_{L2}, P_{L3} und P_{L4} an ein Teilnetz
mit beschränkter Regelleistungskapazität: a) einzeln von größten bis
zur kleinsten; b) die kleinste zuerst; c) die kleinste und größte zusammen im ersten Schritt

Jetzt werden zwei Lasten gewählt und deren Reihenfolge wird getauscht. Sie können beliebig gewählt werden, solange eine größer und eine kleiner als $P_{L,k}$ ist. Die größere wird als ‚$P_{L,m}$' und die kleinere als ‚$P_{L,w}$' bezeichnet:

$$\begin{cases} m < k \Rightarrow P_{L,m} \geq P_{L,k} \\ w > k \Rightarrow P_{L,w} \leq P_{L,k} \end{cases} \tag{6-37}$$

Die Peak-Leistungen nach der LWA in neuer Reihenfolge werden geändert. Die Peak-Leistung nach der Zuschaltung der Last $P_{L,m}$, die jetzt als w-te Last zugeschaltet wurde, beträgt:

$$P'_{max,w} = \sum_{i=1}^{w-1} P_{L,i} + 2 \cdot P_{L,m} \tag{6-38}$$

Der Strich im $P'_{max,w}$-Symbol soll darauf hinweisen, dass die Peak-Leistung nach w-ter Lastschaltung aus der Liste mit getauschten Elementen $P_{L,m}$ und $P_{L,w}$ ist. Um $P_{max,k}$ mit $P'_{max,w}$ vergleichen zu können, werden in beiden Fällen die Summen-Operatoren entwickelt:

$$\begin{aligned} P_{max,k} &= \sum_{i=1}^{k-1} P_{L,i} + 2 \cdot P_{L,k} \\ &= P_{L,1} + P_{L,2} + \cdots + P_{L,m} + \cdots + P_{L,k-1} + 2 \cdot P_{L,k} \end{aligned} \tag{6-39}$$

$$\begin{aligned} P'_{max,w} &= \sum_{i=1}^{w-1} P_{L,i} + 2 \cdot P_{L,m} \\ &= P_{L,1} + P_{L,2} + \cdots + P_{L,w} + \cdots + P_{L,k-1} + P_{L,k} + \cdots \\ &\quad + P_{L,w-1} + 2 \cdot P_{L,m} \end{aligned} \tag{6-40}$$

Wird der gemeinsame Teil als G bezeichnet, können die Gleichungen (6-39) und (6-40) wie folgt umformuliert werden:

$$G = \sum_{i=1}^{m-1} P_{L,i} + \sum_{i=m+1}^{k-1} P_{L,i} \tag{6-41}$$

$$P_{max,k} = G + P_{L,m} + 2 \cdot P_{L,k} \tag{6-42}$$

$$P'_{max,w} = G + \sum_{i=k+1}^{w} P_{L,i} + P_{L,k} + 2 \cdot P_{L,m} \tag{6-43}$$

Anhand des direkten Vergleichs von (6-42) und (6-43) unter Berücksichtigung von (6-37) lässt sich feststellen, dass $P'_{max,w}$ nicht kleiner als $P_{max,k}$ ist:

$$P'_{max,w} \geq P_{max,k} \tag{6-44}$$

Darüber hinaus gilt, wenn zwei solche Lasten getauscht werden, dass die Indizes dieser beiden kleiner als k sind:

$$\begin{cases} m1 < k \Rightarrow P_{L,m1} \geq P_{L,k} \\ m2 < k \Rightarrow P_{L,m2} \geq P_{L,k} \end{cases} \tag{6-45}$$

Dadurch würde sich die Peak-Leistung $P_{max,k}$ nicht ändern, weil sie nur von der Leistung der Last selbst und von der Summe der zuvor geschalteten Lasten abhängt, aber nicht von der Reihenfolge dieser Zuschaltung. Allerdings werden die Peak-Leistungen der Lasten mit Indizes kleiner als k geändert. Sie können kleiner werden, was keinen Einfluss auf den Wert der maximalen Peak-Leistungen des gesamten Lastwiederzuschaltungsprozesses hat, oder größer werden und sogar den Wert von $P_{max,k}$ übersteigen. Wenn $P_{max,k}$ dadurch überschritten wird, bedeutet dies, dass die Zuschaltung in nicht absteigender Reihenfolge eine höhere Regelleistungskapazität benötigt.

Dieselbe Schlussfolgerung ergibt sich auch, wenn der Tausch der Lasten mit einem Index größer als k betrachtet wird. Deswegen lässt sich sagen, dass die Wiedereinschaltung der Lasten in absteigender Reihenfolge die minimale nichtgelieferte Energie W^- und die minimale Peak-Leistung P_{max} garantiert. Weiterhin können zwei besondere Fälle hervorgehoben werden:

$$\bigwedge_{i \in (1, nl-1) \cap \mathbb{N}} P_{L,i} \geq 2 \cdot P_{L,i+1} \Rightarrow P_{max} = 2 \cdot P_{L,1} \tag{6-46}$$

$$\bigwedge_{i \in (1, nl-1) \cap \mathbb{N}} (P_{L,i} \geq P_{L,i+1} \wedge P_{L,i} < 2 \cdot P_{L,i+1}) \Rightarrow P_{max}$$

$$= \sum_{i=1}^{nl-1} P_{L,i} + 2 \cdot P_{L,l} \tag{6-47}$$

Ist jede Last mindestens doppelt so hoch wie die nächste, lässt sich die nötige Erzeugungsleistung als $2\,P_{L,1}$ abschätzen, (6-46). Ist jede Last weniger als doppelt so groß wie die nächste, berechnet sich die nötige Erzeugungsleistung als Summe aller Lasten, wobei die kleinste verdoppelt wird, (6-47). Der Faktor 2 in den Ausdrücken (6-46) und (6-47) bezieht sich auf den CLPU-Effekt und dessen Amplitude, was in Kapitel 5.1.4 erklärt wurde. In allen anderen Fällen muss die Schaltungsreihenfolge individuell analysiert und die nötige Erzeugungsleistung dementsprechend bemessen werden.

Die bisherigen Überlegungen wurden unter Annahme einzelner verfügbarer Erzeugungsanlagen im Teilnetz durchgeführt. Die Einführung weiterer Generatoren, die nicht unbedingt homogene Spezifikationen aufweisen, verkompliziert den Prozess deutlich. Wenn die Generatoren sich im Inselbetrieb nach dem Fehler nicht erfolgreich fangen, müssen sie hochgefahren werden und sich ggf. mit dem Teilnetz synchronisieren. Je nach Technologie, Größe und weiteren Faktoren können die Dauer des Starts der Synchronisation und der Stabilisierung, gemeinsam als ‚t_{3s}' bezeichnet, deutlich unterschiedlich sein. Die Wiederzuschaltung der Generatoren kann großen Einfluss auf W^- haben (siehe Abbildung 6-11), weshalb deren Analyse im Folgenden dargestellt wird.

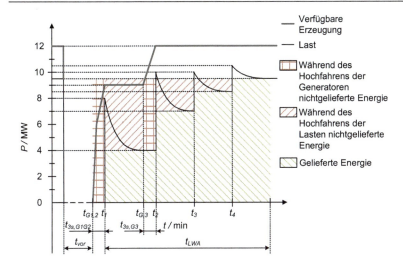

Abbildung 6-11: Wiederzuschaltung der Lasten $P_{L,1}$, $P_{L,2}$, $P_{L,3}$ und $P_{L,4}$ an ein Teilnetz mit beschränkter Regelleistungskapazität und unter Berücksichtigung des Hochfah-
rens der Generatoren $P_{G,1}$, $P_{G,2}$ und $P_{G,3}$

Die Dauer t_{3s} der Generatoren tragen dazu bei, dass die bisher betrachtete nichtgelieferte Energie W^- um die zusätzliche Komponente $W_G{}^-$ erweitert werden muss, was
bereits in (6-11) gezeigt wurde. Grund dafür ist die Energie, die während des Hochfahrens der Generatoren nicht geliefert wird. Bevor die Lasten wiedergeschaltet werden
können, muss ausreichend Erzeugungsleistung aufgebaut werden. Um die Stabilität
des Teilnetzes möglichst wenig zu gefährden, werden die Lasten erst nach dem erfolgreichen Hochfahren und der Stabilisierung der Generatoren angeschaltet. Aus dem
gleichen Grund werden die Erzeugungsanlagen nacheinander mit dem schwachen Netz
synchronisiert.

Wenn beim Starten der Erzeugungsanlagen menschliche Überwachung erforderlich ist,
kann es während des Blackouts, aufgrund der limitierten verfügbaren Personalkräfte
des Betreibers, zu Engpässen kommen. In diesem Fall muss entschieden werden, in
welcher Reihenfolge die Erzeugungsanlagen hochgefahren werden sollen. Es steht
außer Frage, dass zuerst eine netzbildende Anlage gestartet werden muss. In weiteren
Schritten müssen Parameter wie die Nennleistung P_n und die Dauer t_{3s} in Betracht
gezogen werden. Die Generatoren, die über eine höhere Nennleistung verfügen, sollten
priorisiert werden, da sie die Wartezeit größerer Lasten verkürzen können. Allerdings
sollte das nur unter der Bedingung geschehen, dass die Dauer t_{3s} des Generators einen
relativ kleinen Beitrag zu $W_{G,i}{}^-$ leistet.

Die Gleichung (6-10) wird erweitert, um die gesamte nichtgelieferte Energie auszudrücken:

$$W_{ges}^- = W^- + \sum_{i=1}^{ngan} P_{LG,i} \cdot t_{3s,i} = W^- + W_G^- \tag{6-48}$$

Dabei gilt:

- W^- – während des Hochfahrens der Lasten nichtgelieferte Energie
- W_G^- – während des Hochfahrens der Generatoren nichtgelieferte Energie
- $P_{LG,i}$ – Summe der nicht versorgten Lasten nach dem Hochfahren des i-ten Generators
- $t_{3s,i}$ – Zeit zum Hochfahren des i-ten Generators
- $ngan$ – Anzahl an hochgefahrenen Generatoren

Die Gleichung (6-48) deckt auch die Fälle ab, in denen nicht alle Generatoren notwendig sind, um alle Lasten wiederzuzuschalten. Auch bei richtiger Reihenfolge der LWA ist die Berücksichtigung zusätzlicher Freiheitsgrade in Form von P_n und t_{3s} nicht trivial und verkompliziert das kombinatorische Problem der optimierten Wiederzuschaltungsstrategie. Der Ablauf dieser Strategie ist in Abbildung 6-12 dargestellt.

Im ersten Schritt sollten die aktuellen Daten der Erzeuger und Lasten eingelesen werden (1). Vor allem handelt es sich hier um die erfassten Betriebspunkte, die sich nach der vorherigen Iteration ergeben haben. Es ist anzunehmen, dass bereits ab der ersten Iteration die fernbedienbaren Erzeuger verfügbar sind, d. h. die Erzeuger, die ohne menschliche Überwachung vor Ort hochfahrbar sind. Die Verfügbarkeit der nicht fernbedienbaren Erzeuger muss für jede Iteration aktualisiert werden, (2). Die aktuell verbleibenden Lasten sollten absteigend, nach ihrem prognostizierten Wirkleistungsbezug sortiert werden, (3). Die nächste Last von der sortierten Liste sollte betrachtet werden. Direkt danach sollte die Leistung der zugeschalteten Last zwischen den Generatoren anhand ihrer Leistungszahlen K aufgeteilt werden. Die Anteile sollten mit den freien Kapazitäten der Generatoren sowie deren Beiträgen zur Primärregelleistung bei maximal erlaubter Frequenzabweichung verglichen werden, (4). Falls die Kapazitäten nicht überschritten sind, kann die nächste Last aus der Liste hinzugefügt werden. Falls sie bereits ausgeschöpft sind, muss die letzte Last weggelassen werden. Im nächsten Schritt wird der OPF berechnet, ähnlich wie beim MILP-basierenden Algorithmus, um die Sollwerte für die Generatoren zu finden, (5). Falls die OPF-Berechnung nicht konvergiert, werden die Lasten weggelassen. Wie im Fall des MILP-basierten Algorithmus werden die hier gefundenen Ergebnisse durch den in Kapitel 6.3.1.3 beschriebenen Algorithmus umgesetzt.

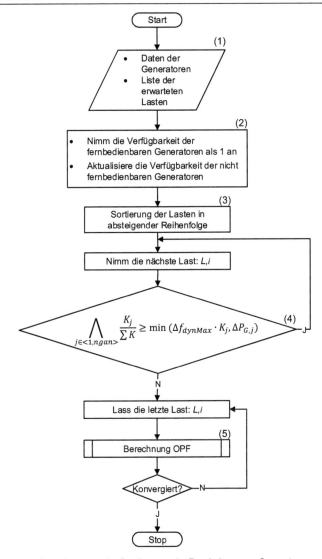

Abbildung 6-12: Flussdiagramm der Bestimmung der Zuschaltung von Generatoren und Lasten während des Hochfahrens des Teilnetzes

6.3.1.3 Algorithmus zum Hochfahren des Teilnetzes

Die in den Kapiteln 6.3.1.1 und 6.3.1.2 dargestellten Algorithmen wählen in einer Iteration eines überlagerten Algorithmus die Lasten und Erzeuger aus, die in das Netz zugeschaltet werden sollen. Der überlagerte Algorithmus strukturiert den Ablauf des Hochfahrens des Teilnetzes und ist in Abbildung 6-13 dargestellt. Der erste relevante Schritt ist die Markierung aller bekannten Erzeuger im Teilnetz zum Hochfahren und Synchronisieren, (1). Zu Beginn sollen alle Erzeuger das Signal zum Hochfahren erhalten.

Die Generatoren können in diesem Zusammenhang in zwei Gruppen unterteilt werden: fernbedienbare Generatoren und Generatoren, die menschliche Überwachung beim Hochfahren benötigen. Die zweite Gruppe weist deutlich längere Dauer t_{3s} auf, vor allem dann, wenn ein Betreiber mehrere dezentrale Anlagen bedienen muss. In solchen Fällen werden die Anlagen priorisiert: Die netzbildenden werden gegenüber netzstützenden und gegenüber netzspeisenden Anlagen bevorzugt. Weiterhin soll der Wert des Verhältnisses P_n/t_{3s} wichtiger als der Wert P_n sein. Wenn die abgelaufene Zeit der Simulation, t_{Sim}, die gesetzte Schwelle überschreitet, (2), sollten die Lastknoten und Erzeuger zum Wiederzuschalten bestimmt werden, (3). Die gesetzte Schwelle besteht aus der Summe von dem Zeitpunkt des letzten Hochfahrens der Erzeuger, t_{Hoch}, und dem geschätzten maximalen Intervall zur nächsten Iteration des Hochfahrens, T_{max}. Die Werte von t_{Hoch} und T_{max} werden als null initialisiert und im Laufe des Hochfahrens entsprechend aktualisiert, was im Folgenden beschrieben ist. Für die Bestimmung der Lastknoten und Erzeuger zum Wiederschalten werden die in Kapitel 6.3.1.1 bzw. 6.3.1.2 thematisierten Algorithmen eingesetzt. Im Hinblick auf den iterativen Algorithmus wird angenommen, dass die t_{3s} der fernbedienbaren Generatoren deutlich geringer als 15 Minuten sind. Deswegen kann von Anfang an vorausgesetzt werden, dass die fernbedienbaren Erzeuger bereits für die erste Iteration verfügbar sind. Die Liste der Verfügbarkeit wird bei jedem Abruf des Algorithmus um den Zustand der der menschlichen Überwachung bedürftigen Erzeuger aktualisiert. Wenn neue Knoten, die zugeschaltet werden können, gefunden werden, (4), wird diese Instanz gespeichert und es wird auf die unerlässlichen Generatoren gewartet, (5). Alle Generatoren sollten das Signal zum Hochfahren gleichzeitig bekommen, es wird aber nur auf die Generatoren gewartet, die vom Algorithmus als notwendig bestimmt wurden, um die Wartezeiten vor der Zuschaltung der Lasten zu minimieren.

Wenn die Generatoren synchronisiert wurden, werden die Lasten zugeschaltet, (6), und die entsprechenden Sollwerte aus der OPF-Berechnung durch die Generatoren implementiert, (7). Die Zuschaltung von Generatoren und Lastknoten ist nur dann sinnvoll, wenn die Netztopologie zwischen diesen Knoten wiederhergestellt ist. Die Lösung des MILP-Problems sowie die des Vergleiches von Lastleistung mit Erzeugungskapazität zeigt nicht die Knoten, die nötig sind, um die Strecke zwischen Erzeuger und Lasten aufbauen zu können. Dazu wird die in Kapitel 6.3.1.1.3 beschriebene Methode verwendet. Dann wird eine kurze Zeit abgewartet (5 s) und die Werte der neu zugeschalteten Lasten werden erfasst, (8). Diese Werte dienen als Peak-Werte des CLPUs für weitere Berechnungen. Als Periode zwischen zwei Iterationen werden 15 Minuten angenommen. Es könnte allerdings dazu kommen, dass die neu zugeschalteten Erzeuger auf 400-V-Ebene die Last dominieren und auch die Regelleistungskapazitäten übersteigen. Deswegen wird hier jedes Mal die maximale Zeit zur nächsten Iteration, T_{max}, geschätzt, (9), was in Kapitel 6.3.1.3.1 näher erklärt ist. Während die Zeit für die nächste Iteration noch nicht abgelaufen ist, (2), wird alle 60 s erneut eine OPF-Berechnung mit fester Frequenz von 50 Hz durchgeführt, sowie in Kapitel 6.3.1.1.1 formuliert wurde, um die neuen Sollwerte für die Generatoren unter sich ändernder Last-Erzeuger-Situation im Teilnetz zu finden, (10). Wenn keine neuen Lastknoten für die Zuschaltung ermittelt werden können, (4), werden alle 60 s neue Sollwerte für die Generatoren mittels OPF berechnet, (11). Die Berechnung unterscheidet sich von Berechnung (10), da die Frequenz hier als Optimierungsvariable angenommen und möglichst nah an 50 Hz gehalten werden soll, wobei ihre Änderungen auch die Einspeisung kleiner Erzeuger beeinflussen. Die Begrenzungen sowie die Zielfunktion sind analog zu den in Kapitel 6.2.1 thematisierten beschrieben und durch (5-47) bis (5-49), (6-4), (6-5), (6-7) und (6-8) definiert. Während dieses Betriebs kann das Signal, in Teilnetzbetrieb überzugehen, kommen, (12), womit das Hochfahren des Teilnetzes unterbrochen wird.

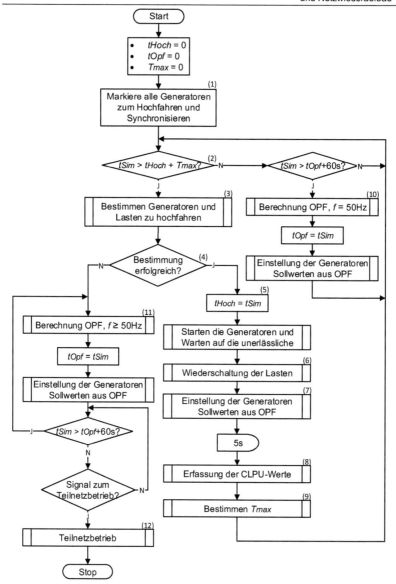

Abbildung 6-13: Ablauf des Hochfahrens des Teilnetzes

6.3.1.3.1 Bestimmung der maximalen Intervalle zwischen zwei nachstehenden Iterationen

Als Zeitschritte zwischen zwei Iterationen des Algorithmus wurden 15 Minuten angenommen. Die in der 400-V-Ebene installierten Erzeugungsanlagen dürfen innerhalb von 11 Minuten nach der Zuschaltung 100 % ihrer Leistung in das Netz einspeisen. Unter Umständen, d. h. wenn die Lasten niedrige Werte aufweisen und die Sonneneinstrahlung stark ist, kann die Einspeisung die Last noch vor dem Ablauf von 15 Minuten übersteigen. Je nach Betriebspunkt der anderen Generatoren kann dies zu Instabilität im Netz führen. Eine Lösung ist es, nach jeder Zuschaltung das maximal mögliche Intervall zur nächsten Iteration der Zuschaltung von Knoten abzuschätzen, um die Frequenz des Teilnetzes nicht über 50,2 Hz erhöhen zu müssen. Die Zuschaltung neuer Knoten wird zunächst die Last erhöhen, womit das Netz belastet wird, was stabilisierend wirken kann, wenn die Einspeisung zu hoch wird. Wenn aber kein neuer Knoten gefunden werden kann, wird die Frequenz erhöht, um die Einspeisung aus PV zu reduzieren. Die Zeit bis zum nächsten Abruf des Algorithmus kann mittels OPF gefunden werden, wenn sie als Optimierungsvariable berücksichtigt wird. Zu diesem Zweck wurden die in den Gleichungen (5-47) bis (5-49) beschriebenen Begrenzungen der kontrollierbaren Erzeuger um die im Folgenden dargestellten Bedingungen erweitert.

Für die Berechnung wurde angenommen, dass die Zuschaltungszeiten der Lasten und PV-Anlagen in einem Knoten unabhängig sind. Dies ist damit begründet, dass die kleinen Erzeugungsanlagen die Spannungsamplitude sowie Frequenz während des Hochfahrens messen sollten. Wenn diese außerhalb des erlaubten Bereichs liegen, wird die Zeittaktung unterbrochen. Diese Grenzverletzung hat aber kaum Einfluss auf die Last, die direkt nach der Zuschaltung aktiv wird. Somit werden als Optimierungsvariablen definiert:

- Wirk- und Blindleistungen der kontrollierbaren Erzeuger – die Erzeuger auf MS-Ebene, Gleichungen (5-47) bis (5-49)
- Die p.u.-Werte der Wirk- und Blindleistungen der am i-ten Knoten auf NS-Ebene installierten Erzeuger, die zugeschaltet aber noch nicht voll aktiviert wurden ($p_{PV,K,i}$ und $q_{PV,K,i}$),
- Wirk- und Blindleistungen der am i-ten Knoten auf NS-Ebene installierten Lasten, die zugeschaltet wurden, aber noch nicht voll eingeschwungen sind ($P_{L,K,i}$ und $Q_{L,K,i}$),
- die zur vollen Aktivierung der am i-ten Knoten auf NS-Ebene installierten und zugeschalteten Erzeuger verbleibenden Zeiten ($t_{PV,K,i}$) sowie
- die zum Einschwung der am i-ten Knoten auf NS-Ebene installierten und zugeschalteten Lasten verbleibenden Zeiten ($t_{L,K,i}$).

Sobald eine nicht steuerbare Anlage die erwartete Zeit und somit ihre maximal mögliche momentane Einspeisung erreicht, werden ihre Wirk- und ihre Blindleistung als konstant in die Lastflussberechnung einbezogen. Die weiteren Begrenzungen sind im Folgenden formuliert.

Es wurde angenommen, dass die normierte Wirkleistungseinspeisung nicht die normierte Einspeisung aus der Referenzanlage übersteigen kann, (6-49). Die Blindleistung der PV-Anlagen muss der Wirkleistung und dem Leistungsfaktor entsprechen, (6-50). Die Wirkleistungseinspeisung soll nach 60 s beginnen und um 10 %/min steigen. Das stellt ein nichtlineares Verhalten dar und konnte daher so nicht in die lineare OPF-Berechnung integriert werden. Dieses Verhalten wurde angenähert, indem angenommen wurde, dass die Steigerung der Einspeisung nicht über 10 Minuten, sondern linear über 11 Minuten verteilt ist, (6-51), siehe Abbildung 6-14b). $t_{An,PV,K,i}$ ist die Zeit, die die Anlage am i-ten Knoten bis zum aktuellen Abruf des Algorithmus bereits angeschlossen war, wobei die Zeiten, in denen die Parameter $|U|$ oder f außerhalb der Grenzen lagen, nicht einbezogen werden. Die angeschlossenen Lasten, die noch CLPU-Verhalten aufweisen, werden aufgrund der Spezifität des verwendeten OPF-Solvers als negative Einspeisung betrachtet. Ihre Werte sollten sich zwischen $P_{L,n}$ und $2 \cdot P_{L,n}$ befinden, (6-52), wobei die $P_{L,n}$ anhand der Messung des CLPUs und der Formel (5-28) für die Zeit $t = 0$ geschätzt wird. Analog dazu muss sich auch die Blindleistung innerhalb der Grenzen befinden, (6-53). Die Last ist, wegen des CLPU-Effekts, von der Zeit nicht linear abhängig. Um die lineare Optimierung durchführen zu können, wird diese Abhängigkeit linearisiert. Der Verlauf wird für den angenommenen maximalen Zeitschritt von 15 Minuten als Gerade dargestellt. Die Wirkleistungswerte, die der Linearisierung dienen, sind die zum aktuellen Zeitpunkt geschätzte Last und der Wert, der der CLPU-Kurve zufolge in 15 Minuten zu erwarten ist. Die Koeffizienten der so gefundenen Gerade, siehe Abbildung 6-14a), definieren die lineare Abhängigkeit zwischen der Last und der Zeit, entsprechend der Gleichung (6-54). Das gleiche gilt für die Blindleistung, siehe Abbildung 6-14b) und die Gleichung (6-55).

Weiterhin darf die Zeit der Steigerung der PV-Einspeisung nicht 11 Minuten, inklusive der bereits abgelaufenen Zeit, überschreiten, (6-56). Obwohl die Zeiten der Zuschaltung als getrennte Variablen betrachtet werden, sind sie nicht komplett voneinander unabhängig. Die PV-Anlagen und analog dazu auch Lasten werden vor der OPF-Formulierung nach der Zeit, die bereits seit der Zuschaltung abgelaufen ist, steigend sortiert, sodass die verbleibende Zeit $t_{PV,K,iSort}$ nicht kleiner als $t_{PV,K,iSort+1}$ sein kann. Auch die Differenz zwischen $t_{PV,K,iSort}$ und $t_{PV,K,iSort+1}$ kann sich nicht verkleinern, (6-57). $\Delta T_{PV,iSort}$ ist der Zeitunterschied zwischen dem Anschalten der $iSort$-ten und $iSort$+1-ten Generatoren.

Die Ungleichungen (6-58) und (6-59) stellen entsprechende Bedingungen für die mit den Lasten verbundenen Zeiten. Die längste verbleibende Zeit t darf das maximale Intervall von 15 Minuten nicht überschreiten. Diese Zeit wird einem Generator oder einer Last zugeordnet, der bzw. die als letzte angeschlossen wurde und nach der Sortierung den Index 1 hat, (6-60).

$$0 \leq p_{PV,K,i} \leq p_{refLim} \tag{6-49}$$

$$q_{PV,K,i} = tg\varphi_{K,i} \cdot p_{PV,K,i} \tag{6-50}$$

$$\frac{10}{11} \cdot 0.1 \frac{1}{min} \cdot \left(t_{An,PV,K,i} + t_{PV,K,i}\right) = p_{PV,K,i} \tag{6-51}$$

$$-2 \cdot P_{L,n,K,i} \leq P_{L,K,i} \leq -P_{L,n,K,i} \tag{6-52}$$

$$-2 \cdot Q_{L,n,K,i} \leq Q_{L,n,K,i} \leq -Q_{L,n,K,i} \tag{6-53}$$

$$a_{P,K,i} \cdot \left(t_{An,L,K,i} + t_{L,K,i}\right) + b_{P,K,i} = P_{L,K,i} \tag{6-54}$$

$$a_{Q,K,i} \cdot \left(t_{An,L,K,i} + t_{L,K,i}\right) + b_{Q,K,i} = Q_{L,K,i} \tag{6-55}$$

$$0 \leq t_{PV,K,i} \leq 11 \, min - t_{An,PV,K,i} \tag{6-56}$$

$$0 \leq t_{PV,K,iSort} - t_{PV,K,iSort+1} \leq \Delta T_{PV,iSort} \tag{6-57}$$

$$0 \leq t_{L,K,i} \leq 60 \, min - t_{An,L,K,i} \tag{6-58}$$

$$0 \leq t_{L,K,iSort} - t_{L,K,iSort+1} \leq \Delta T_{L,iSort} \tag{6-59}$$

$$0 \leq t_{X,K,iSort} \leq 15 \, min, \quad iSort = 1, X \in \{L, PV\} \tag{6-60}$$

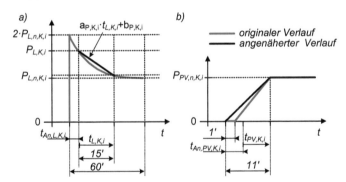

Abbildung 6-14: Originale und angenäherte Verläufe der Leistung nach Wiederzuschaltung,
wobei die Verhältnismäßigkeit nicht gewahrt ist: a) Last; b) PV-Anlagen [36]

Die Zielfunktion, die maximiert werden soll, ist durch (6-61) dargestellt.

$$\max f(t) = \sum \frac{t_{PV,K,i}}{t_{PV,K,i,max}} + \sum \frac{t_{L,K,i}}{t_{L,K,i,max}} \tag{6-61}$$

Die Summe der Zeiten wird dabei maximiert, was der Maximierung des Zeitabstands bis zum nächsten Abruf des Algorithmus entspricht. Weil die Zeiten der Anlagen generell unterschiedlich sein können, ist es sinnvoll, normierte Werte zu nutzen. Jede Zeit wird mit ihrem bei aktuellem Abruf des Algorithmus maximal möglichen Wert normiert. Wenn eine PV-Anlage z. B. bereits vor 4 Minuten angeschlossen wurde, ist $t_{An,PV,K,i}$ = 4 min und $t_{PV,K,i,max}$ = 11 − 4 = 7 min. Bei der Bestimmung der Zeiten bezüglich der Lasten ist zu berücksichtigen, dass die maximale Zeit unterhalb von 15 Minuten bleiben muss. Deshalb ist $t_{L,K,i,max}$ = 15 min, wenn eine Last seit 4 Minuten angeschaltet ist. Bei z. B. 54 Minuten beträgt die Zeit $t_{L,K,i,max}$ = 60 − 54 = 6 min.

Der OPF soll den Satz an Maximalzeiten, bei denen der Lastfluss noch konvergiert, liefern. Die Zeiten zeigen indirekt den gesuchten Wert vom maximalen Intervall zum nächsten Abruf. Wenn alle Werte ihre erwarteten Maxima erreichen, sollen 15 Minuten als Intervall angenommen werden. Wenn wenigstens eine Zeit kleiner als ihr erwartetes Maximum wird, muss die kleinste dieser als Intervall herangezogen werden.

6.3.2 Simulation des Hochfahrens des Teilnetzes

Um die Effektivität der Algorithmen für das Hochfahren des Teilnetzes vergleichen zu können, wurden die Simulationen für die jeweilige Last-Erzeugung-Variante nach Tabelle 6-4 simuliert. Die verwendete Simulationsumgebung wurde in Kapitel 5.3 beschrieben, wobei insbesondere die Modellierung des elektrischen Systems (siehe Kapitel 5.3.5) relevant ist. Weil in der Arbeit angenommen wurde, dass nur die BHKW-Anlage netzbildend betrieben werden kann, wurde als Ausgangspunkt für die erste Iteration bei allen Varianten der Knoten 1 unter Spannung gesetzt.

Die Ergebnisse sind in den nachfolgenden Abbildungen dargestellt. Diese Abbildungen sind paarweise für jede Simulationsvariante und jeden Algorithmus zu analysieren. Die erste Abbildung veranschaulicht die Platzierung der unter Spannung gesetzten Knoten und Anlagen. Die zweite zeigt die Übersicht über die wichtigsten Verläufe.

Die Abbildung 6-15 und Abbildung 6-16 zeigen die Ergebnisse der Simulation von Variante 1 und das Hochfahren anhand des MILP-basierten Algorithmus. Wegen hoher verfügbarer Erzeugung im Teilnetz wurde der Prozess innerhalb von zwei Iterationen abgeschlossen, jedoch ohne die Last an Knoten 12 zuzuschalten, da diese mit CLPU die PR-Möglichkeiten überschreitet, siehe Tabelle E-3. Gegen t = 1690 s ergab die Berechnung den Wert P_{soll} des BHKW kleiner als 15 % S_n. Um den Verlust der netzbildenden Einheit zu vermeiden, wurde der OPF mit der Frequenz als Optimierungsvariable und geänderter Zielfunktion berechnet, (11) in Abbildung 6-13. Die Zielfunktion versucht, den Betriebspunkt von 50 % der S_n zu erreichen, was sich durch die Sprünge in Abbildung 6-16 manifestiert. Mithilfe des iterativen Algorithmus wurde das Hochfahren ebenfalls innerhalb von zwei Iterationen abgeschlossen (siehe Abbildung 6-17). Hierbei wurden jedoch fünf Lastknoten bei der zweiten Iteration zugeschaltet.

Bei Variante 2 sind die PV-Anlagen nicht verfügbar, weshalb nur die BHKWs und BSS genutzt werden können (siehe Abbildung 6-19 und Abbildung 6-21). Im Endeffekt wurden bei beiden Algorithmen die gleichen Lastknoten zugeschaltet wie bei Variante 1, jedoch hat der MILP-basierte Algorithmus vier Iterationen und der iterative sogar fünf Iterationen dazu gebraucht. Im Gegensatz zu Variante 1 musste der Batteriespeicher im Generatorbetrieb arbeiten (siehe Abbildung 6-20 und Abbildung 6-22).

Der MILP-basierte Algorithmus ist auch bei Variante 3 schneller als der iterative und brauchte nur zwei Iterationen, um alle Lasten, außer den Knoten 12, zuzuschalten. Die kleinere verfügbare Erzeugung ist insofern sichtbar, als bei der zweiten Iteration mehr

Lasten als bei Variante 1 zugeschaltet werden mussten (siehe Abbildung 6-23). Der Versuch der dritten Iteration ist wegen zu hoher Last an Knoten 12 nicht erfolgt, weshalb die OPF-Berechnung mit der Frequenz als Optimierungsvariable durchgeführt wurde, (11) in Abbildung 6-13. Die Zielfunktion versucht dabei, den Betriebspunkt des BHKWs an 50 % anzunähern. Ähnlich wie bei Variante 1 ist dies anhand der sprunghaften Änderungen der Verläufe in Abbildung 6-24 zu sehen. Der iterative Algorithmus ergab eine Iteration mehr (siehe Abbildung 6-25), allerdings wurde bei der Iteration nur eine Last, die kleinste im ganzen Teilnetz, zugeschaltet.

Bei beiden simulierten Algorithmen kam es zum Leistungsüberschuss im Teilnetz, weswegen das BSS schon ab der ersten Iteration im Lastmodus betrieben wurde, obwohl die PV-Anlagen an den Knoten 5 und 9 zu null geregelt wurden. Die Simulationen bestätigen die Notwendigkeit der Installation von Speichersystemen in zukünftigen Netzen.

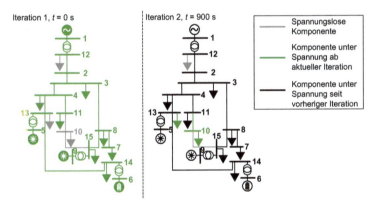

Abbildung 6-15: Reihenfolge der Zuschaltung nach MILP-Algorithmus bei Last-Erzeugung-Variante 1

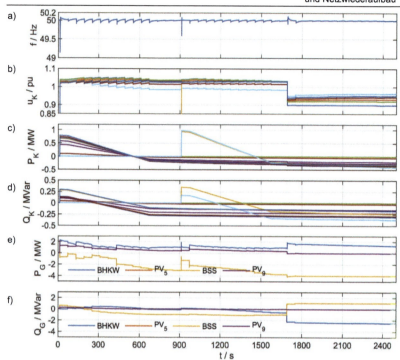

Abbildung 6-16: Zeitliche Verläufe während des Hochfahrens des Teilnetzes nach MILP-
Algorithmus bei Last-Erzeugung-Variante 1: a) Frequenz; b) Knotenspannun-
gen; c) MS/NS-Knotenblindleistungen; d) MS/NS-Knotenwirkleistungen; e)
Wirkleistungseinspeisung der MS-Generatoren; f) Blindleistungseinspeisung der
MS-Generatoren

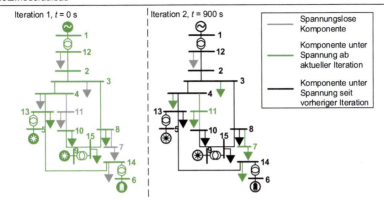

Abbildung 6-17: Reihenfolge der Zuschaltung nach iterativem Algorithmus bei Last-Erzeugung-Variante 1

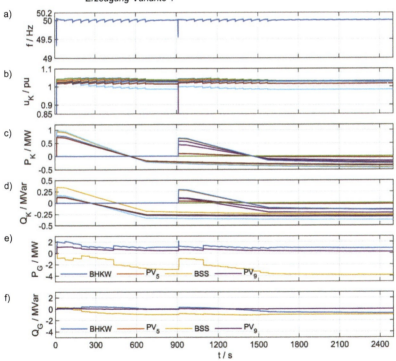

Abbildung 6-18: Zeitliche Verläufe während des Hochfahrens des Teilnetzes nach iterativem Algorithmus bei Last-Erzeugung-Variante 1: a) Frequenz; b) Knoten-spannungen; c) MS/NS-Knotenblindleistungen; d) MS/NS-Knotenwirkleistungen; e) Wirkleistungseinspeisung der MS-Generatoren; f) Blindleistungseinspeisung der MS-Generatoren

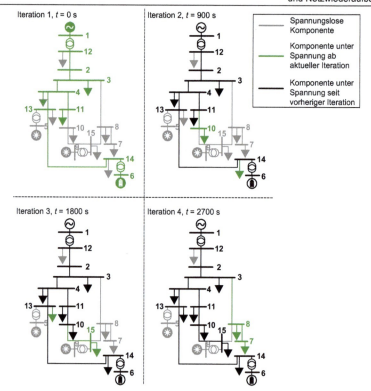

Abbildung 6-19: Reihenfolge der Zuschaltung nach MILP-Algorithmus bei Last-Erzeugung-Variante 2

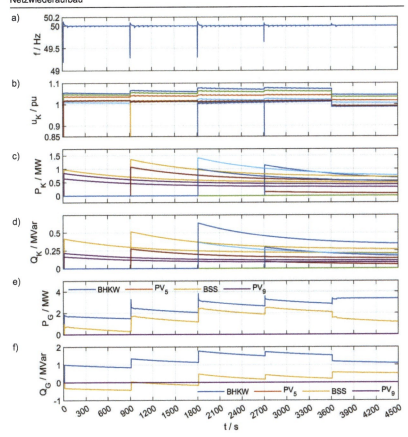

Abbildung 6-20: Zeitliche Verläufe während des Hochfahrens des Teilnetzes nach MILP-
Algorithmus bei Last-Erzeugung-Variante 2: a) Frequenz; b) Knoten-
spannungen; c) MS/NS-Knotenblindleistungen; d) MS/NS-
Knotenwirkleistungen; e) Wirkleistungseinspeisung der MS-Generatoren; f)
Blindleistungseinspeisung der MS-Generatoren

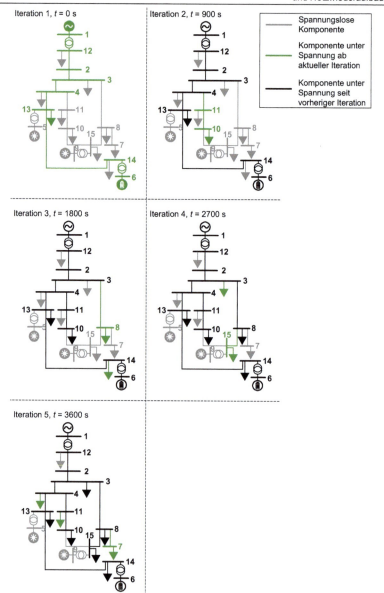

Abbildung 6-21: Reihenfolge der Zuschaltung nach iterativem Algorithmus bei Last-Erzeugung-Variante 2

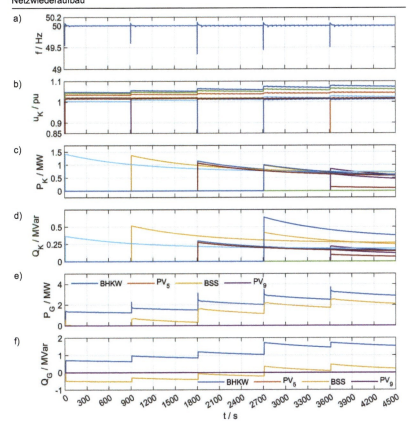

Abbildung 6-22: Zeitliche Verläufe während des Hochfahrens des Teilnetzes nach iterativem
Algorithmus bei Last-Erzeugung-Variante 2: a) Frequenz; b) Knoten-
spannungen; c) MS/NS-Knotenblindleistungen; d) MS/NS-
Knotenwirkleistungen; e) Wirkleistungseinspeisung der MS-Generatoren; f)
Blindleistungseinspeisung der MS-Generatoren

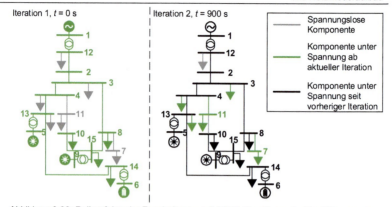

Abbildung 6-23: Reihenfolge der Zuschaltung nach MILP-Algorithmus bei Last-Erzeugung-
Variante 3

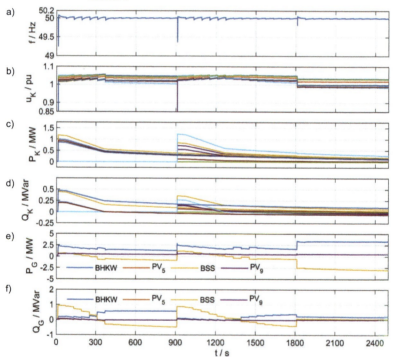

Abbildung 6-24: Zeitliche Verläufe während des Hochfahrens des Teilnetzes nach MILP-
Algorithmus bei Last-Erzeugung-Variante 3: a) Frequenz; b) Knotenspannungen; c) MS/NS-Knotenblindleistungen; d) MS/NS-Knotenwirk-
leistungen; e) Wirkleistungseinspeisung der MS-Generatoren; f) Blindleistungseinspeisung der MS-Generatoren

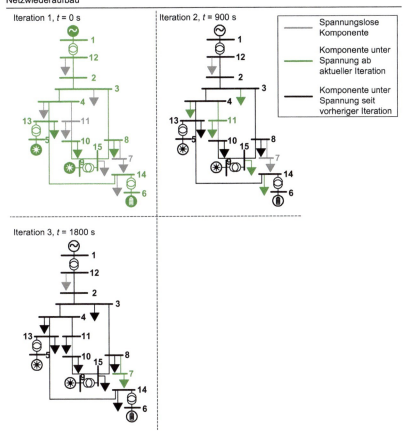

Abbildung 6-25: Reihenfolge der Zuschaltung nach iterativem-Algorithmus bei Last-Erzeugung-Variante 3

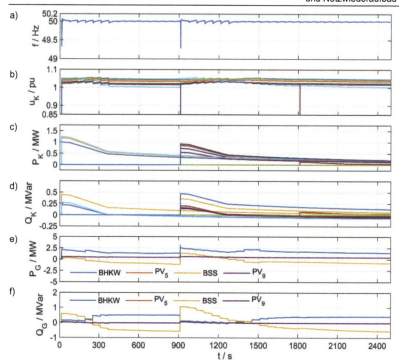

*Abbildung 6-26: Zeitliche Verläufe während des Hochfahrens des Teilnetzes nach iterativem
Algorithmus bei Last-Erzeugung-Variante 3: a) Frequenz; b) Knoten-
spannungen; c) MS/NS-Knotenblindleistungen; d) MS/NS-
Knotenwirkleistungen; e) Wirkleistungseinspeisung der MS-Generatoren; f)
Blindleistungseinspeisung der MS-Generatoren*

6.3.3 Zwischenfazit

Die qualitative Betrachtung der Abbildung 6-15 bis Abbildung 6-26 bestätigt die Erwar-
tungen und zeigt, dass unabhängig vom Algorithmus weniger Iterationen nötig sind,
wenn mehr Erzeugung im Netz vorhanden ist. Die Last im Knoten 12 war bei allen
Varianten zu hoch, um zugeschaltet zu werden, obwohl die Schaltanlage unter Spannung gesetzt wurde, damit weitere Knoten nicht spannungslos blieben. Diese Last
musste auf die Spannungsrückkehr im überlagerten Netz warten. Nur bei Variante 1
haben beide Algorithmen die gleiche Anzahl an Iterationen (zwei) simuliert, wobei die
Reihenfolge der Zuschaltung unterschiedlich war. In keinem Fall, insbesondere nicht
bei Variante 1, bei der die Erzeugung deutlich dominiert hat, musste eine Iteration
früher als nach 15 Minuten berechnet werden. Bei beiden Methoden wurden die Fre-
quenz- und die Spannungsgrenze nicht verletzt. Um den Unterschied zwischen beiden
Algorithmen qualitativ bewerten zu können, wurde die nichtgelieferte Energie nach

(6-10) betrachtet. Die Energie wurde ohne die Lasten, die von beiden Algorithmen nicht zugeschaltet wurden, berechnet, weil diese keinen Einfluss auf den Vergleich haben. Hierbei handelt es sich um die Last am Knoten 12. Die Periode der Integration wurde bis zur ersten Iteration, die keine Schaltung gefunden hat, gemessen. Die Knotenleistungen, die bei den Simulationen sowie den nachfolgenden Berechnungen verwendet wurden, sind in Anhang D zusammengefasst. Der direkte Vergleich zwischen beiden Algorithmen bezüglich der drei Simulationsvarianten 1, 2 und 3 ist durch die entsprechenden Gleichungspaare dargestellt, (6-62) und (6-63), (6-64) und (6-65), (6-66) und (6-67). In der Gleichungen bezeichnet die Tiefstellung ‚Milp' den MILP-Algorithmus und ‚Iter' den iterativen Algorithmus.

$$W_{Milp,V1}^{-} = \left(P_{L,10} + P_{L,13}\right) \cdot 15\ min = 0{,}2419\ MWh \qquad (6\text{-}62)$$

$$\begin{aligned} W_{Iter,V1}^{-} &= \left(P_{L,3} + P_{L,4} + P_{L,7} + P_{L,11} + P_{L,14}\right) \cdot 15\ min \\ &= 0{,}4363\ MWh \end{aligned} \qquad (6\text{-}63)$$

$$\begin{aligned} W_{Milp,V2}^{-} &= \left(P_{L,7} + P_{L,8}\right) \cdot 45\ min + \left(P_{L,13} + P_{L,15}\right) \cdot 30\ min \\ &+ \left(P_{L,10} + P_{L,14}\right) \cdot 15\ min = 0{,}9690\ MWh \end{aligned} \qquad (6\text{-}64)$$

$$\begin{aligned} W_{Iter,V2}^{-} &= \left(P_{L,4} + P_{L,7} + P_{L,11}\right) \cdot 60\ min + \left(P_{L,3} + P_{L,15}\right) \cdot 45\ min + \\ &\left(P_{L,8} + P_{L,14}\right) \cdot 30\ min + P_{L,10} \cdot 15\ min = 1{,}5869\ MWh \end{aligned} \qquad (6\text{-}65)$$

$$\begin{aligned} W_{Milp,V3}^{-} &= \left(P_{L,3} + P_{L,4} + P_{L,7} + P_{L,11} + P_{L,13}\right) \cdot 15\ min \\ &= 0{,}3501\ MWh \end{aligned} \qquad (6\text{-}66)$$

$$\begin{aligned} W_{Iter,V3}^{-} &= P_{L,7} \cdot 30\ min + \left(P_{L,3} + P_{L,4} + P_{L,11} + P_{L,14} + P_{L,15}\right) \\ &\cdot 15\ min = 0{,}4197\ MWh \end{aligned} \qquad (6\text{-}67)$$

Es hat sich gezeigt, dass der MILP-basierte Algorithmus bei jeder Simulationsvariante effektiver ist. Das Hochfahren dauerte nie länger als bei der iterativen Version und die nicht gelieferte Energie war immer kleiner. Darüber hinaus kann festgestellt werden, dass der MILP-basierte Algorithmus mehr Energie bei Variante 3 geliefert hat als der iterative Algorithmus bei Variante 1, obwohl bei Variante 3 weniger Erzeugung zur Verfügung stand. Weiterhin wurden die Simulationen mit dem iterativen Algorithmus mit einem optimalen $f_{dynStat}$-Faktor durchgeführt, der anhand der Modelldynamik ermittelt wurde. Wenn das Modell bekannt ist, kann auch die MILP-basierte Optimierung angewendet werden. Wenn das Modell hingegen unbekannt ist, muss der Faktor konservativer angenommen werden, weshalb die Unterschiede bezüglich der nichtgelieferten Energie weiter steigen werden.

Zusammenfassend lässt sich sagen, dass die beiden Algorithmen ähnliche Ergebnisse liefern, wobei der MILP-basierte zwar effektiver ist, allerdings auch mehr Anlagenparameter erfordert. Bei den Simulationen wurde angenommen, dass die Messungen der

Lastknoten verfügbar sind. Dies muss allerdings nicht der Fall sein, was großen Einfluss auf die Parametrierung der Optimierungen haben kann und deshalb weiter untersucht werden sollte.

6.4 Kontrollierte Resynchronisation des Teilnetzes

Wenn sich das Teilnetz im stabilen Betrieb befindet, entscheidet der Netzbetreiber über die Resynchronisation. Das Teilnetz kann mit dem überlagerten Netz in zwei Hauptszenarien wieder gekoppelt werden: Das erste Hauptszenario findet statt, wenn der Fehler im Hochspannungsnetz behoben wurde und der NWA fortgeschritten ist. Im zweiten Szenario liegt lediglich ein schwaches Hochspannungsnetz vor, das erst am Anfang des NWAs ist und eine erhebliche Regelleistung benötigt. In beiden Fällen ist eine sanfte Wiederzuschaltung des HS/MS-Leistungsschalters erwünscht. Die im Folgenden beschriebene MAS basierte Strategie soll das ermöglichen.

6.4.1 Bedingungen vor der Resynchronisation

Die Resynchronisation des Teilnetzes mit dem HS-Netz kann während unterschiedlicher Phasen des NWAs des gesamten Systems initiiert werden. Wenn der NWA bereits fortgeschritten ist, kann angenommen werden, dass das HS-Netz deutlich größer als das Teilnetz ist und die Kopplung nur kleine Transienten verursacht. Diese Situation wurde simuliert, indem das Teilnetz an eine ideale, steuerbare Spannungsquelle über einen HS/MS-Transformator wiedergeschaltet wurde.

Wenn sich der NWA dagegen erst in der Anfangsphase befindet, können die dynamischen Vorgänge gefährlicher für die Stabilität des Systems sein. Dies wurde mithilfe des in Kapitel 5.1.7 beschriebenen Modells des WKWs, dessen Parameter in Anhang A zusammengefasst sind, modelliert. Es wurde angenommen, dass der Resynchronisationsprozess bei einem stabilen Teilnetzzustand startet (siehe Abbildung 4-3). Wie bereits in den Kapiteln 6.2 und 6.3 erklärt wurde, kann der Teilnetzbetrieb nach der Teilnetzbildung oder dem Hochfahren des Teilnetzes je nach Last-Erzeugung-Situation auch mit Frequenzen höher als 50 Hz stattfinden, was zum Synchronisieren mit anderen Netzen problematisch sein könnte. Die Lösung des Problems ist in Kapitel 6.4.2 beschrieben. Die Last-Erzeugung-Situation wird durch Variante 1-3 definiert (siehe Kapitel 6.1.1). Weil sich der Ablauf bei Variante 3 nicht essenziell von dem bei Variante 2 unterscheidet, wird sie nicht berücksichtigt. Einen zusätzlichen Freiheitsgrad stellt die Möglichkeit der Anforderung des Leistungsflusses über den HS/MS-Transformator dar. Die Implementierung dieses Betriebspunkts soll durch den Switch-Agent, je nach im Teilnetz verfügbaren Flexibilitäten, durchgeführt und überwacht werden.

Die steuerbaren Erzeuger, die auf MS-Ebene installiert sind, arbeiten, bis auf das BHKW, netzstützend. Das BHKW wird als netzbildende Einheit betrieben. In Variante 1, d. h. wenn die PV-Anlagen verfügbar sind, arbeiten die Einheiten in der NS-Ebene mit festem $\cos\varphi = 0{,}9$.

6.4.2 Ablauf der Resynchronisation

Wenn entschieden wurde, dass das Teilnetz wieder mit dem HS-Netz gekoppelt werden soll, soll der Prozess mithilfe von Agenten automatisiert werden. Den vereinfachten Ablauf zeigt Abbildung 6-27. Zur besseren Übersicht ist die Kontrolle des Erreichens der Sollwerte innerhalb von vorgegebener Zeit durch die Frequenz und Spannung nicht dargestellt. Es muss berücksichtigt werden, dass die Frequenz wegen hoher Einspeisung aus den nicht steuerbaren Anlagen, die in der 400-V-Ebene installiert sind, mehr als 50 Hz im Teilnetz betragen kann (siehe Kapitel 6.2.1). Deswegen wurden Berechnungen des OPFs durchgeführt, (1). Der OPF wurde wie in Kapitel 6.2.1 formuliert. Es sollte geprüft werden, ob das Teilnetz mit der Frequenz von 50,2 Hz einen Betriebspunkt finden kann. Bei diesem Frequenzwert speisen alle nicht steuerbaren Erzeugungsanlagen ihre aktuell maximal mögliche Leistung ein.

Wenn der Betriebspunkt gefunden wurde, (2), wurden die ermittelten Sollwerte den steuerbaren Generatoren kommuniziert, (3). Alternativ wurde, wenn der OPF mit maximaler Einspeisung aus PV-Anlagen nicht konvergierte, dieser erneut berechnet, allerdings mit der Annahme, dass die kleinen Erzeugungsanlagen nicht vorhanden sind, (10). Die berechneten Sollwerte wurden kommuniziert und für die Sollfrequenz wurde der Wert 51,35 Hz festgesetzt, (11). Wenn die gemessene Frequenz länger als 3 s oberhalb der Grenze blieb, (12), wurde im nächsten Schritt der Sollwert auf 52 Hz erhöht, (13), damit sich alle nicht steuerbaren Anlagen vom Netz trennen. Die Frequenzerhöhung erfolgte in zwei Schritten, um kleinere Transienten nach der Abschaltung zu verursachen.

Wenn sich die Frequenz über 52 Hz für länger als 3 s stabilisiert, (14), müssen die kleinen PV-Anlagen mindestens 60 s abwarten, bevor sie sich erneut zuschalten (siehe Kapitel 5.1.5.2). Dann kann die Sollfrequenz auf 50,085 Hz reduziert werden, (4). Die Frequenz sollte nah an 50,00 Hz liegen, allerdings muss, um den Spannungswinkel auf beiden Seiten des HS/MS-Leistungsschalters zu minimieren, eine Frequenzdifferenz entstehen. Die Zuschaltbedingungen erlauben Frequenzunterschied auf beiden Seiten des Schalters bis zu 100 mHz [8]. Ab diesem Punkt wurde die Spannungsdifferenz beobachtet, (5). Wenn diese nach 15 s nicht unter 0,1 p.u. lag, wurden die Sollwerte erneut mittels OPF berechnet. Wenn die Spannung auf beiden Schalterseiten das Kriterium erfüllte, wurde die Frequenzabweichung beobachtet, (6). Ähnlich zur Spannungsdifferenz wurden die Sollwerte erneut berechnet, wenn die Frequenz nach 10 s nicht angepasst wurde, um die weitere Frequenzanpassung zu ermöglichen. Wenn die Frequenz sich in einem akzeptablen Bereich befand, wurde das Signal an den lokalen Regler des Leistungsschalters gesendet, um zu schließen, wenn die Differenz der Spannungswinkel auf beiden Seiten des Leistungsschalters kleiner als 10° ist, (7). Wenn der Leistungsschalter erfolgreich geschlossen wurde, wurde der Fluss überwacht und gesteuert, (9), was in Kapitel 6.4.2.1 beschrieben ist.

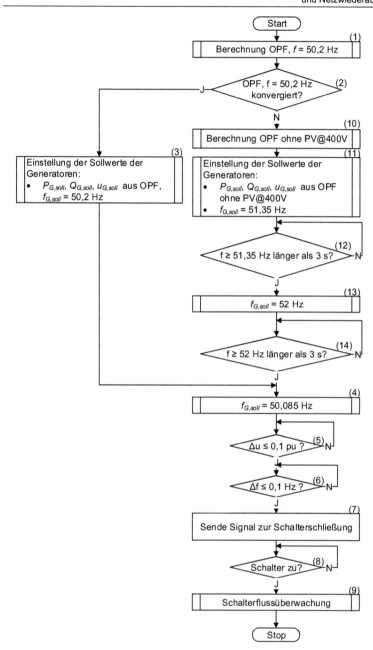

Abbildung 6-27: Ablauf der Resynchronisation des Teilnetzes mit dem HS-Netz

6.4.2.1 Leistungsschalterflussüberwachung

Typischerweise wird der Leistungsaustausch nach der Zuschaltung von Teilnetzen nur grob beeinflusst. Im Rahmen dieser Arbeit sollte dies präziser durchgeführt werden. Der Ablauf dieses Prozesses ist in Abbildung 6-28 dargestellt.

Zu Beginn jeder Iteration wurde geprüft, ob schon der normale Zustand im System herrscht und die Anlagen wieder entsprechend ihren individuellen Zielfunktionen betrieben werden können, (1). War das nicht der Fall, wurden die vom Netzbetreiber gewünschten Werte des Leistungsflusses eingelesen, (2). Alle 60 s, angefangen bei der Resynchronisationszeit t_{Res} = 0 s, (3), wurde die aktuelle Flexibilitätsfläche bestimmt, (4), um zu prüfen, ob die gewünschten Werte einen gültigen Betriebspunkt darstellen, (5). Die Flexibilitätsfläche beschreibt alle möglichen P- und Q-Flüsse an dem HS/MS-Transformator, unter Berücksichtigung der aktuellen Betriebspunkte der Erzeuger, Lasten und Begrenzungen (siehe Kapitel 6.4.2.2). Wenn die gewünschten Punkte erlaubt waren, wurden sie als Sollwerte angenommen, (6), ansonsten wurden die nächsten ermittelt, (7), siehe Kapitel 6.4.2.2. Es wurde ein OPF berechnet, um die Sollwerte der steuerbaren Anlagen zu finden, die den PQ-Punkt am Transformator realisieren, (8). Das OPF-Problem wurde, wie oben, anhand der Gleichungen (5-47) bis (5-49), (6-68) und (6-69) mit der Zielfunktion (6-3) formuliert.

$$\begin{cases} u_{HS,mess} - 0{,}01 \leq u_{HS} \leq u_{HS,mess} + 0{,}01 \\ 0{,}9 \leq u_i \leq 1{,}1 \, , i \neq HS \end{cases} \tag{6-68}$$

$$\begin{cases} -0{,}2 \, MW \leq P_{HS/MS} - P_{HS/MS,soll} \leq 0{,}2 \, MW \\ -0{,}2 \, MVar \leq Q_{HS/MS} - Q_{HS/MS,soll} \leq 0{,}2 \, MVar \end{cases} \tag{6-69}$$

Die Sollwerte wurden dann an den Erzeuger gesendet, (9). Allerdings wurden die OPF-Berechnungen anhand Modelle, die notwendigerweise bestimmte Vereinfachungen treffen müssen, durchgeführt. So wurden z. B. die Lasten als Konstante PQ angenommen, was in einem echten System nicht so gehandhabt wird. Es ist aber praktisch nicht machbar, perfekte Modelle zu erstellen. Deswegen wurde ein korrektives Verhalten des Reglers umgesetzt. Alle 10 s, außer zur vollen Minute, wurde die Abweichung des Leistungsflusses gemessen, (10), und anhand des reduzierten Netzmodells zwischen den steuerbaren Erzeugern verteilt, (11), siehe Abbildung 6-28. Das korrektive Verhalten kann mit einem diskreten I-Regler verglichen werden, allerdings wurden die Begrenzungen der Generatoren bereits bei der Sollwertermittlung berücksichtigt, wodurch auch Sättigungen vermieden wurden. Die Zeitkonstante von 10 s wurde größer als andere im System angenommen, um sicherzustellen, dass die lokalen Regler ihre Regelung abgeschlossen haben, bevor die neuen Einstellungen berechnet werden.

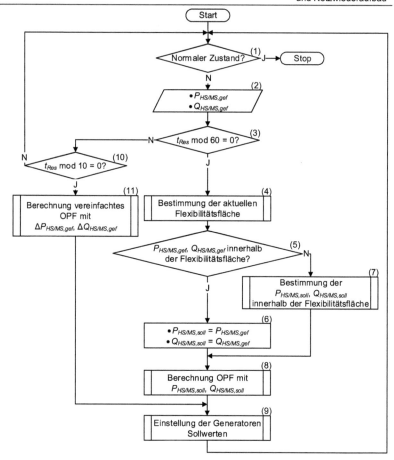

Abbildung 6-28: Ablauf der Steuerung des Leistungsflusses über den HS/MS-Leistungsschalter

6.4.2.2 Ermittlung des Betriebspunkts nach der Resynchronisation

In herkömmlichen Strategien des NWAs werden Verteilnetze als Last betrachtet und ohne weiteres am übergelagerten Netz geschaltet. Die Anforderung dafür ist, dass im Netz genug Regelleistung vorhanden ist, um den CLPU-Effekt ausregeln zu können. Mit aktiven Verteilnetzen, die vor der Resynchronisation als Teilnetze betrieben werden, ändern sich die Bedingungen. Aktive Verteilnetze können aufgrund der installierten Flexibilität und der entsprechenden Koordination in mehreren Quadranten der PQ-Ebene betrieben werden, also Leistung nicht nur beziehen, sondern auch liefern. Diese Eigenschaft kann der Netzbetreiber zum Vorteil des NWAs nutzen. Wenn die erreichbaren Betriebspunkte des Teilnetzes am Verknüpfungspunkt bekannt sind, kann der Netzbetreiber den Betrieb des gesamten Netzes besser stabilisieren.

Da das Teilnetz keine Kupferplatte ist, sondern durch die Grenze der Betriebsmittel beschränkt wird, ist die Bestimmung der Flexibilität nicht trivial und wird intensiv erforscht [149], [150]. In [149] ist ein Algorithmus vorgeschlagen, der die PQ-Flexibilitätsfläche, unter Berücksichtigung der Grenzen von Betriebsmitteln, bestimmen kann. In [150] wurde der Algorithmus mithilfe der Linearisierung der Netzberechnung hinsichtlich der Berechnungszeit weiterentwickelt, sodass er im operativen Betrieb eingesetzt werden kann. Die PQ-Flexibilitätsfläche (siehe Abbildung 6-29) zeigt die Charakteristik möglicher Betriebspunkte des ausgewählten Knotens, z. B. eines Transformators, die den Netzbetreibern zur Auswahl stehen.

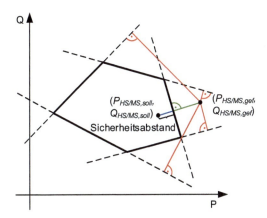

Abbildung 6-29: PQ-Flexibilitätsfläche am 110/20-kV-Verknüpfungspunkt

Die jeweiligen Punkte innerhalb der gezeichneten Grenzen sind als mögliche Änderungen des Leistungsflusses über den 110/20-kV-Transformator zu interpretieren. Zur Berechnung des Polygons wurden die Spannungsgrenzen des Teilnetzes, die derzeitigen Betriebspunkte der aggregierten Knoten 20/0,4 kV sowie der 20-kV-Anlagen und deren linearisierte Grenzen, (5-47) bis (5-49), verwendet. Es musste jedoch berücksichtigt werden, dass die Grenzen sich mit der Zeit ändern, insbesondere dann, wenn in der 400-V-Ebene Erzeugungsanlagen vor der Resynchronisation abgeschaltet wurden und mit dem Gradienten von 10 %/min wieder hochfahren sollen. Darüber hinaus muss der Netzbetreiber keinen konkreten Punkt nennen, sondern lediglich eine Tendenz, z. B. das Beziehen der maximal möglichen Last, d. h. $P_{HS/MS,gef} \to \infty$, $Q_{HS/MS,gef} \to \infty$.

Aus diesen Gründen wurden die Punkte bei jeder Iteration auf Erreichbarkeit geprüft. Es wurde die Fläche des Polygons berechnet, das durch die ursprünglichen Scheitelpunkte der PQ-Flexibilitätsfläche geformt ist. Diese Fläche wurde mit der Fläche des Polygons verglichen, das den gewünschten PQ-Betriebspunkt als zusätzlichen Scheitel hat. Wenn die Fläche mit dem zusätzlichen Scheitel kleiner ist, bedeutet dies, dass der Betriebspunkt innerhalb der ursprünglichen Fläche liegt. Die Fläche wurde mittels der Matlab-Funktion ,*area*' berechnet [151].

Wenn der gewünschte Punkt sich außerhalb der Grenzen befand, wurde der nächste erlaubte Ersatzpunkt wie folgt ermittelt: Es wurde der Abstand zu allen Seiten des Polygons berechnet. Wenn die Projektion des gewünschten Punktes auf einer Seite außerhalb dieser lag, wurde sie nicht in Betracht gezogen (rot markierte Abstände in Abbildung 6-29). Von den restlichen Abständen wurde der kleinste gewählt (in der Abbildung grün markiert). Der Ersatzpunkt ($P_{HS/MS,soll}$, $Q_{HS/MS,soll}$) wurde entlang der Gerade, die den gewünschten Punkt und dessen betrachtete Projektion beinhaltet, mit der Distanz des Sicherheitsabstands von der Grenze gewählt. Der Sicherheitsabstand (der blaue Abschnitt in Abbildung 6-29) wurde eingesetzt, um numerische Probleme bei weiteren Berechnungen zu minimieren.

Die Autoren in [149] und [150] präsentieren die Methodik zur Aggregation der Flexibilität der einzelnen Anlagen, definieren aber keine Desaggregationsmethode. Damit der gewählte Punkt tatsächlich erreicht werden kann, müssen die steuerbaren Anlagen dedizierte Sollwerte bekommen und implementieren. Die Sollwerte wurden in dieser Arbeit anhand des OPFs, wie bereits in Kapitel 6.4.2.1 erklärt, ermittelt.

Wie allerdings bereits erwähnt wurde, kann sich der Leistungsfluss über den HS/MS-Leistungsschalter wegen nicht exakter Lastnachbildung bzw. zeitlicher Änderungen von den Sollwerten unterscheiden. Das Problem wurde umgegangen, indem die Abweichungen $\Delta P_{HS/MS}$ und $\Delta Q_{HS/MS}$ zwischen den steuerbaren Generatoren auf MS-Ebene iterativ mittels eines weiteren OPFs verteilt wurden. Für die Berechnung wurde ein reduziertes Netzmodell verwendet (siehe Abbildung 6-30). Es wurde angenommen, dass alle Erzeuger an einem MS-Knoten angeschlossen sind. Der Knoten ist mit dem HS-Netz über einen Transformator, wie im vollständigen Netzmodell, verbunden. Ziel der Berechnung war es, $\Delta P_{HS/MS}$ und $\Delta Q_{HS/MS}$ zwischen dem BHKW, PV$_5$, dem BSS und PV$_9$ zu verteilen und den Fluss des HS-Netzes P_{HS} und Q_{HS} nah an null zu halten. Die Leistung, die verteilt werden sollte, sollte von den Generatoren zusätzlich zu deren Einspeisungen erzeugt werden und die Betriebspunkte möglichst wenig beeinflussen. Deswegen stellen $P_{G,MS}$ und $Q_{G,MS}$ kumulative Werte der MS-Generatoren-Betriebspunkte dar und die Zielfunktion der OPF-Berechnung minimiert die nötigen Abweichungen von derzeitigen Betriebspunkten der Generatoren (siehe (6-3)) mit $m_{p,HS/MS}$ und $m_{q,HS/MS}$ gleich null. Analog zu anderen OPFs in dieser Arbeit wurden hierbei die Begrenzungen der Erzeuger (5-47) bis (5-49) berücksichtigt sowie nur kleine Abweichungen von der gemessenen Spannung der HS-Seite u_{HS} zugelassen.

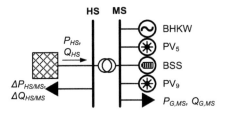

*Abbildung 6-30: Reduziertes Netzmodell zur Berechnung der Leistungsflusskorrektur über den
Leistungsschalter*

6.4.3 Simulation der Resynchronisation mit starrem Netz

Die in Kapitel 6.4.2 erläuterten Methoden und Algorithmen wurden in der Simulationsumgebung implementiert, um ihre Richtigkeit zu prüfen. Wie bei den Simulationen der
intentionalen Teilnetzbildung wurde die in Kapitel 5.3 dargestellte Simulationsumgebung verwendet. Die elektrische Domäne wurde mithilfe der Specialized-Power-
Systems-Bibliothek nachgebildet. Im Folgenden sind die ausgewählten Simulationen
von Variante 1 und 2 dargestellt, da diese zwei Varianten die Extreme sind.

Abbildung 6-31 zeigt die Ergebnisse des Resynchronisationprozesses der Teilnetze mit
dem HS-Netz, das als ideale Spannungsquelle nachgebildet wurde, bei
Last-Erzeugung-Variante 1. In Diagramm a) sind die gemessenen Frequenzen dargestellt. Im HS-Netz betrug die Frequenz 50 Hz. Im Teilnetz dagegen lag die Frequenz
schon zu Beginn der Simulation auf dem Niveau von 50,9 Hz, wegen der höheren
Einspeisung aus kleinen PV-Anlagen und der niedrigen Last, deren Werte Tabelle E-3
entnommen werden können.

Wenn bei t = 10 s das Signal zur Resynchronisation gegeben wurde, wurde der OPF
berechnet und, weil dieser nicht konvergierte, die Frequenz weiter erhöht, um die
PV-Einspeisung zu reduzieren (siehe Abbildung 6-27 (1), (2), (10) und (11)). Die frequenzabhängige Reduktion der Einspeisung ist in Diagramm f) zwischen t = 10 s und
t = 70 s zu sehen. Das Diagramm zeigt die am Knoten 12 entnommene Leistung, wo
die höchsten Werte zu beobachten waren.

Die Werte waren anfangs negativ, weil die durch PV-Anlagen eingespeiste Leistung die
Last überstieg. Weiter wurde die Frequenz im Teilnetz nach Abbildung 6-27 (12) und
(13) auf 52 Hz erhöht, damit sich die kleinen Erzeugungsanlagen vom Netz trennen.
Die Frequenzerhöhung wurde in zwei Schritten vorgenommen, damit sie für die
MS-Erzeuger sanfter verläuft, sodass eine größere Chance besteht, dass sie die Lastsprünge ausregeln können. Der Übersichtlichkeit halber sind in Diagramm e) nur die
gemessenen Wirk- und Blindleistungen des BHKWs und BSS aufgeführt, obwohl PV5
und PV9 auch an der Simulation aktiv beteiligt waren. Wenn sich die Frequenz im Teilnetz länger als 3 s auf dem Niveau von 52 Hz befindet, kann angenommen werden,
dass die kleinen Anlagen nach AR-N 4105 mindestens 60 s abwarten werden, bevor sie
sich wieder an das Netz anschließen (siehe Abbildung 5-19). Deswegen wurde zu

diesem Zeitpunkt die Frequenz auf 50,085 Hz gesetzt und die Abweichungen von Spannung sowie Frequenz wurden beobachtet, Abbildung 6-27 (4) bis (6).

Aus Diagramm b) kann abgelesen werden, dass nach den Frequenzänderungen die Spannungsdifferenz zwischen Teilnetz und HS-Netz kleiner als 0,1 p.u. war und sich die Frequenzen angenähert hatten. Daher wurde die Kopplung erlaubt und nach t = 153 s wurde der HS/MS-Leistungsschalter geschlossen, was sich in Diagramm c) durch die Spannungswinkeldifferenz mit dem Wert null manifestiert. Die Leistung, die über den Schalter fließt, änderte sich ab diesem Moment, Diagramm d), und wurde nach dem in Abbildung 6-28 veranschaulichten Algorithmus gesteuert.

Weil die kleinen PV-Anlagen getrennt wurden, fuhren sie mit dem Gradienten von 10 %P_{max}/min nach der Wiederzuschaltung hoch (siehe Abbildung 5-19 und Abbildung 6-31f)). Aus diesem Grund änderte sich die Flexibilitätsfläche deutlich, siehe Abbildung 6-31g). Ohne die kleinen PV-Anlagen liegt der Schwerpunkt der Fläche auf der Lastseite. Mit der Zeit und mit steigender Einspeisung verschiebt sich dieser jedoch Richtung Erzeugung. Diagramm d) zeigt, dass während der ersten Minute nach der Resynchronisation der vom Netzbetreiber geforderte Leistungsfluss von 3 MW, 4 MVar Richtung HS-Netz nicht möglich war. Erst ab der zweiten Iteration wurden diese Werte als gültiger Betriebspunkt eingestuft. Trotz weiterer Steigung der Einspeisung nicht steuerbarer PV-Anlagen im NS-Netz wurde der Fluss mittels des korrektiven Verhaltens (siehe Kapitel 6.4.2.2) ungefähr auf konstantem Niveau gehalten.

Das BSS spielte dabei die entscheidende Rolle, weil es in der Lage ist, im Lastmodus zu agieren und die überschüssige Leistung anzunehmen. Der steigende SoC wirkt sich mit der Zeit auf die Flexibilitätsfläche aus. Die flachen Stufen ab t = 600 s bezüglich des Verlaufs von Wirk- und Blindleistung in Diagramm f) sind auf die steigenden Spannungen zurückzuführen. Mit der zunehmenden Einspeisung erhöhen sich auch die Knotenspannungen, was in Diagramm b) zu sehen ist. $u_{K,max}$ und $u_{K,min}$ zeigen die höchsten bzw. niedrigsten Werte aller Knotenspannungen in p.u..

Wenn die Spannungen 1,1 p.u. übersteigen, wird das Steigen der entsprechenden Einspeisung der PV-Anlagen aufgehalten. Nach der Schließung des Leistungsschalters befindet sich das Teilnetz im Resynchronisationsmodus und wird immer noch von Agenten koordiniert, es wird aber ständig geprüft, ob ein normaler Zustand herrscht und die Anlagen eigene Zielfunktionen realisieren können, siehe Abbildung 6-28 (1).

Abbildung 6-32 stellt einen ähnlichen Fall dar: Die Resynchronisation und der Vorgang bis zur Schaltung des Schalters verlaufen gleich, wie in Abbildung 6-31. Der Unterschied liegt am gewünschten Leistungsfluss über den Schalter. Das Teilnetz soll nicht in das HS-Netz einspeisen, sondern es mit kontrollierten 4 MW und 4 MVar belasten. Das ist allerdings nur während der ersten fünf Iterationen, 300 s, der Leistungsschalterflussüberwachung möglich, d). Da die Flexibilitätsfläche sich mit der Zeit verschiebt, g), stellt der gewünschte Punkt keinen gültigen Betriebspunkt dar, weshalb andere Sollwerte nach Kapitel 6.4.2.2 unter Berücksichtigung von 1 MVA Sicherheitsabstand gefunden

wurden. Die steigende Einspeisung im Netz ist auch anhand der steigenden gemessenen Spannung ab t = 600 s sichtbar, siehe Diagramm b).

Ein Beispiel der Resynchronisation bei lastdominiertem NS-Netz, die Variante 2, ist in
Abbildung 6-33 dargestellt. Die gesamte Dauer ist deutlich kürzer als die der beiden
vorherigen Fälle, weil hier die kleinen Erzeugungsanlagen nicht abgeschaltet und wieder zugeschaltet werden müssen. Hier wurde nach Abbildung 6-27, (1) bis (4), die
Frequenz im Teilnetz auf 50,085 Hz festgesetzt, a), damit die Spannungswinkeldifferenz angepasst werden konnte, c). Weil die Spannungsamplitude im erlaubten Bereich
lag, erfolgte die Zuschaltung, sobald der Winkel kleiner als 10° wurde, t = 111 s. Der
vom Netzbetreiber geforderte Punkt (P_{gef}, Q_{gef}) = (18 MW, -4 MVar) ist bei der Konfiguration nicht erreichbar. Daher wurden (P_{soll1}, Q_{soll1}) ermittelt und innerhalb von ca. 7 s
eingestellt, d). Nach 60 s, bei leicht geänderten Spannungsprofilen und Leistungsflüssen im Netz, wurde eine etwas geänderte Flexibilitätsfläche berechnet. Basierend
darauf mussten die Sollwerte angepasst werden, was zu (P_{soll2}, Q_{soll2}) geführt hat.

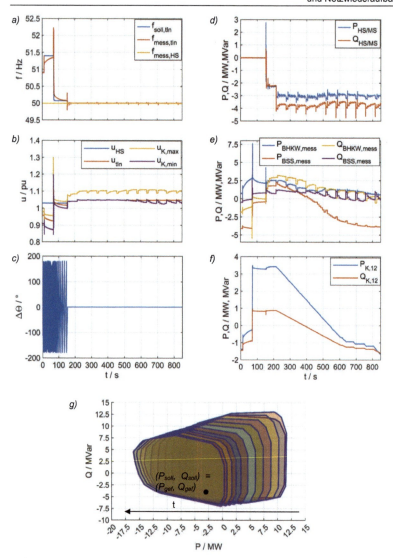

Abbildung 6-31: Wichtigste Verläufe bei der Resynchronisation des Teilnetzes mit starrem Netz
bei Variante 1, mit Zustandsschätzung und gewünschten Werten des Flusses
in das HS-Netz 3 MW, 4 MVar: a) Frequenzen im Teilnetz und HS-Netz; b)
ausgewählte Spannungen; c) Spannungswinkeldifferenz; d) Leistungsfluss
über den HS/MS-Leistungsschalter; e) Wirk- und Blindleistungen der BHKW
und BSS; f) Last an Knoten 12; g) (P_{gef}, Q_{gef}) und Flexibilitätsflächen, zeitlich
von rechts nach links

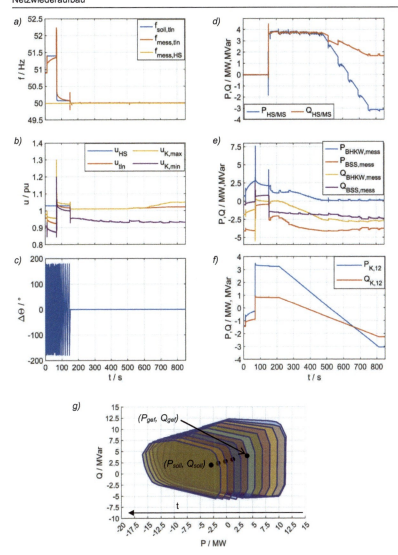

*Abbildung 6-32: Wichtigste Verläufe bei der Resynchronisation des Teilnetzes mit starrem Netz
bei Variante 1, mit Zustandsschätzung und gewünschten Werten des Flusses
vom HS-Netz 4 MW, 4 MVar: a) Frequenzen im Teilnetz und HS-Netz; b) ausgewählte Spannungen; c) Spannungswinkeldifferenz; d) Leistungsfluss über
den Schalter; e) Wirk- und Blindleistungen der BHKW und BSS; f) Last an Kno-
ten 12; g) (P_{gef}, Q_{gef}), (P_{soll}, Q_{soll}) und Flexibilitätsflächen, zeitlich von rechts
nach links*

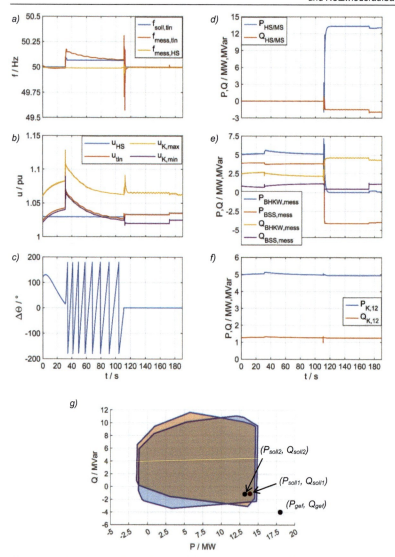

Abbildung 6-33: Wichtigste Verläufe bei der Resynchronisation des Teilnetzes mit starrem Netz bei Variante 2, mit Zustandsschätzung und gewünschten Werten des Flusses vom HS-Netz 18 MW, -4 MVar: a) Frequenzen im Teilnetz und HS-Netz; b) ausgewählte Spannungen; c) Spannungswinkeldifferenz; d) Leistungsfluss über den HS/MS-Leistungsschalter; e) Wirk- und Blindleistungen der BHKW und BSS; f) Last an Knoten 12; g) (P_{gef}, Q_{gef}), (P_{soll}, Q_{soll}) und Flexibilitätsflächen

6.4.4 Simulation der Resynchronisation mit schwachem Netz

Die in Kapitel 6.4.3 thematisierten Simulationen wurden unter der Annahme eines fortgeschrittenen NWAs durchgeführt, was in der Praxis heißt, dass das zu koppelnde Teilnetz im Vergleich zum HS-Netz klein war. Im Folgenden sind die Ergebnisse der Simulationen dargestellt, bei denen das HS-Netz lediglich aus dem in Kapitel 5.1.7 beschriebenen WKW bestand, das über eine Leitung an den HS/MS-Transformator angeschlossen war (siehe Abbildung 6-34). Entlang der Leitung wurden bereits Lasten, die 50 MWA betragen, zum Stabilisieren angeschlossen (wie die Punkte 3 bzw. 4 in Tabelle 3-3 beschreiben), sodass das WKW mit 50%iger Leistung arbeitet.

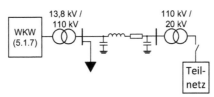

Abbildung 6-34: Modell für die Resynchronisation mit schwachem Netz

Der Verlauf der Resynchronisation wird anhand zweier Fälle analysiert, zum einen bei der Last-Erzeugung-Variante 1 und zum anderen bei der Last-Erzeugung-Variante 2. Um die Ergebnisse mit denen aus Kapitel 6.4.3 vergleichen zu können, wurden die gleichen Werte des Leistungsflusses nach der Resynchronisation gefordert. Abbildung 6-35 zeigt die Ergebnisse der Simulation von Variante 1, die mit denen in Abbildung 6-31 verglichen werden können. Der Verlauf vor dem Schließen des HS/MS-Leistungsschalters unterscheidet sich kaum, da die Aktionen bis dahin im Teilnetz stattfanden. Der Unterschied ist in Diagramm c) zu sehen, in dem die Spannungswinkeldifferenz dargestellt ist. Allerdings ist zu beachten, dass der Bezugswinkel hier anders ist als bei den Simulationen mit idealer Spannungsquelle, die in Kapitel 6.4.3 betrachtet wurden. Die Schaltung verursachte eine Frequenzschwankung im HS-Netz in Höhe von -100 mHz bis +200 mHz, die innerhalb von 30 s ausgeregelt wurde. Wie bei der Simulation mit starrem Netz änderten sich die Flexibilitätsflächen mit der Zeit, der gewünschte Punkt gehörte aber zu allen und wurde durch die MS-Generatoren realisiert, allerdings mit geänderter Genauigkeit, d).

Abbildung 6-36 zeigt die Simulation von Variante 2, die analog zu der in Abbildung 6-33 veranschaulichten ist. Weil die Frequenz im Teilnetz vor der Resynchronisation 50 Hz betrug, ließ sich der Prozess deutlich schneller durchführen als bei Variante 1. Bis zur Schaltung verhielt sich das System ähnlich zu dem in Abbildung 6-33 dargestellten Verlauf. Nach der Zuschaltung sank die Frequenz deutlich, auf 48,55 Hz, und blieb unter 49,0 Hz für insgesamt 4 s. Das hätte den Lastabwurf initiieren können, wenn dieser aktiviert gewesen wäre. Dies hätte umgangen werden können, indem die MS-Generatoren ihre Einspeisung über eine Rampe und nicht schlagartig nach der Netzkopplung geändert hätten. Darüber hinaus sollte der Netzbetreiber die Einstellungen der PR des WKWs kennen und den gewünschten Lastsprung entsprechend anpassen. Weiterhin befanden sich im Teilnetz bei der Simulation ca. 9,2 MW Last. Wenn dieses nicht als aktives Verteilnetz während des NWAs betrieben, sondern spannungslos bleiben würde, würden wegen des CLPU-Effekts ca. 18,4 MW nach Zuschaltung des Teilnetzes über den HS/MS-Leistungsschalter fließen.

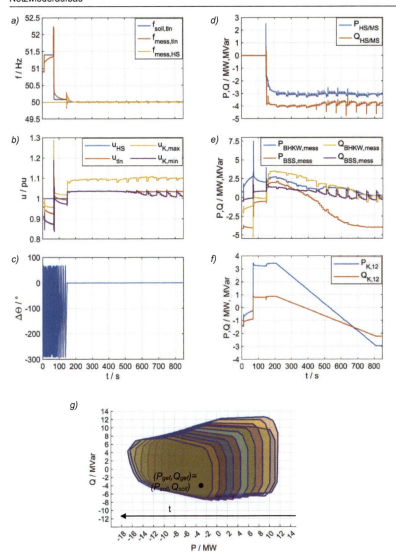

*Abbildung 6-35: Wichtigste Verläufe bei der Resynchronisation des Teilnetzes mit schwachem
Netz bei Variante 1, mit Zustandsschätzung und gewünschten Werten des
Flusses in das HS-Netz 3 MW, 4 MVar: a) Frequenzen im Teilnetz und HS-
Netz; b) ausgewählte Spannungen; c) Spannungswinkeldifferenz; d) Leistungs-
fluss über den HS/MS-Leistungsschalter; e) Wirk- und Blindleistungen der
BHKW und BSS; f) Last an Knoten 12; g) (P_{gef}, Q_{gef}) und Flexibilitätsflächen,
zeitlich von rechts nach links*

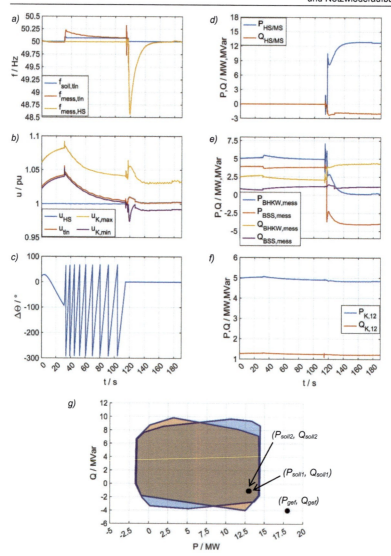

Abbildung 6-36: Wichtigste Verläufe bei der Resynchronisation des Teilnetzes mit schwachem Netz bei Variante 2, mit Zustandsschätzung und gewünschten Werten des Flusses vom HS-Netz 18 MW, -4 MVar: a) Frequenzen im Teilnetz und HS-Netz; b) ausgewählte Spannungen; c) Spannungswinkeldifferenz; d) Leistungsfluss über den HS/MS-Leistungsschalter; e) Wirk- und Blindleistungen der BHKW und BSS; f) Last an Knoten 12; g) (P_gef, Q_gef), (P_soll, Q_soll) und Flexibilitätsflächen

6.4.5 Zwischenfazit

Die dargestellten Simulationsergebnisse bestätigen, dass das entwickelte MAS in der Lage ist, die vorgeschlagene Strategie der Resynchronisation zu implementieren und das Teilnetz effektiv mit dem HS-Netz zu synchronisieren. Die Strategie kann ein breites Spektrum von Last-Erzeugung-Situationen, sowohl mit hoher Einspeisung aus nicht steuerbaren kleinen Erzeugern als auch ohne diese, decken. Neben der netzbildenden Einheit spielt dabei das Speichersystem eine wichtige Rolle, da es flexibel je nach Bedarf die Richtung seiner Leistung ändern kann.

Mithilfe des Systems kann der Netzbetreiber eine Vielzahl solcher aktiven Teilnetze parallel automatisiert resynchronisieren lassen, was einerseits Zeit spart und andererseits falsche Schaltungen reduziert, da die Entscheidungen ausschließlich anhand von Berechnungen getroffen werden. Darüber hinaus kann das Verhalten des Teilnetzes nach der Zuschaltung präzise vorhergesehen und definiert werden, weil, auch wenn die Lasten nicht exakt bestimmt werden können, die am HS/MS-Transformator bezogene Leistung entsprechend durch die steuerbaren Generatoren geregelt wird. Um den möglichen Leistungsfluss zu ermitteln, wurde eine Methode verwendet, die auf linearen OPF, unter Berücksichtigung von Begrenzungen des Netzes sowie der Anlagen, basiert. Die Sollwerte der Generatoren für den Leistungsfluss wurden ebenso mittels OPF desaggregiert, weshalb die Sicherheit des Netzes durch das MAS gewährleistet ist.

7   Zusammenfassung und Ausblick

7.1   Zusammenfassung

Im Zusammenhang mit der fortschreitenden Energiewende in Deutschland entsteht auch die Notwendigkeit der Revision der Pläne für den Fall von Großstörungen in elektrischen Energienetzen. In herkömmlichen Ansätzen werden die Verteilnetze hauptsächlich als passive und durch Last ausgeprägte Gebiete betrachtet. Allerdings ändert sich die Situation schon seit Jahren und regional kommt es zu bidirektionalen Leistungsflüssen. Große zentrale Kraftwerke werden an Bedeutung verlieren und still-gelegt. Deswegen wurde im Rahmen dieser Arbeit ein Konzept vorgeschlagen, das das Potential der auf Verteilnetzebene installierten Erzeugungsanlagen ausnutzt und eine Zelle eines aktiven Verteilnetzes formiert, die in der Lage ist, als Teilnetz betrieben zu werden und, zumindest zeitweise, die Kunden trotz Fehler im überlagerten Netz weiter zu versorgen. Dieser Ansatz erfordert einen enormen Koordinationsaufwand, weshalb er praktisch nicht umsetzbar ist, wenn die Probleme großflächig sind. Deswegen wur-den dazu Software-Agenten verwendet. Da während Störungen auch die Datenkom-munikation gefährdet sein kann, wird nur die geringere Anzahl an Anlagen, die auf MS-Ebene installiert sind, durch MAS direkt gesteuert. Die Anlagen im NS-Netz werden lediglich mittels Frequenz der Spannungsgrundharmonischen beeinflusst.

Das System weist drei Hauptfunktionalitäten auf:

- Wechseln vom normalen Betrieb zur Teilnetzbildung nach dem Signal des Netz-betreibers,
- Hochfahren von Lastknoten in möglichst kurzer Zeit, falls die Teilnetzbildung nicht erfolgreich war,
- Resynchronisation mit dem HS-Netz, wenn der Netzbetreiber dies entscheidet, und Einhalten des vorgegebenen Leistungsflusses über den HS/MS-Transformator.

Mithilfe dieser Funktionalitäten sollen die Kunden, die in diesem Teilnetz angeschlossen sind, vom Fehler im überlagerten Netz isoliert bzw. im Fall des Hochfahrens mit Span-nung versorgt werden, trotz des nicht behobenen Fehlers im überlagerten Netz.

Um die Wirksamkeit der entwickelten Konzepte zu überprüfen, wurde ein Modell eines 20-kV-Verteilnetzes definiert. Ein Gebiet in Südwestdeutschland, in dem die PV-Technologie gegenüber anderen erneuerbaren Energien dominiert, wurde als Bei-spiel herangezogen. Als netzbildende Einheit, die unerlässlich beim Teilnetzbetrieb ist, wurde ein BHKW gewählt. Darüber hinaus wurden drei Varianten von Last-Erzeugung-Verhältnissen definiert. Variante 1 war durch die höchsten Werte innerhalb dieser Ver-hältnisse charakterisiert, was sonnigen Stunden an einem Sommertag entspricht. Vari-ante 2 weist die niedrigsten Werte auf und repräsentiert damit dunkle Stunden im Winter. Variante 3 ist gemäßigt und spiegelt die Übergangszeiten wider. Die Varianten wurden unter anderem basierend auf dem Szenariorahmen für den Netzentwicklungsplan 2035 definiert. E-Autos wurden als potentiell nutzbare Speicher nicht berücksichtigt. Für die simulative Untersuchung der Konzepte wurde eine Ko-Simulationsumgebung vorbereitet. Hierbei wurde das Multi-Agenten-Framework JADE mit Matlab/Simulink gekoppelt. Die Kopplung basiert auf der TCP/IP-Schnittstelle zwischen diesen. Als nächstes wurden geeignete Agenten in JADE entwickelt sowie die Anlagen modelliert. Für die Fälle der Teilnetzbildung und Resynchronisation wurde dazu die Specialized-Power-Systems-Bibliothek verwendet. Zur Simulation des Hochfahrens wurde ein Modul für die Spannung- und Frequenzberechnung entwickelt, das den linearisierten OPF von Matpower und ein vereinfachtes Modell der Dynamik nutzt. Die Matpower-OPF-Berechnung wurde bezüglich der Strategien extensiv genutzt.

In Bezug auf die Teilnetzbildung wurden zusätzliche Aspekte definiert, die Einfluss auf den Erfolg haben könnten. Die Simulationen wurden bei konstanten sowie sinkenden Spannungsamplituden vor der Trennung durchgeführt. Die für Smart Grids typischen Kommunikationsverzögerungen wurden berücksichtigt. Weiterhin wurde die Situation mit perfekter Information über den Netzzustand mit der, in der lediglich eine Zustandsschätzung vorliegt, verglichen. Der Vergleich des netzstützenden Modus gegenüber dem netzspeisenden Modus der MS-Anlagen ergänzt die Liste.

Somit wurden insgesamt 48 Konfigurationen der drei Varianten untersucht. Bei 36 Konfigurationen wurde die Teilnetzbildung erfolgreich durchgeführt. Von den restlichen 12 Konfigurationen betrafen 9 die extreme Variante 1, bei der vor der Trennung ein hoher Überschuss der Erzeugung herrschte: 12,3 MW nicht steuerbare Erzeugung, 6,3 MW Last und eine ausgeglichene Bilanz, ohne die die Erhöhung der Frequenz im Teilnetz nicht möglich ist. Bei sieben Konfigurationen der Variante 3 war die Teilnetzbildung allerdings erfolgreich.

Die Simulationen haben ergeben, dass die Kommunikationslatenz vor allem dann problematisch war, wenn die Anlagen im netzspeisenden Modus betrieben wurden, was zu erwarten war, weil beim Auftreten von Verzögerungen netzstützende Anlagen den Abweichungen von Nennwerten automatisch entgegenwirken können. Die Zustandsschätzung hat in den Simulationen keinen bedeutsamen Einfluss auf den Erfolg der Teilnetzbildung gezeigt. Auf Basis der Ergebnisse zu den Varianten 2 und 3 kann festgestellt werden, dass das System wirksam ist. Variante 1 kommt deutlich seltener vor als die anderen Varianten und sollte deshalb nicht als ausschlaggebend betrachtet werden.

Zum Hochfahren des Teilnetzes wurden zwei Algorithmen vorgeschlagen, um die Reihenfolge der Knoten zu ermitteln. Der erste, der auf der MILP-Optimierung basiert, benötigt Informationen über die Dynamik der Erzeugungsanlagen, über die der Netzbetreiber allerdings nicht immer verfügt. Der andere Algorithmus basiert auf allgemeinen Überlegungen bezüglich der Anschlussreihenfolge der Lasten und Erzeuger. In beiden Fällen wurde als Bewertungskriterium die nichtgelieferte Energie genutzt. Der Vergleich der Funktionsweise der beiden Algorithmen hat gezeigt, dass der MILP-basierte effektiver ist. Bei den Varianten 2 und 3 hat er weniger Iterationen gebraucht, bei Variante 1 die gleiche Anzahl, allerdings wurde mehr Last hochgefahren. Das resultiert daraus, dass der Algorithmus beliebige Lasten kombinieren kann, wohingegen der iterative einen festen Rahmen hat. Der Vorteil des zweiten Algorithmus ist jedoch dessen Einfachheit. Während des Hochfahrens wurden nicht alle Lasten hochgefahren, weil eine deutlich größer war als der Rest und ihr Hochfahren die Möglichkeiten der Regelleistung überschritten hätte. Beide Algorithmen haben dies richtig erkannt und kein Signal zum Hochfahren gesendet, da dies die Stabilität des Teilnetzes bedroht und eventuell dazu geführt hätte, dass das Hochfahren erneut hätte begonnen werden müssen.

Grundlegend bei der Resynchronisationsstrategie war die Unterscheidung zwischen dem Betrieb des Teilnetzes mit Nennfrequenz und dem Betrieb beim Überschuss der Erzeugung und damit der erhöhten Frequenz. Im ersten Fall ist die Resynchronisation relativ direkt möglich. Die relevante Funktionalität besteht aus der Festlegung des möglichen Austauschs von Wirk- und Blindleistung mit dem HS-Netz und dem anschließenden Erhalten der vorgegebenen Flüsse über den Transformator unter Beibehalt der Betriebsgrenzen der Erzeugungsanlagen sowie des Netzes. Wenn die Frequenz erhöht ist, muss die Resynchronisation in zwei Schritten erfolgen, wobei im ersten Schritt die Erzeugungsanlagen der 400-V-Ebene abgeschaltet werden müssen. Dann wird die Frequenz an das HS-Netz angepasst und danach findet die Kopplung statt. Erst dann werden die kleinen Anlagen wiedergeschaltet und hochgefahren. Während dieser Zeit wird der Fluss über den Transformator entsprechend korrigiert. Die Funktion, den Fluss auf vorgegebenem Niveau zu erhalten, ist für die Netzbetreiber im Hinblick auf die Netzstabilität wesentlich.

Die Funktionsweise des Systems bei der Resynchronisation wurde nicht nur mit der idealen Nachbildung des HS-Netzes getestet, sondern auch mit dem Modell des WKWs. Wie zu erwarten war, ist die Frequenz im zweiten Fall deutlich verletzlicher, weshalb der Netzbetreiber die Flusswerte nach der Kopplung vorsichtiger wählen sollte. Es wäre vorstellbar, eine Gradientenbegrenzung in den Erzeugungsanlagen zu implementieren, um die Frequenzsprünge zu verkleinern. Diesbezüglich muss festgestellt werden, dass die Lastsprünge und dadurch die Frequenzabweichungen, wegen des CLPU-Effekts, deutlich höher sind, wenn das Teilnetz spannungslos an das HS-Netz angekoppelt wird.

Zusammenfassend lässt sich sagen, dass die erwartete Funktionalität des Systems erreicht wurde und somit die in Kapitel 1.5 formulierte wissenschaftliche These bestätigt wurde. Die Ergebnisse der Simulationen lassen erwarten, dass aktive Verteilnetze, die durch geeignete Gruppierung dezentraler Anlagen und deren hochautomatisierte Koordination entstehen, die Qualität des NWAs erhöhen können.

7.2 Ausblick

Die wichtige Rolle der großen Speicher im präsentierten System muss betont werden. Es sollten Lösungen in Form von Produkten oder Dienstleistungen ausgearbeitet werden, die derartige Speicher in den Zeiten zwischen einzelnen Nutzungsphasen als Puffer für den Teilnetzbetrieb anbieten können.

Die Konzepte sollten in einer größeren Umgebung getestet werden, in denen dem Netzbetreiber mehrere solcher aktiven Zellen zur Verfügung stehen. Die Unterstützung der Zellen untereinander oder die koordinierte Zusammenarbeit mit dem Ziel der Spannungsvorgabe aus den HS-Netzgebieten wäre mit einer zusätzlichen Schicht des MAS denkbar.

Darüber hinaus sollten die Schutzkonzepte genauer analysiert werden. Normalerweise werden Schutzgeräte für den Verbundbetrieb ausgelegt und können daher nach dem Wechsel zum Teilnetzbetrieb inkorrekt reagieren. Cyber-Security ist die andere Form der Systemsicherheit, die gewährleistet werden muss. Das präsentierte Steuerungssystem besteht aus virtuellen Agenten, die auch dezentral ausgeführt werden können. Die Kommunikation zwischen diesen basiert auf dem Vertrauen in den Wahrheitsgehalt der ausgetauschten Informationen. Insbesondere dann, wenn das System vervielfältigt werden soll, können gefälschte Signale während Hackerangriffen gesendet werden und das Verbundsystem gefährden.

Auch die relevanten formalen Angelegenheiten sollten analysiert werden. Beim normalen Zustand ist die Teilnetzbildung nicht erwünscht, weil das System Störungen besser als Verbund überstehen kann. Allerdings hängt der Erfolg der Teilnetzbildung auch von der Reaktionszeit ab. Deswegen sollte ein Kriterium ausgearbeitet werden, das die Entscheidung über den Wechsel zum Teilnetz automatisieren würde. Weiterhin wäre es auch für den Betrieb wichtig, die Rolle der dezentralen Anlagen formal zuzuordnen, was in Anwendungsregeln berücksichtigt werden sollte.

Die Funktionsweise sollte auch mit anderen Technologien getestet werden. Einerseits können z. B. Windkraftanlagen das System erweitern, um die Zeiten ohne PV-Einspeisung besser überstehen zu können. Andererseits können auch WR-basierte Anlagen als netzbildende Einheiten eingesetzt werden.

Anhang A Die Parametrierung von verwendeten Modellen

Tabelle A-1: Die Parameter des Models vom BHKW-Antrieb [76]

Parameter	Einheit	Wert
T_{r1}	[s]	0,01
T_{r2}	[s]	0,02
T_{r3}	[s]	0,2
T_{a1}	[s]	0,25
T_{a2}	[s]	0,039
T_{a3}	[s]	0,009
T_d	[s]	0,024
$K_{gov,vrb}$	-	1,1564
$K_{gov,tln}$	-	6,25

Tabelle A-2: Die Parameter des Models von AVR AC5 [79], [134]

Parameter	Einheit	Wert
T_r	[s]	0,02
K_a	-	100
T_a	[s]	0,02
K_f	-	0,03
T_f	[s]	1,0
U_{rmax}	[p.u.]	7,3
U_{rmin}	[p.u.]	-7,3
K_e	-	1,0
T_e	[s]	0,8
$S_e(E_{fd1})$	[p.u.]	0,86
$S_e(E_{fd2})$	[p.u.]	0,5
E_{fd1}	[p.u.]	5,6
E_{fd2}	[p.u.]	4,2

Tabelle A-3: Die Parameter des Models vom Synchrongenerator des BHKW

Parameter	Einheit	Wert
S_n	[MVA]	7,0
U_n	[kV]	11,0
f_n	[Hz]	50,0
r_s	[p.u.]	0,0041
r_f	[p.u.]	0,00083
r_{kd}	[p.u.]	0,0969
r_{kq1}	[p.u.]	0,00433
r_{kq2}	[p.u.]	0,0122
l_l	[p.u.]	0,14
l_{md}	[p.u.]	2,152
l_{mq}	[p.u.]	2,057
l_{kd}	[p.u.]	5,182
l_{kq1}	[p.u.]	1,4475
l_{kq2}	[p.u.]	0,056
H	[s]	2·1,74
D	[p.u.]	0,01
p	-	1

Tabelle A-4: Die Parameter des Models vom Synchrongenerator des WKW

Parameter	Einheit	Wert
S_n	[MVA]	100,0
U_n	[kV]	13,8
f_n	[Hz]	50,0
R_s	[p.u.]	0,00285
X_d	[p.u.]	1,305
X'_d	[p.u.]	0,296
X''_d	[p.u.]	0,252
X_q	[p.u.]	0,474
X''_q	[p.u.]	0,243
X_l	[p.u.]	0,18
T'_d	[s]	1,01
T''_d	[s]	0,053
T''_{q0}	[s]	0,1
H	[s]	3,2
D	[p.u.]	0,0
p	-	2

Tabelle A-5: Die Parameter des Models von AVR IEEE Type 1 [83], [134]

Parameter	Einheit	Wert
K_a	-	300
T_a	[s]	0,001
K_f	-	0,001
T_f	[s]	0,1
K_e	-	1,0
T_e	[s]	0

Tabelle A-6: Die Parameter des verwendeten Modells der Hydroturbine [112], [134]

Parameter	Einheit	Wert
G_{fl}	[p.u.]	0,97518
G_{nl}	[p.u.]	0,01
D	[-]	0,5
T_w	[s]	1,5843

Tabelle A-7: Die Parameter des verwendeten Modells des Drehzahlreglers der Hydroturbine [112], [115]

Parameter	Einheit	Wert
K_d	[-]	2,5179
K_i	[-]	0,4842
K_p	[-]	2,9713
ω_l	[rad/s]	100
τ_1	[s]	0,02
τ_2	[s]	0,5

Tabelle A-8: Die Leistungszahlen der MS-Anlagen

MS-Anlage	K [MW/Hz]
BHKW	2,1
PV_5	1,0
BSS	1,25
PV_9	1,0

Tabelle A-9: Die Leistungszahlen der MS-Anlagen

MS-Anlage	k_u [p.u.]
BHKW	2
PV_5	2
BSS	2
PV_9	2

Tabelle A-10: Die Parameter des LCL-Filters und der Regler von Mittelspannungswechselrichter

Parameter	Einheit	Wert
L_1	[H]	0,05
L_2	[H]	0,05
R_1	[Ω]	0,25
R_2	[Ω]	0,25
R_f	[Ω]	10k
C_f	[µF]	10
$K_{p,idq}$	-	3
$T_{i,idq}$	[s]	0,066
$K_{p,PQ}$	-	150
$T_{i,PQ}$	[s]	0,004

Anhang B Wahl der Parameter für das netzbildende Blockheizkraftwerk

Während der Parametrierung der Regler wurde festgestellt, dass einige Parameter entscheidend für die Performance der Simulationen sind, sowohl für die Stabilität des modellierten Systems als auch für die nummerische Performance. Die Werte der identifizierten Parameter wurden mittels Optimierung der Systemantwort auf bestimmte Störungen ermittelt. Das in Abbildung B-1 dargestellte System wurde mit den in Abbildung B-2 aufgeführten Signalen eingespeist. Die Struktur des Modells sowie die Eingangssignale sind für den Verbund- und den Teilnetzbetrieb unterschiedlich, weil auch die Rollen des BHKWs nicht gleich sind. Beim Verbundbetrieb soll das BHKW die vorgegebene Wirk- und Blindleistung einspeisen, wobei im Teilnetzbetrieb der vorgesehene Betriebspunkt eingehalten werden soll sowie die Spannung und die Frequenz des Teilnetzes geregelt werden sollen. Die Wahl der Parameter erfolgte in zwei getrennten Schritten: Zunächst wurden die Werte für den Verbundnetzbetrieb bestimmt und anschließend wurden diese für die Bestimmung der Werte im Teilnetzbetrieb verwendet. Der Teilnetzbetrieb beginnt mit der Trennung des MS-Netzes. Der Ausgangspunkt der Simulation war hierbei der Verbundbetrieb, wobei die im ersten Schritt berechneten Parameter verwendet wurden.

Die Signale e_p, e_q und die Berechnungszeit t_B wurden als Antwort des Systems gewählt und bearbeitet und bilden die Einträge der Fitnessfunktion:

$$\min f = itae_P + itae_Q + \frac{t_B}{t_S} \qquad \text{(Anhang B -1)}$$

Wo *itae$_x$ integral of time multiply absolute error* [152] bedeutet und kann, wie folgt berechnet werden:

$$itae_X = \int_0^{t_S} t \cdot |e_X(t)| dt \qquad \text{(Anhang B -2)}$$

- t_B – Berechnungszeit des Modells
- t_S – simulierte Periode

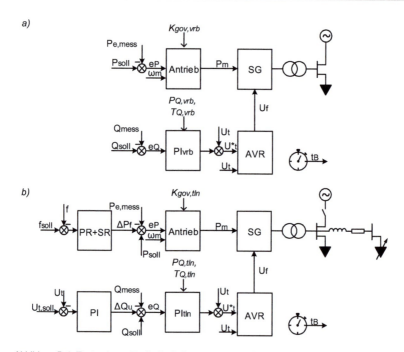

Abbildung B-1: Testsysteme für die Optimierung ausgewählter Reglerparameter: a) Verbundbetrieb, b) Teilnetzbetrieb

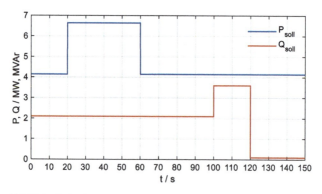

Abbildung B-2: Verläufe der Sollwerte von Wirk- und Blindleistung bei der Optimierung des Verbundbetriebs

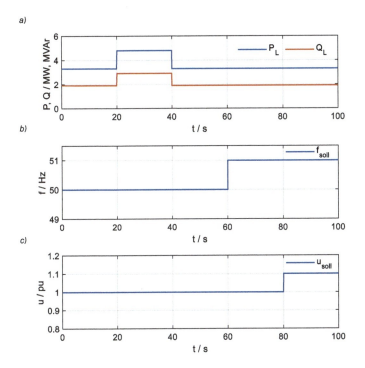

Abbildung B-3: Verläufe der Sollwerte bei der Optimierung des Teilnetzbetriebs: a) Wirk- und Blindleistungsverbrauch im Teilnetz, b) Sollfrequenz, c) Sollspannung an den Klemmen des Generators

Für das Kriterium (Anhang B -2) ist der Wert der Regelabweichung gleichermaßen wichtig wie die Einschwingzeit. Die Zeit t_S ist die simulierte Zeit, die je nach Optimierungsschritt entweder 150 s beim Verbundbetrieb oder 100 s beim Teilnetzbetrieb beträgt. Die letzte Komponente der rechten Seite in Gleichung (Anhang B -1) bestraft die Kombinationen der Parameter, die zur Erhöhung der Modellberechnungszeit führen. Diese Erhöhung ist mit dem verwendeten Variable-Step-Solver verbunden, der bei ungünstigen Einstellungen der Regler während des Simulationsschrittes mehrmals zurückgesetzt werden oder den Berechnungsschritt verkleinern muss. Das Verhältnis von t_B zu t_S ist im Vergleich zu anderen Komponenten der Fitnessfunktion klein, ca. 10 : 1 – wenn sich das Ergebnis in der Nähe einer akzeptablen Lösung befindet, weshalb es den Optimierungsprozess in der entscheidenden Phase nicht dominiert. Das Optimierungsproblem ist wegen der Systemgleichungen sowie der Zielfunktion nicht linear. Eine der effektivsten Methoden für diese Kategorie ist das *Sequential Quadratic Programming* (SQP) [153]. Zum Lösen des Problems wurde die Implementierung von SQP im Response Optimization Tool von Matlab/Simulink [154] verwendet. Tabelle B-1 zeigt die Ausgangswerte der Optimierung und die Ergebnisse.

Tabelle B-1: Initialwerte und Ergebnisse der Optimierung

$K_{gov,vrb}$		$K_{gov,tln}$	
Init.	Erg.	Init.	Erg.
0,02	1,1564	5	6,25
$P_{Q,vrb}$		$P_{Q,tln}$	
Init.	Erg.	Init.	Erg.
5	76,5238	5	62,2359
$T_{Q,vrb}$		$T_{Q,tln}$	
Init.	Erg.	Init.	Erg.
1	0,2019	5	5,5908

Die Abbildung B-4 bis Abbildung B-9 zeigen den Vergleich der Verläufe der relevanten Größen bei Initial- und Endwerten.

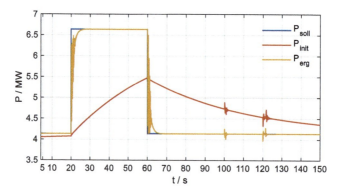

Abbildung B-4: Vergleich der Wirkleistungssteuerung des BHKWs im Verbundnetzbetrieb vor und nach der Optimierung der Reglerparameter

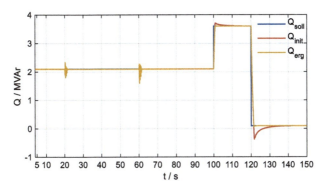

Abbildung B-5: Vergleich der Blindleistungssteuerung des BHKWs im Verbundnetzbetrieb vor und nach der Optimierung der Reglerparameter

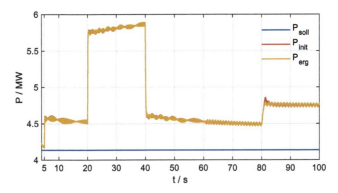

Abbildung B-6: Vergleich der Wirkleistungssteuerung des BHKWs im Teilnetzbetrieb vor und nach der Optimierung der Reglerparameter

a)

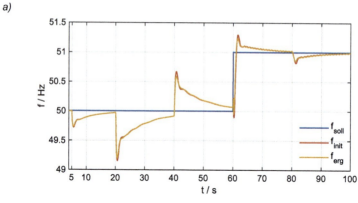

b)

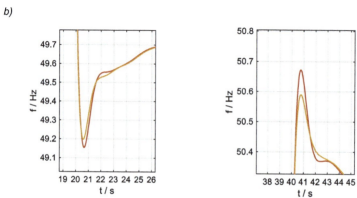

Abbildung B-7: Vergleich der Frequenzsteuerung des BHKWs im Teilnetzbetrieb vor und nach der Optimierung der Reglerparameter: a) vollständiger Verlauf, b) Nahaufnahmen

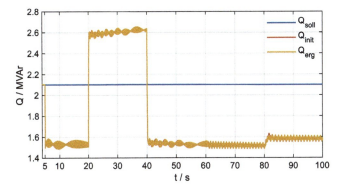

Abbildung B-8: Vergleich der Blindleistungssteuerung des BHKWs im Teilnetzbetrieb vor und nach der Optimierung der Reglerparameter

a)

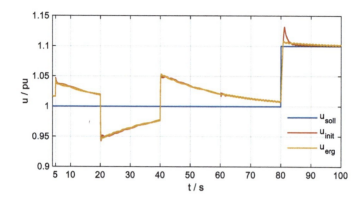

b)

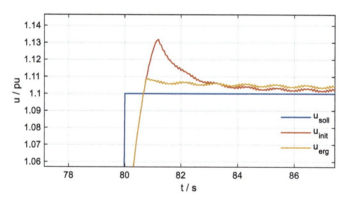

Abbildung B-9: Vergleich der Spannungssteuerung des BHKWs im Teilnetzbetrieb vor und nach
der Optimierung der Reglerparameter: a) vollständiger Verlauf, b) Nahaufnahmen

Anhang C Temperatur- und Bestrahlungsstärke einer Solarzelle

Für die PV-Anlage wurde eine Anordnung angenommen, die aus mehreren parallelgeschalteten Reihen von seriellen Modulen besteht, die wiederum die seriell geschalteten Solarzellen beinhalten. Die Leistung der Anlage summiert sich aus den Leistungen der einzelnen Zellen, unter Berücksichtigung der Konfiguration der Schaltung. Um die Zelleleistung zu berechnen, wird vom Strom einer einzelnen Zelle I_z ausgegangen. Wenn die Zelle nicht beleuchtet ist, fließt kein Photostrom I_{ph} und damit entspricht der Ausgangstrom dem negativen Diodenstrom I_D, der wiederum nach der Schockley-Gleichung vom Sättigungssperrstrom I_s, der Spannung U_D, der Temperaturspannung U_T und dem Emissionsfaktor m abhängt [87]:

$$I_Z = -I_D = -I_S \cdot (e^{\frac{U_D}{m \cdot U_T}} - 1)$$ (Anhang C -1)

Wenn die Zelle bestrahlt wird, aktiviert sich die Stromquelle (siehe Abbildung 5-12) und liefert den Photostrom, der nach dem Kirchhoffschen Gesetz im Ausgangstrom berücksichtigt werden muss:

$$I_Z = I_{Ph} - I_D = I_{Ph} - I_S \cdot (e^{\frac{U_D}{m \cdot U_T}} - 1)$$ (Anhang C -2)

Die Analyse der Abbildung 5-12a) zeigt, dass bei den kurzgeschlossenen Klemmen der Photostrom durch den Kurzschlussstrom I_K ersetzt werden kann. Mit dieser Annahme und ausgehend von der Leerlaufbedingung kann nun der Wert des Sperrstroms ermittelt werden:

$$I_{Ph} = I_K = I_S \cdot \left(e^{\frac{U_{D0}}{m \cdot U_T}} - 1 \right) \rightarrow I_S = \frac{I_K}{e^{\frac{U_{D0}}{m \cdot U_T}} - 1} \approx I_K \cdot e^{-\frac{U_{D0}}{m \cdot U_T}}$$ (Anhang C -3)

Der ‚-1'-Term in Gleichung (Anhang C -3) wurde weggelassen, da der Wert von U_T ca. 25 mV beträgt, was deutlich unter der Diodenspannung von ca. 500 bis 800 mV liegt [155]. Damit lässt sich der Ausgangstrom wie folgt ausdrücken:

$$I_Z = I_K - I_K \cdot e^{-\frac{U_{D0}}{m \cdot U_T}} \cdot \left(e^{\frac{U_D}{m \cdot U_T}} - 1 \right)$$ (Anhang C -4)

Gleichung (Anhang C -4) definiert aber nicht explizit die Abhängigkeit von der Bestrahlungsstärke E oder der Umgebungstemperatur T_U. Die Temperatur der Zelle unterscheidet sich von T_U aufgrund der während des Betriebs erzeugten Wärme [87]:

$$T_Z = T_U + c_T \cdot \frac{E}{E_{STC}}$$ (Anhang C -5)

Die Temperaturspannung in den Gleichungen (Anhang C -1) bis (Anhang C -4) ist direkt proportional zur Zellentemperatur [155]:

$$U_T = \frac{k}{q} \cdot T_Z$$ (Anhang C -6)

Die Leerlaufspannung der Zelle sowie der Kurzschlussstrom sind mit der Umgebungstemperatur durch den α_{U0}- bzw. α_{IK}-Koeffizient verbunden [134]:

$$U_{DOT} = U_{D0} \cdot \left[1 + \frac{\alpha_{U0}}{100} \cdot (T_Z - T_{STC})\right] \qquad \text{(Anhang C -7)}$$

$$I_{KT} = I_K \cdot \left[1 + \frac{\alpha_{IK}}{100} \cdot (T_Z - T_{STC})\right] \qquad \text{(Anhang C -8)}$$

Da angenommen wird, dass der Kurzschlussstrom dem Photostrom entspricht, (Anhang C -3), hängt auch dieser von der Bestrahlungsstärke E ab. Der Zusammenhang wird durch die folgende Gleichung dargestellt [87]:

$$I_{KTE} = I_{KT} \cdot \frac{E}{E_{STC}} \qquad \text{(Anhang C -9)}$$

Zusammenfassend lässt sich der Strom einer Zelle unter Berücksichtigung von E und T_U wie folgt ausdrücken:

$$I_Z = I_{KTE} - I_K \cdot e^{-\frac{U_{DOT}}{m \cdot U_T}} \cdot \left(e^{\frac{U_D}{m \cdot U_T}} - 1\right) \qquad \text{(Anhang C -10)}$$

Die verwendeten Koeffizienten sind in der folgenden Tabelle zusammengefasst.

Tabelle C-1: Koeffizienten der modellierten PV-Anlage [87], [156], [157]

Koeffizient	Symbol	Wert
Proportionalitätskonstante zur Berechnung der Modultemperatur für verschiedene Einbauvarianten	c_T	22 °C
Standard-Testing-Conditions-Bestrahlungsstärke	E_{STC}	1000 W/m^2
Boltzmannkonstante	K	1,381·10^{-23} Ws/K
Emissionsfaktor	m	1,0045
Elementarladung	Q	1,602·10^{-19} As
Standard-Testing-Conditions-Temperatur	T_{STC}	273,3 K
Temperaturkoeffizient des Kurzschlussstroms	α_{IK}	0,063698 %/°C
Temperaturkoeffizient der Leerlaufspannung	α_{U0}	-0,3397 %/°C

Anhang D Bestimmung der Gewichtungsfaktoren für die Zustandsschätzung

Der verwendete Zustandsschätzungsalgorithmus, der auf der Weighted Least Squares (WLS)-Methode basiert, zieht zur Bestimmung der Schätzvariablen Gewichtungsfaktoren heran. Die Auswahl der Faktoren hat einen entscheidenden Einfluss auf die Güte der Schätzgenauigkeit. Im Folgenden wird die durchgeführte Optimierung mittels GA erklärt.

Ausgehend von einem Initialbetriebszustand x_{0L} in der Form definierter Knotenwirk- und Blindleistungen der aggregierten NS-Abgänge wurde die Matrix X_L mit tausend zufälligen Betriebszuständen erzeugt, die mit der Standardabweichung σ_{xL} von $8/3 \cdot x_{0L}$ MW normalverteilt beaufschlagt sind. Der Initialbetriebszustand wurde so gewählt, dass die Wirkleistungen einzelner Knoten sich in der Mitte zwischen der maximalen und minimalen jährlichen Residuallast der Knoten befinden. Die angenommenen Residuallastprofile und deren Herleitung wurden in Kapitel 6.1.1 beschrieben. Die entsprechenden Blindleistungen werden mit $cos\varphi \geq 0{,}8$ gedeckt. Die Auswahl von σ_{xL} soll dazu führen, dass sich 99 % der erzeugten Fälle innerhalb von P_{min} und P_{max} der Residualprofile einzelner Knoten befinden. Die Aussage betrifft jedoch die kumulierte Last des gesamten Teilnetzes nicht ohne weiteres. Analog dazu wurde eine Matrix X_G erzeugt, die die möglichen Betriebszustände der MS-Generatoren, die normalverteilt innerhalb der Grenzen von P_{min}, P_{max}, Q_{min} und Q_{max} liegen, beinhaltet. Die erzeugten Betriebszustände sowohl der Lasten als auch der Generatoren sind von den anderen Knoten unabhängig.

Im zweiten Schritt wurden anhand der erzeugten Betriebszustände tausend Lastflussberechnungen durchgeführt. Aus den Ergebnissen wurden die Werte, die denen in Tabelle 5-1 entsprechen, entnommen und basierend darauf wurden die Messwerte erzeugt. Für die Leistungsmessung wurde ein normalverteilter Fehler von σ_{PQ} = 5 % angenommen, für die Spannungsamplitude einer von σ_U = 1 % und für die virtuellen Messungen keiner. Bezüglich der Pseudomesswerte der PQ-Lastmessung wurde vorausgesetzt, dass der VNB diesen Wert anhand von SLP und den in den Netzplänen vorhandenen Informationen über installierte Leistungen mit einer Genauigkeit von ±100 % feststellen kann. Deshalb wurde für die Pseudomesswerte ein normalverteilter Zufallswert mit dem Durchschnitt x_L und der Standardabweichung σ_{SLP} = 33 % erzeugt.

Als nächstes wurde eine Matlab-Implementierung eines GA verwendet [158]. Das Genom bestand aus den Gewichtungsfaktoren für die Pseudomesswerte, den physikalischen Messungen der Knotenleistungen, den physikalischen Messungen der Leitungsflüsse, den physikalischen Messungen der Spannungsamplituden sowie den virtuellen Messungen. Die Population bestand aus zwanzig Individuen. Um die Fitness des jeweiligen Individuums zu bewerten, wurden alle tausend Lastflüsse und die Zustandsschätzungsberechnungen mit den angenommenen Messwerten durchgeführt. Für die Bewertung eines Individuums wurde die Summe aus dem 70sten Perzentil der Wirkleistungsabweichung und dem 70sten Perzentil der Blindleistungsabweichung nach der Durchführung von tausend Lastflüssen und ZS gebildet, (Anhang D -1).

$$f_{fit} = P_{abw70} + Q_{abw70} \qquad\qquad\qquad \text{(Anhang D -1)}$$

Die Abweichungen sind nach (Anhang D -2) und (Anhang D -3) definiert.

$$P_{abw} = \sum_i \left(P_{LF,i} - P_{ZS,i} \right), i \in \{3,7,8,10 \dots 15\} \qquad \text{(Anhang D -2)}$$

$$Q_{abw} = \sum_i \left(Q_{LF,i} - Q_{ZS,i} \right), i \in \{3,7,8,10 \dots 15\} \qquad \text{(Anhang D -3)}$$

Dabei gilt:

- $P_{LF,i}$ – durch Lastfluss berechnete Wirkleistung am i-ten Knoten
- $Q_{LF,i}$ – durch Lastfluss berechnete Blindleistung am i-ten Knoten
- $P_{ZS,i}$ – durch Zustandsschätzung berechnete Wirkleistung am i-ten Knoten
- $Q_{ZS,i}$ – durch Zustandsschätzung berechnete Blindleistung am i-ten Knoten

Obwohl die Wirkleistung als wichtiger erachtet wird, wurden die Abweichungen nicht mit Gewichtungsfaktoren in der Fitnessfunktion multipliziert. Der Grund hierfür ist, dass die Summe in physikalischen Einheiten gebildet wurde und die Wirkleistung generell größere Werte als die Blindleistung annimmt. Wenn die Wirk- und Blindleistungsabweichungen auf ähnlichem Niveau gehalten werden, wird der relative Fehler der Wirkleistung kleiner. Alle Gewichtungsfaktoren wurden mit der gleichen Ober- und Untergrenze limitiert und liegen zwischen 0,001 und 100. Die Optimierung hat nach 79 Generationen konvergiert (siehe Abbildung D-1). Die resultierenden Werte sind in Tabelle D-1 dargestellt.

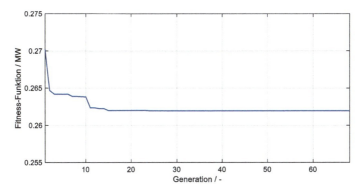

Abbildung D-1: Entwicklung der Fitness-Funktion während der Optimierung mithilfe genetischer Algorithmen

Tabelle D-1: Optimierte Werte der Gewichtungsfaktoren für die Eingangsmesswerte der Zustandsschätzung

Pseudo-messwerte der PQ Last*	physikalische Messung der PQ Erzeugung/Last*	physikalische Messung der Leitungsfluss-PQ*	physikalische Messung der Spannungs-amplitude	virtuelle Messungen
92,18	80,19	62,86	38,68	4,76

*Die Werte sind auf die Scheinleistung der Anlage bzw. des Betriebsmittels bezogen.

Abbildung D-2 stellt die kumulierten Abweichungen der Schätzung der Wirkleistung P_{abw} und der Blindleistung Q_{abw} an den Knoten dar, an denen Pseudomesswerte angenommen wurden. Zusätzlich ist auch die Abweichung der Summen dieser Wirkleistungen von den tatsächlichen Werten P_{blnz} aufgeführt. Wie zu sehen ist, liegt P_{blnz} bei ca. 70 % aller Fälle unter 0,5 MW. Die Berechnungen wurden mit den Werten aus Tabelle D-1 durchgeführt.

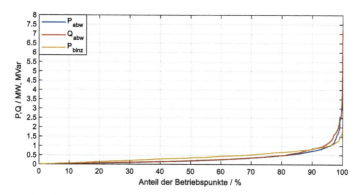

Abbildung D-2: Sortierte Abweichungen der Wirk- und Blindleistungen in Knoten mit PQ-
Pseudomesswerten

Anhang E Parameter des modellierten Teilnetzes

Tabelle E-1: Die Parameter der Leitungen im modellierten Teilnetz

Leitung	R+jX [Ω]	B [μS]
2-3	2,2144+j3,1647	209,9190
2-12	1,4128+j2,0191	133,9303
3-8	0,6513+j0,9308	61,7410
4-3	0,3056+j0,4368	28,9707
4-11	0,2455+j0,3508	23,2715
4-13	0,2806+j0,4010	26,5960
7-8	0,8367+j1,1957	79,3133
8-15	0,1603+j0,2291	15,1978
10-11	0,1653+j0,2363	15,6727
10-15	0,3858+j0,5513	36,5695
13-14	0,7715+j1,1026	73,1393

Tabelle E-2: Die Parameter der modellierten Transformatoren

Trans-formator	S_n [MVA]	V_1 [kV]	V_2 [kV]	r [p.u.]	x [p.u.]	r_m [p.u.]	l_m [p.u.]
12-1	20,00	20	11	0,002	0,08	500	500
13-5	6,25	20	3,3	0,002	0,08	500	500
14-6	6,25	20	3,3	0,002	0,08	500	500
15-9	6,25	20	3,3	0,002	0,08	500	500
HS-4	32,00	110	20	0,002	0,08	500	500

Tabelle E-3: Die Leistungswerte der MS/NS-Knotenlasten je nach Simulationsvariante und die Peak-Leistung der auf 400 V Ebene installierten PV-Anlagen

Knoten	Variante 1		Variante 2		Variante 3		P_{PVp} [MW]
	P_L [MW]	Q_L [MVar]	P_L [MW]	Q_L [MVar]	P_L [MW]	Q_L [MVar]	
1	-	-	-	-	-	-	-
2	-	-	-	-	-	-	-
3	0,3399	0,1415	0,5017	0,2089	0,4316	0,1797	0,6689
4	0,2924	0,0496	0,4317	0,1082	0,3173	0,0801	0,5755
5	-	-	-	-	-	-	-
6	-	-	-	-	-	-	-
7	0,0518	0,0218	0,0765	0,0474	0,0658	0,0351	0,1020
8	0,3975	0,0675	0,5869	0,1471	0,5048	0,1088	0,7825
9	-	-	-	-	-	-	-
10	0,4746	0,1753	0,7006	0,2587	0,6026	0,2226	0,9341
11	0,2234	0,0560	0,3298	0,0827	0,2837	0,0711	0,4397
12	3,2787	0,8275	4,8400	1,2215	4,1634	1,0507	6,4533
13	0,4928	0,0837	0,7275	0,1823	0,6258	0,1349	0,9700
14	0,3713	0,0630	0,5481	0,1374	0,4714	0,1016	0,7307
15	0,3484	0,1463	0,5143	0,3187	0,4424	0,2358	0,6857
Σ	6,2708	1,6322	9,2571	2,7129	7,9088	2,2204	12,3424

Anhang F Liste eigener Publikationen

[1]   M. Banka, D. Contreras, K. Rudion, "Multi-Agent Based Strategy for Controlled Islanding and System Restoration Employing Dispersed Generation," June 2020, *CIRED Workshop 2020*, Berlin.

[2]   M. Buchner, M. Banka, K. Rudion, "Coordination of the Islanding and Resynchronization Process of Microgrids Through a Smart Meter Gateway Interface," June 2020, *CIRED Workshop 2020*, Berlin.

[3]   M. Banka, K. Rudion, "Integrated Simulation Environment for Investigation of Multi-Agent Systems in Smart Grids Applications," September 2019, *Modern Electric Power Systems (MEPS)*, Wroclaw, Poland.

[4]   D. Contreras, O. Laribi, M. Banka, "Assessing the Flexibility Provision of Microgrids in MV Distribution Grids," June 2018, *CIRED 2018 Ljubljana Workshop*, Ljubljana, Slovenia.

[5]   M. Banka, D. Contreras, K. Rudion, "Hardware-in-the-loop test bench for investigation of DER integration strategies within a multi-agent-based environment," June 2018, *2018 IEEE International Energy Conference (ENERGYCON)*, Limassol, Cyprus.

[6]   I. Bielchev, M. Richter, M. Banka, P. Trojan, Z.A. Styczynski, A. Naumann, P. Komarnicki, "Dynamic distribution grid management through the coordination of decentralized power units," July 2015, *2015 IEEE Power&Energy Society General Meeting*, Denver, Colorado, USA.

[7]   M. Ciurys, M. Banka, I. Dudzikowski, „Analiza pracy prądnicy trójfazowej z magnesami trwałymi w elektrowni wiatrowej małej mocy," in *Przegląd Elektrotechniczny*, 2013, Bd. 89, Nr. 2b, S. 120-123.

Literaturverzeichnis

[1] *Deutschland ist bei der Versorgungszuverlässigkeit Spitze.* [Online]. Ver-
     fügbar:
     https://www.vde.com/de/fnn/arbeitsgebiete/versorgungsqualitaet/versorgun
     gszuverlaessigkeit/versorgungszuverlaessigkeit2019 (abgerufen:
     05.07.2021).

[2] T. Petermann, H. Bradke, A. Lüllmann, M. Poetzsch, U. Riehm, *Was bei
     einem Blackout geschieht: Folgen eines langandauernden und großflächi-
     gen Stromausfalls*, 2. Auflage, Berlin: Edition Sigma, 2013, ISBN 978-3-
     8360-8133-7.

[3] A. J. Schwab, *Elektroenergiesysteme: Erzeugung, Transport, Übertragung
     und Verteilung elektrischer Energie*, 2. Auflage, Berlin, Heidelberg: Springer
     Berlin Heidelberg, 2009, ISBN 978-3-540-92226-1.

[4] S. Piaszeck, L. Wenzel, A. Wolf, "Regional Diversity in the Costs of Electric-
     ity Outages Results for German Counties," *HWWI Research Paper*, Sep-
     tember, 2013. [Online]. Verfügbar:
     http://www.hwwi.org/fileadmin/hwwi/Publikationen/Research/Paper/Paper_1
     04-/HWWI_Research_Paper_142.pdf (abgerufen: 22.04.2019).

[5] *Verordnung (EU) 2017/1485 der Kommision vom 2. August 2017 zur Fest-
     legung einer Leitlinie für den Übertragungsnetzbetrieb (Text von Bedeutung
     für den EWR)*, 2017. [Online]. Verfügbar: https://eur-lex.europa.eu/legal-
     content/DE/TXT/PDF/?uri=CELEX:32017R1485&from=DE (abgerufen:
     03.02.2021).

[6] H. Berndt, M. Hermann, H. Kreye, R. Reinisch, U. Scherer, J. Vanzetta,
     "TransmissionCode 2007 Netz- und Systemregeln der deutschen Übertra-
     gungsnetzbetreiber," Verband der Netzbetreiber - VDN, Aug. 2007. [Online].
     Verfügbar:
     https://www.vde.com/resource/blob/937758/14f1b92ea821e9e19ee13fc798
     c1ee0e/transmissioncode-2007--netz--und-systemregeln-der-deutschen-
     uebertragungsnetzbetreiber-data.pdf (abgerufen: 03.02.2021).

[7] P. Rasch, "Netzwiederaufbaukonzept und -training bei E.ON Netz," in *VDE
     Kongress 2004*, Berlin, 18.-20.10.2004.

[8] *VDE-AR-N 4120: Technische Anschlussregeln für den Anschluss von Kun-
     denanlagen an das Hochspannungsnetz und deren Betrieb (TAR Hoch-
     spannung)*, VDE, November 2018.

[9]   S. Riepl, „Grobes und prinzipielles Schema der Stromversorgung in
      Deutschland." Wikimedia Commons. [Online]. Verfügbar:
      https://commons.wikimedia.org/wiki/File:Stromversorgung.svg (abgerufen:
      01.05.2023).

[10] C. Hebling, M. Ragwitz, T. Fleiter, U. Groos, D. Härle, A. Held, M. Jahn, N.
      Müller, T. Pfeifer, P. Plötz, O. Ranzmeyer, A. Schaadt, F. Sensfuß, T. Smo-
      linka, M. Wietschel, "Eine Wasserstoff-Roadmap für Deutschland," Okt.
      2019. [Online]. Verfügbar:
      https://www.ise.fraunhofer.de/content/dam/ise/de/documents/publications/st
      udies/2019-10_Fraunhofer_Wasserstoff-Roadmap_fuer_Deutschland.pdf
      (abgerufen: 15.11.2020).

[11] D. Oeding, B. R. Oswald, Elektrische Kraftwerke und Netze, 8. Auflage,
      Berlin, Heidelberg: Springer Berlin Heidelberg, 2016, ISBN 978-3-662-
      52702-3.

[12] Bundesnetzagentur für Elektrizität, Gas, Telekommunikation, Post und
      Eisenbahnen, "Genehmigung des Szenariorahmens 2021-2035," Jun. 2020.
      [Online]. Verfügbar:
      https://www.netzausbau.de/SharedDocs/Downloads/DE/2035/SR/Szenarior
      ahmen_2035_Genehmigung.pdf?__blob=publicationFile (abgerufen:
      27.08.2020).

[13] E.DIS AG, ENSO NETZ GmbH, Städtische Werke Magdeburg GmbH& Co.
      KG, Avacon AG, Mitteldeutsche Netzgesellschaft Strom mbH, Stromnetz
      Berlin GmbH, Stromnetz Hamburg GmbH, TEN Thüringer Energienetze
      GmbH, WEMAG Netz GmbH, 50Hertz Transmission GmbH, „10-Punkte-
      Programm der 110-kV-Verteilnetzbetreiber (VNB) und des Übertragungs-
      netzbetreibers (ÜNB) der Regelzone 50Hertz zur Weiterentwicklung der
      Systemdienstleistungen (SDL) mit Integration der Möglichkeiten von de-
      zentralen Energieanlagen" [Online]. Verfügbar:
      https://www.50hertz.com/de/News/Details/id/1185/10-punkte-programm-
      der-110-kv-verteilnetzbetreiber-und-des-uebertragungsnetzbetreibers-der-
      regelzone-50hertz-zur-weiterentwicklung-der-systemdienstleistungen (ab-
      gerufen: 15.11.2020).

[14] Marktstammdatenregister (MaStR). [Online]. Verfügbar:
      https://www.marktstammdatenregister.de/MaStR/Akteur/Marktakteur/Index
      Oeffentlich (abgerufen: 09.07.2021).

[15] S. Liu, Y. Hou, C.-C. Liu, R. Podmore, "The Healing Touch: Tools and
      Challenges for Smart Grid Restoration," IEEE Power and Energy Mag., Bd.
      12, Nr. 1, S. 54–63, 2014, doi: 0.1109/MPE.2013.2285609.

[16] J. Albrecht, L. Lamy, C. Norlander, J. Fijalkowski, A. Gutierrez Pedraza, R. Charapek, T. Smieja, E. Effnberger, H. Speakman, "Development and Setup of the first European-wide real-time Awareness System (EAS) for the Transmission System Operators of ENTSO-E," in *Cigre Session Papers & Proceedings.* [Online]. Verfügbar: https://e-cigre.org/publication/C2-206_2012-development-and-setup-of-the-first-european-wide-real-time-awareness-system-eas-for-the-transmission-system-operators-of-entso-e (abgerufen: 12.11.2020).

[17] ENTSO-E, "Policy on Emergency and Restoration", Ver. 220215. [Online]. Verfügbar: https://eepublicdownloads.entsoe.eu/clean-documents/SOC%20documents/SAFA_for_RG_CE/SAFA_for_RG_CE_-_07_-_Annex_05_-_Policy_on_Emergency_and_Restoration_220215.docx (abgerufen: 20.08.2022).

[18] ENTSO-E, "Technical Background and Recommendations for Defence Plans in the Continental Europe Synchronous Area," European Network of Transmission System Operators for Electricity, 2010. [Online]. Verfügbar: https://eepublicdownloads.entsoe.eu/clean-documents/pre2015/publications/entsoe/RG_SOC_CE/RG_CE_ENTSO-E_Defence_Plan_final_2011_public.pdf (abgerufen: 12.11.2020).

[19] Z. Kremens, M. Sobierajski, *Analiza systemów elektroenergetycznych.* Warszawa: Wydawnictwa Naukowo-Techniczne, 1996, ISBN 83-204-2060-1.

[20] M. Eremia, M. Shahidehpour, "Restoration Processes after Blackouts," in *IEEE press series on power engineering*, Bd. 39, *Handbook of electrical power system dynamics: Modeling, stability, and control*, M. Shahidehpour, M. Eremia, Hrsg., Hoboken: Wiley IEEE Press, 2013, S. 864–899. [Online]. Verfügbar: http://ieeexplore.ieee.org/document/6482752 (abgerufen: 04.09.2021).

[21] A. Aggarwal, S. Kunta, P. K. Verma, "A proposed communications infra-structure for the smart grid," in *Innovative smart grid technologies (ISGT), 2010: 19 - 21 Jan. 2010, Gaithersburg, Maryland, USA; Innovative Smart Grid Technologies Conference*, Gaithersburg, MD, USA, 2010, S. 1–5.

[22] Y. Besanger, M. Eremia, N. Voropai, "Major Grid Blackouts: Analysis, Classification, and Prevention," in *IEEE press series on power engineering*, Bd. 39, *Handbook of electrical power system dynamics: Modeling, stability, and control*, M. Shahidehpour, M. Eremia, Hrsg., Hoboken: Wiley IEEE Press, 2013, ISBN 978-1-118-49717-3, S. 789–863.

[23] C. Chen, J. Wang, D. Ton, "Modernizing Distribution System Restoration to Achieve Grid Resiliency Against Extreme Weather Events: An Integrated Solution," *Proceedings IEEE*, Bd. 105, Nr. 7, S. 1267–1288, 2017, doi: 10.1109/JPROC.2017.2684780.

[24] P. Pourbeik, P. S. Kundur, C. W. Taylor, "The anatomy of a power grid blackout - Root causes and dynamics of recent major blackouts," *IEEE Power and Energy Magazine*, Bd. 4, Nr. 5, S. 22–29, 2006, doi: 10.1109/MPAE.2006.1687814.

[25] H. Woiton, "Netzwiederaufbau & IKT. Anforderungen und gegenseitige Abhängigkeiten," in *dena Workshop IT-Sicherheit und robustes Regelverhalten in Smart Grids*, 27.11.2014, Berlin.

[26] U. G. Knight, *Power systems in emergencies: From contingency planning to crisis management*. Chichester, England, New York: John Wiley, 2001, ISBN 978-0-471-49016-6.

[27] North American Electric Reliability Council, Hrsg., "Technical Analysis of the August 14, 2003, Blackout: What Happened, Why, and What Did We Learn?: Report to the NERC Board of Trustees by the NERC Steering Group," Jul. 2004. [Online]. Verfügbar: https://www.nerc.com/docs/docs/blackout/NERC_Final_Blackout_Report_0 7_13_04.pdf (abgerufen: 15.11.2020).

[28] S. Corsi, C. Sabelli, "General blackout in Italy Sunday September 28, 2003, h. 03:28:00," in *2004 IEEE Power Engineering Society General Meeting: Denver, CO, 6-10 June, 2004*, Denver, CO, USA, 2004, S. 1691–1702.

[29] *VDE-AR-N 4130: Technische Anschlussregeln für den Anschluss von Kundenanlagen an das Höchstspannungsnetz und deren Betrieb (TAR Höchstspannung)*, VDE, November 2018.

[30] A. Bielaczyc, S. Lasota, P. Sarnecki, J. Naumowicz, "Rola Elektrowni Kozienice w obronie i odbudowie zasilania KSE," in *Energotest. XVII Seminarium "Automatyka w elektroenergetyce"*, Zawiercie, Polen, 23.-25.04.2014.

[31] *Verordnung (EU) 2017/2196 der Kommission vom 24. November 2017 zur Festlegung eines Netzkodex über den Notzustand und den Netzwiederaufbau des Übertragungsnetzes*, 2017. [Online]. Verfügbar: https://eur-lex.europa.eu/legal-content/DE/TXT/PDF/?uri=CELEX:32017R2196&from=EN (abgerufen: 04.11.2020).

[32] S. Almeida de Graff, "Power system restoration – World practices & future trends," *ELECTRA*, June 2019, S. 44–45, 2019.

[33] C. Steinhart, M. Finkel, M. Gratza, R. Witzmann, G. Kerber, M. Uhrig, K. Schaarschmidt, S. Baumgartner, H. Wackerl, T. Wopperer, T. Nagel, M. Kreißl, M. Mücke, C. Maschmann, G. Remmers, "Abschlussbericht zum Verbundvorhaben LINDA," Jan. 2019. [Online]. Verfügbar: https://www.lew-verteilnetz.de/media/1284/schlussbericht_linda_final.pdf (abgerufen: 15.11.2020).

[34] W. Heckmann, "NETZ:KRAFT Netzwiederaufbau unter Berücksichtigung zukünftiger Kraftwerkstrukturen: öffentlicher Abschlussbericht," Feb. 2019. [Online]. Verfügbar: https://www.iee.fraunhofer.de/content/dam/iee/energiesystemtechnik/de/Do kumente/Projekte/NETZKRAFT-Abschlussbericht-mit-Deckblatt-Anhang-2019-02-20.pdf (abgerufen: 15.11.2020).

[35] D. Raoofsheibani, P. Hinkel, W. Wellßow, "A Quasi-Dynamic Tool for Validation of Power System Restoration Strategies at Distribution Level," in *2019 IEEE Milan PowerTech*, Milano, Italien, 2019. [Online]. Verfügbar: https://www.semanticscholar.org/paper/A-Quasi-Dynamic-Tool-for-Validation-of-Power-System-Raoofsheibani-Hinkel/205f68a04344716d276f00b91630a6e04cb22ebb (abgerufen: 18.01.2021).

[36] E. Torabi, Y. Guo, G. Rossa-Weber, M. Schrammel, W. Gawlik, P. Hinkel, M. Zugck, D. Raoofsheibani, W. Wellßow, R. Schmaranz, E. Traxler, L. Fiedler, M. Ostermann, R. Krebs, "Impact of Renewable and Distributed Generaion on Grid Restoration Strategies," in *25th International Conference on Electricity Distribution*, Madrid, Spanien, 3-6 Jun. 2019. [Online]. Verfügbar: *https://www.semanticscholar.org/paper/IMPACT-OF-RENEWABLE-AND-DISTRIBUTED-GENERATION-ON-Torabi-Hinkel/dbe1bc9fb50e6e6368548f732f98880ca3fae288,* (abgerufen: 18.01.2021).

[37] P. Hinkel, D. Henschel, M. Zugck, W. Wellßow, E. Torabi, Y. Guo, G. Rossa-Weber, W. Gawlik, E. Traxler, L. Fiedler, R. Schmaranz, "Control Center Interfaces and Tools for Power System Restoration," in *International ETG-Congress 2019; ETG Symposium*, Esslingen, 8-9 Mai 2019. Verfügbar: *https://www.semanticscholar.org/paper/Control-Center-Interfaces-and-Tools-for-Power-Torabi-Schmaranz/0dcfb158d460b972842965239e34febdeb558f0f,* (abgerufen: 29.07.2020).

[38] *VDE-AR-N 4105: Erzeugungsanlagen am Niederspannungsnetz: Technische Mindestanforderungen für Anschluss und Parallelbetrieb von Erzeugungsanlagen am Niederspannungsnetz*, VDE, Nov. 2018.

[39] W. Gawlik, "SORGLOS -Smarte Robuste Regenerativ Gespeiste Blackout-feste Netzabschnitte," Publizierbarer Endbericht, Technische Universität Wien –Institut für Energiesysteme und Elektrische Antriebe, Apr. 2015. [Online]. Verfügbar: https://www.ea.tuwien.ac.at/fileadmin/t/ea/projekte/SORGLOS/Sorglos_838 771_vorlaeufiger_Endbericht.pdf (abgerufen: 15.11.2020).

[40] O. Y. Bong, M. R. Lee, N. H. Lee, "Development of automatic power resto-ration system in KEPCO real power system," in *IEEE/PES Transmission and Distribution Conference and Exhibition 2002, Asia Pacific: New wave of T & D technology from Asia Pacific: conference proceedings: Pacific Con-vention Plaza Yokohama, Yokohama, Japan, October 6-10, 2002*, Yoko-hama, Japan, 2002, S. 1691–1694.

[41] C. Marnay, H. Aki, K. Hirose, A. Kwasinski, S. Ogura, and T. Shinji, "Japan's Pivot to Resilience: How Two Microgrids Fared After the 2011 Earthquake," *IEEE Power and Energy Mag.*, Bd. 13, Nr. 3, S. 44–57, 2015, doi: 10.1109/MPE.2015.2397333.

[42] M. N. S. Ariyasinghe, K. T. M. U. Hemapala, "Microgrid Test-Beds and Its Control Strategies," *SGRE*, Bd. 04, Nr. 01, S. 11–17, 2013, doi: 10.4236/sgre.2013.41002.

[43] R. Bayindir, E. Bekiroglu, E. Hossain, E. Kabalci, "Microgrid facility at Euro-pean union," in *International Conference on Renewable Energy Research and Application (ICRERA), 2014: 19 - 22 Oct. 2014, Milwaukee, WI, USA*, Milwaukee, WI, USA, 2014, S. 865–872.

[44] J. M. Solanki, S. Khushalani, N. N. Schulz, "A Multi-Agent Solution to Distri-bution Systems Restoration," *IEEE Transactions on Power Systems*, Bd. 22, Nr. 3, S. 1026–1034, 2007, doi: 10.1109/TPWRS.2007.901280.

[45] A. Prostejovsky, W. Lepuschitz, T. Strasser, M. Merdan, "Autonomous service-restoration in smart distribution grids using Multi-Agent Systems," in *2012 25th IEEE Canadian Conference on Electrical and Computer Engi-neering (CCECE)*, 2012, S. 1–5.

[46] A. Prostejovsky, "A Multi-Agent-Based Smart Grid Control Approach. MASGrid," in *ComForEn 2012* Wels, Österreich, 05.09.2012.

[47] T. T. Ha Pham, Y. Besanger, N. Hadjsaid, D. L. Ha, "Optimizing the re-energizing of distribution systems using the full potential of dispersed gen-eration," in *2006 IEEE Power Engineering Society General Meeting*, 2006.

[48] C.-C. Liu, H. Li, Y. Zoka, "New Applications of Multi-Agent System Technologies to Power Systems," in *Autonomous Systems and Intelligent Agents in Power System Control and Operation*, Rehtanz, Hrsg.: Springer Berlin Heidelberg, 2003, S. 247–277. [Online]. Verfügbar: https://www.researchgate.net/publication/299710224_New_Applications_of _Multi-Agent_System_Technologies_to_Power_Systems (abgerufen: 15.05.2021).

[49] CIGRÉ Technical Brochure, "Benchmark systems for network integration of renewable and distributed energy resources," Ref. 575, C6, WG C6.04, 2014, ISBN 978-285-873-270-8.

[50] Bundesverband der Energie- und Wasserwirtschaft e.V., „Erneuerbare Energien und das EEG: Zahlen, Fakten, Grafiken (2017): Anlagen, installierte Leistung, Stromerzeugung, Marktintegration der Erneuerbaren Energien, EEG-Auszahlungen und regionale Verteilung der EEG-Anlagen." Foliensatz zur BDEW-Energie-Info. [Online]. Verfügbar: https://www.dieter-bouse.de/app/download/5810146463/BDEW_Erneuerbare+Energien+und+ das+EEG+- +Zahlen%2C+Fakten+und+Grafiken+2017%2C+Foliensatz+Juli+2017.pdf (abgerufen: 27.08.2020).

[51] Bundesnetzagentur für Elektrizität, Gas, Telekommunikation, Post und Eisenbahnen, "EEG in Zahlen 2018". [Online]. Verfügbar: https://www.bundesnetzagentur.de/DE/Sachgebiete/ElektrizitaetundGas/Un terneh-men_Institutionen/ErneuerbareEnergien/ZahlenDatenInformationen/zahlenu nddaten-node.html (abgerufen: 27.08. 2020).

[52] Bundesnetzagentur für Elektrizität, Gas, Telekommunikation, Post und Eisenbahnen, "Bedarfsermittlung 2019-2030: Bestätigung Netzentwicklungsplan Strom," Dez. 2019. [Online]. Verfügbar: https://www.netzentwicklungsplan.de/de/netzentwicklungsplaene/netzentwic klungsplan-2030-2019 (abgerufen: 01.06.2020).

[53] D. Wang, *Microgrid Based on Photovoltaic Energy for Charging Electric Vehicle Stations: Charging and Discharging Management Strategies in Communication with the Smart Grid*, Dissertation, Université de Technologie de Compiègne, 2021.

[54] F. J. Soares, P. N. P. Barbeiro, C. Gouveia, J. A. P. Lopes, "Impacts of
      Plug-in Electric Vehicles Integration in Distribution Networks Under Different
      Charging Strategies," in *Power Systems, Plug in electric vehicles in smart
      grids*, S. Rajakaruna, F. Shahnia, A. Ghosh, Hrsg., Singapore Springer:
      Springer Singapore, 2015, ISBN 978-981-287-317-0, S. 89–137. [Online].
      Verfügbar: https://doi.org/10.1007/978-981-287-317-0_4 (abgerufen:
      15.04.2021).

[55] D. Baimel, S. Tapuchi, N. Baimel, "Smart Grid Communication Technolo-
      gies," *JPEE*, Bd. 04, Nr. 08, S. 1–8, 2016, doi: 10.4236/jpee.2016.48001.

[56] C. Hachmann, M. Valov, G. Lammert, W. Heckmann, M. Braun, "Unterstüt-
      zung des Netzwiederaufbaus durch Ausregelung der dezentralen Erzeu-
      gung im Verteilnetz," in *Tagung Zukünftige Stromnetze für erneuerbare
      Energien*, Berlin, 30.-31. Jan. 2018.

[57] J. Gao, Y. Xiao, J. Liu, W. Liang, C. P. Chen, "A survey of communica-
      tion/networking in Smart Grids," *Future Generation Computer Systems*, Bd.
      28, Nr. 2, S. 391–404, 2012, doi: 10.1016/j.future.2011.04.014.

[58] R. Mattioli, K. Moulinos, "Communication network dependencies in smart
      grids," ENISA, 2015. [Online]. Verfügbar:
      https://www.enisa.europa.eu/publications/communication-network-
      interdependencies-in-smart-grids/@@download/fullReport (abgerufen:
      14.02.2021).

[59] BDEW Internetportal. *Ausbau des 450MHz-Funknetzes geht voran* [Online].
      Verfügbar: https://www.bdew.de/energie/ausbau-des-450mhz-funknetzes-
      geht-voran/ (abgerufen: 14.08.2022)

[60] M. Ali, N. Bizon, "Communications for Electric Power System," in *Power
      Systems, Reactive power control in AC power systems: Fundamentals and
      current issues*, N. Mahdavi Tabatabaei, A. Jafari Aghbolaghi, N. Bizon, F.
      Blaabjerg, Hrsg., Cham: Springer, 2017, ISBN 978-3-319-51118-4, S. 547–
      559.

[61] V. C. Gungor, D. Sahin, T. Kocak, S. Ergut, C. Bucella, C. Cecati, G. P.
      Hancke, "A Survey on Smart Grid Potential Applications and Communica-
      tion Requirements," *IEEE Transactions on Industrial Informatics*, Bd. 9, Nr.
      1, S. 28–42, 2013, doi: 10.1109/TII.2012.2218253.

[62] A. G. Phadke, J. S. Thorp, *Synchronized Phasor Measurements and Their
      Applications*, 2. Auflage. Cham: Springer International Publishing, 2017,
      ISBN 978-3-319-50584-8.

[63] D. Groß, *Zustandsschätzung für eine aktive Verteilnetzführung unter Berücksichtigung einer defizitären Messinfrastruktur*, 1. Auflage., Dissertation,
Institut für Energieübertragung und Hochspannungstechnik, Universität
Stuttgart, Norderstedt: BoD - Books on Demand, 2020, ISBN 978-3-75262-
953-8.

[64] Q.-C. Zhong, T. Hornik, *Control of power inverters in renewable energy and
smart grid integration*. Chichester, West Sussex, Piscataway, New Jersey:
Wiley A John Wiley & Sons Ltd. Publications IEEE Press, 2013, ISBN 978-
0-470-66709-5.

[65] E. Rosołowski, *Komputerowe metody analizy elektromagnetycznych stanów
przejściowych*. Wrocław: Oficyna Wydawnicza Politechniki Wrocławskiej,
2009, ISBN 978-83-7493-487-9.

[66] T. Demiray, G. Andersson, L. Busarello, "Evaluation study for the simulation
of power system transients using dynamic phasor models," in *IEEE/PES
Transmission and Distribution Conference and Exposition: Latin America,
2008: Bogota, Columbia, 13 - 15 August 2008*, Bogota, Colombia, 2008, S.
1–6.

[67] Hydro-Québec, "Simscape™ Electrical™: User's Guide (Specialized Power
Systems)," [Online]. Verfügbar:
https://de.mathworks.com/help/pdf_doc/physmod/sps/powersys_ug.pdf
(abgerufen: 28.10.2020).

[68] J. Belikov, Y. Levron, "Comparison of time-varying phasor and dq 0 dynamic models for large transmission networks," *International Journal of Electrical Power & Energy Systems*, Bd. 93, S. 65–74, 2017, doi:
10.1016/j.ijepes.2017.05.017.

[69] T. Demiray, G. Andersson, "Comparison of the efficiency of dynamic phasor
models derived from ABC and DQO reference frame in power system dynamic simulations," in *7th IET International Conference on Advances in
Power System Control, Operation and Management (APSCOM 2006)*,
2006, Hing Kong, China, 2006.

[70] F. Milano, *Power System Modelling and Scripting*. Berlin, Heidelberg:
Springer Berlin Heidelberg, 2010, ISBN 978-3-642-13668-9.

[71] Mathworks Internetportal, *Solve stiff differential equations — trapezoidal
rule + backward differentiation formula - MATLAB ode23tb - MathWorks
Deutschland*. [Online]. Verfügbar:
https://de.mathworks.com/help/matlab/ref/ode23tb.html (abgerufen:
28.10.2020).

[72] Bundesministerium für Wirtschaft und Energie, "Innovation durch For-
      schung: Energiewende - ein gutes Stück Arbeit. Erneuerbare Energien und
      Energieeffizienz: Projekte und Ergebnisse der Forschungsförderung 2017,"
      Feb. 2018. [Online]. Verfügbar: https://strom-
      forschung.de/fileadmin/user_upload/Publikationen/Broschueren/innovation-
      durch-forschung-2017.pdf (abgerufen: 20.09.2020).

[73] M. Kaltschmitt, H. Hartmann, H. Hofbauer, *Energie aus Biomasse: Grund-
      lagen, Techniken und Verfahren*, 3. Auflage. Berlin, Heidelberg: Springer
      Vieweg, 2016, ISBN 978-3-662-47438-9.

[74] L. Hannett, F. de Mlello, G. Tylinski, W. Becker, "Validation of Nuclear Plant
      Auxiliary Power Supply By Test," *IEEE Trans. on Power Apparatus and
      Syst.*, PAS-101, Nr. 9, S. 3068–3074, 1982, doi:
      10.1109/TPAS.1982.317551.

[75] S. Roy, O. P. Malik, G. S. Hope, "An adaptive control scheme for speed
      control of diesel driven power-plants," *IEEE Trans. On energy Conversion*,
      Bd. 6, Nr. 4, S. 605–611, 1991, doi: 10.1109/60.103632.

[76] K. E. Yeager, J. R. Willis, "Modeling of emergency diesel generators in an
      800 megawatt nuclear power plant," *IEEE Trans. On energy Conversion*,
      Bd. 8, Nr. 3, S. 433–441, 1993, doi: 10.1109/60.257056.

[77] L. Wang, P.-Y. Lin, "Analysis of a Commercial Biogas Generation System
      Using a Gas Engine–Induction Generator Set," *IEEE Trans. On energy
      Conversion*, Bd. 24, Nr. 1, S. 230–239, 2009, doi:
      10.1109/TEC.2008.2006554.

[78] J. Machowski, J. W. Bialek, J. R. Bumby, *Power system dynamics: Stability
      and control*, 2. Auflage. Chichester: Wiley, 2012, ISBN 978-0-470-72558-0.

[79] *421.5-2005 IEEE Recommended Practice for Excitation System Models for
      Power System Stability Studies*. S.I.: IEEE / Institute of Electrical and Elec-
      tronics Engineers Incorporated. [Online]. Verfügbar:
      http://ieeexplore.ieee.org/servlet/opac?punumber=10828 (abgerufen:
      22.01.2020).

[80] "Synchronous Machine Control Models," in *Power System Dynamics and
      Stability: With Synchrophasor Measurement and Power System Toolbox*, 2.
      Auflage, P. W. Sauer, M. A. Pai, J. H. Chow., Hrsg., Chichester, UK: John
      Wiley & Sons, Ltd, 2017, ISBN 978-1-119-35579-3, S. 53–70.

[81] H.-P. Beck, R. Hesse, "Virtual synchronous machine," in *2007 9th Interna-
      tional Conference on Electrical Power Quality and Utilisation*, Barcelona,
      Spain, Okt. 2007, S. 1–6.

[82] J. Driesen, K. Visscher, "Virtual synchronous generators," in *2008 IEEE Power and Energy Society General Meeting – Conversion and Delivery of Electrical Energy in the 21st Century*, Pittsburgh, PA, USA, Jul. 2008, S. 1–3.

[83] P. M. Anderson, A. A. Fouad, *Power system control and stability*. Piscataway, New Jersey, Hoboken, New Jersey, Piscataway, New Jersey: IEEE Press Wiley-Interscience; IEEE Xplore, 2002, ISBN 0-471-23862-7.

[84] P. S. Kundur, *Power system stability and control*, N. J. Balu, M. G. Lauby, Hrsg., Chennai, New York, St. Louis, San Francisco, Auckland, Bogotá, Caracas, Kuala Lumpur, Lisbon, London, Madrid, Mexico City, Milan, Montreal, San Juan, Santiago, Singapore, Sydney, Tokyo, Toronto: Mc Graw Hill Education (India) Private Limited, 1994, ISBN 0-07-035958-X.

[85] G. Andersson, *Dynamics and Control of Electric Power Systems: Lecture 227-0528-00,* Vorlesungsskript, ITET ETH, Zürich, Schweiz.

[86] A. Gkountaras, "Modeling techniques and control strategies for inverter dominated microgrids," Dissertation, Technische Universität Berlin, Berlin, 2017, ISBN 978-3-7983-2873-0. [Online]. Verfügbar: http://nbn-resolving.de/urn:nbn:de:101:1-201804161395 (abgerufen: 03.03.2021).

[87] V. Quaschning, *Regenerative Energiesysteme: Technologie; Berechnung; Simulation; mit 119 Tabellen,* 9. Auflage. München: Hanser, 2015, ISBN 978-3-446-44333-4. [Online]. Verfügbar: http://sub-hh.ciando.com/book/?bok_id=1914994 (abgerufen: 27.06.2021).

[88] SMA Solar Technology AG, "Sunny Tripower 8.0 / 10.0 mit SMA Smart Connected," Datenblatt. [Online]. Verfügbar: https://files.sma.de/downloads/STP8-10-3AV-40-DS-de-20.pdf (abgerufen: 13.09.2020).

[89] ads-tec Holding GmbH, "Maxi StoraXe – Home & Small Business. System SRS2019 / SRS2028 / SRS2047: Betriebsanleitung," Betriebsanleitung.

[90] F. Friend, "Cold load pickup issues," in *62nd Annual Conference for Protective Relay Engineers, 2009: March 30, 2009 – April 2, 2009, College Station, TX, USA*, College Station, TX, USA, 2009, S. 176–187.

[91] S. Ihara, F. Schweppe, "Physically Based Modeling of Cold Load Pickup," *IEEE Trans. On Power Apparatus and Syst.*, PAS-100, Nr. 9, S. 4142–4150, 1981, doi: 10.1109/TPAS.1981.316965.

[92] E. Agneholm, J. E. Daalder, "Load recovery in the pulp and paper industry following a disturbance," *IEEE Transactions on Power Systems*, Bd. 15, Nr. 2, S. 831–837, 2000, doi: 10.1109/59.867181.

[93]   E. Agneholm, J. Daalder, "Cold load pick-up of residential load," *IEE Proceedings – Generation, Transmission and Distribution*, Bd. 147, Nr. 1, S. 44–50, 2000, doi: 10.1049/ip-gtd:20000058.

[94]   V. Kumar, H.C.R. Kumar, I. Gupta, H. O. Gupta, "DG Integrated Approach for Service Restoration Under Cold Load Pickup," *IEEE Transactions on Power Delivery*, Bd. 25, Nr. 1, S. 398–406, 2010, doi: 10.1109/TPWRD.2009.2033969.

[95]   J. J. Wakileh, A. Pahwa, "Distribution system design optimization for cold load pickup," *IEEE Transactions on Power Systems*, Bd. 11, Nr. 4, S. 1879–1884, 1996, doi: 10.1109/59.544658.

[96]   G. Lammert, A. Klingmann, Ch. Hachmann, D. Lafferte, H. Becker, T. Paschedag, W. Heckmann, M. Braun, "Modelling of Active Distribution Networks for Power System Restoration Studies," *IFAC-PapersOnLine*, Bd. 51, Nr. 28, S. 558–563, 2018, doi: 10.1016/j.ifacol.2018.11.762.

[97]   VDE FNN Hinweis, "Netzintegration Elektromobilität: Leitfaden für eine flächendeckende Verbreitung von E-Fahrzeugen," Aug. 2019. [Online]. Verfugbar: https://www.vde.com/resource/blob/1896384/8dc2a98adff3baa259dbe98ec2800bd4/fnn-hinweis--netzintegration-e-mobilitaet-data.pdf (abgerufen: 19.06.2020).

[98]   M. Landau, J. Prior, R. Gaber, M. Scheibe, R. Marklein, J. Kirchhof, "Technische Begleitforschung Allianz Elektromobilität – TEBALE: Abschlussbericht," Fraunhofer-Institut für Windenergie und Energiesystemtechnik, IWES Institutsteil Kassel, 2016.

[99]   M. Aziz, T. Oda, "Simultaneous quick-charging system for electric vehicle," *Energy Procedia*, Bd. 142, S. 1811–1816, 2017, doi: 10.1016/j.egypro.2017.12.568.

[100] C. Desbiens, "Electric Vehicle Model for Estimating Distribution Transformer Load for Normal and Cold-Load Pickup Conditions," in *IEEE PES innovative smart grid technologies (ISGT), 2012: Conference; 16 – 20 Jan. 2012, Washington, DC, USA*, Washington, DC, USA, 2012, S. 1–6.

[101] 50Hertz Transmission GmbH, Amprion GmbH, TenneT TSO GmbH, TransnetBW GmbH, „Netzentwicklungsplan 2035 (2021)". [Online]. Verfügbar: https://www.netzentwicklungsplan.de/de/netzentwicklungsplaene/netzentwicklungsplan-2035-2021 (abgerufen: 27.08.2020).

[102] CIGRÉ Technical Brochure, "Modelling and aggregation of loads in flexible power networks", Ref. 566, C4, WG C4.605, 2014.

[103] J. Milanovic, K. Yamashita, S. Martinez, S. Djokic, L. Korunovic, "International industry practice on power system load modelling," in *2014 IEEE PES General Meeting | Conference & Exposition*, National Harbor, MD, USA, Jul. 2014 – Jul. 2014, p. 1.

[104] J. Bömer, K. Burges, P. Zolotarev, J. Lehner, "Auswirkungen eines hohen Anteils dezentraler Erzeugungsanlagen auf die Netzstabilität bei Überfrequenz & Entwicklung von Lösungsvorschlägen zu deren Überwindung: Langfassung," Ecofys, IFK, Sep. 2011. [Online]. Verfügbar: https://www.solarwirtschaft.de/fileadmin/media/pdf/ecofys_50_2_hertz.pdf (abgerufen: 18.09.2020).

[105] F. Oechsle, D. Stöckle, F. Biesinger, "Photovoltaikanlagen im Mittel- und Niederspannungsnetz: Verhalten bei Netzwiederaufbau," *ew-Spezial. Erneuerbare Energien*, III, S. 16–20, 2014, ISSN 1619-5795-D 9875 D.

[106] H. Wirth, "Aktuelle Fakten zur Photovoltaik in Deutschland," Fraunhofer-Institut für Solare Energiesysteme ISE, Jun. 2020. [Online]. Verfügbar: https://www.ise.fraunhofer.de/content/dam/ise/de/documents/publications/st udies/aktuelle-fakten-zur-photovoltaik-in-deutschland.pdf (abgerufen: 18.09.2020).

[107] W. Y. Teoh, C. W. Tan, "An Overview Of Islanding Detection Methods In Photovoltaic Systems," *World Academy of Science, Engineering and Technology*, Bd. 58, S. 674-682, 2011, doi: 10.5281/ZENODO.1061625.

[108] K. Schmalfeld, "Inselnetzerkennungsmethoden für dezentrale Erzeuger im Verteilnetz," Forschungsarbeit, Institut für Energieübertragung und Hochspannungstechnik, Universität Stuttgart, Stuttgart, 2017, nicht öffentlich.

[109] H. Wang, F. Liu, Y. Kang, J. Chen, X. Wei, "Experimental Investigation on Non Detection Zones of Active Frequency Drift Method for Anti-islanding," in *33rd annual conference of the IEEE Industrial Electronics Society, 2007: IECON 2007: 5 – 8 Nov. 2007, the Grand Hotel, Taipei, Taiwan*, Taipei, Taiwan, 2007, S. 1708–1713.

[110] H. W. Weber, M. Hladky, T. Haase, S. Spreng, C.N. Moser, "High Quality Modelling of Hydro Power Plants for Restoration Studies," in *15th Triennial World Congress*, Barcelona, Spanien, 2002. [Online]. Verfügbar: https://www.iee.uni-rostock.de/storages/uni-rostock/Alle_IEF/IEE/Publikationen_EEV/HIGH_QUALITY_MODELLING_O F_HYDRO_POWER_PLANTS_FOR_RESTORATION_STUDIES.pdf (abgerufen: 12.03.2021).

[111] J. Giesecke, S. Heimerl, E. Mosonyi, *Wasserkraftanlagen: Planung, Bau und Betrieb*, 6. Auflage, Berlin: Springer Vieweg, 2014, ISBN 978-3-642-53871-1.

[112] Working Group Prime Mover and Energy Supply, "Hydraulic turbine and turbine control models for system dynamic studies," *IEEE Transactions on Power Systems*, Bd. 7, Nr. 1, S. 167–179, 1992, doi: 10.1109/59.141700.

[113] Mathworks Internetportal, *Hydraulic Turbine and Governor. Model hydraulic turbine and proportional-integral-derivative (PID) governor system.* [Online]. Verfügbar: https://www.mathworks.com/help/sps/powersys/ref/hydraulicturbineandgovernor.html;jsessionid=be259094ee41a2951c862a915efa (abgerufen: 17.03.2020).

[114] J. Undrill, J. Woodward, "Nonlinear Hydro Governing Model and Improved Calculation for Determining Temporary Droop," *IEEE Transactions on Power Apparatus and Systems*, PAS-86, Nr. 4, S. 443–453, 1967, doi: 10.1109/TPAS.1967.291853.

[115] S.P. Mansoor, D.I. Jones, D.A. Bradley, F.C. Aris, G.R. Jones, "Reproducing oscillatory behaviour of a hydroelectric power station by computer simulation," *Control Engineering Practice*, Bd. 8, Nr. 11, S. 1261–1272, 2000, doi: 10.1016/S0967-0661(00)00068-X.

[116] M. L. Crow, *Computational Methods for Electric Power Systems, Second Edition*, 2. Auflage. Hoboken: CRC Press, 2009, ISBN 978-1-4200-8661-4.

[117] *Gesetz für den Ausbau erneuerbarer Energien: EEG 2017*, 2016. [Online]. Verfügbar: https://www.gesetze-im-internet.de/eeg_2014/EEG_2017.pdf (abgerufen: 24.04.2020).

[118] G. Weiss, Hrsg., *Multiagent systems: A modern approach to distributed artificial intelligence*, 2. Auflage. Cambridge, Mass.: MIT Press, 2000, ISBN 0-262-23203-0.

[119] M. J. Wooldridge, *An introduction to multiagent systems.* Chichester: Wiley, 2008, ISBN 0-471-49691-X.

[120] S. D. J. McArthur, E. M. Davidson, V. M. Catterson, A. L. Dimeas, N. D. Hatziargyriou, F. Ponci, T. Funabashi, "Multi-Agent Systems for Power Engineering Applications—Part I: Concepts, Approaches, and Technical Challenges," *IEEE Transactions on Power Systems*, Bd. 22, Nr. 4, S. 1743–1752, 2007, doi: 10.1109/TPWRS.2007.908471.

[121] M. N. Huhns, L. M. Stephens, "Multiagent Systems and Societies of Agents," in *Multiagent systems: A modern approach to distributed artificial intelligence*, G. Weiss, Hrsg., 2. Auflage, Cambridge, Mass.: MIT Press, 2000, ISBN 0-262-23203-0.

[122] C. Rehtanz, *Autonomous systems and intelligent agents in power system control and operation.* Berlin: Springer, 2003, ISBN 3540402020.

[123] S. D. J. McArthur, E. M. Davidson, V. M. Catterson, A. L. Dimeas, N. D. Hatziargyriou, F. Ponci, T. Funabashi, "Multi-Agent Systems for Power Engineering Applications—Part II: Technologies, Standards, and Tools for Building Multi-agent Systems," *IEEE Transactions on Power Systems*, Bd. 22, Nr. 4, S. 1753–1759, 2007, doi: 10.1109/TPWRS.2007.908472.

[124] R. Roche, F. Lauri, B. Blunier, A. Miraoui, A. Koukam, "Multi-Agent Technology for Power System Control," in *Green energy and technology, Power electronics for renewable and distributed energy systems: A sourcebook of topologies, control and integration*, S. Chakraborty, M. G. Simões, W. E. Kramer, Hrsg., London: Springer, 2013, DOI: 10.1007/978-1-4471-5104-3_15, S. 567–609. [Online]. Verfügbar: https://doi.org/10.1007/978-1-4471-5104-3_15 (abgerufen: 22.05.2020).

[125] M. Wooldridge, "Intelligent Agents," in *Multiagent systems: A modern approach to distributed artificial intelligence*, G. Weiss, Hrsg., 2. Auflage, Cambridge, Mass.: MIT Press, 2000, ISBN 0-262-23203-0.

[126] FIPA Homepage. *Welcome to the Foundation for Intelligent Physical Agents.* [Online]. Verfügbar: http://www.fipa.org/ (abgerufen: 04.08.2020).

[127] F. Bellifemine, G. Caire, D. Greenwood, *Developing multi-agent systems with JADE.* Chichester: Wiley, 2007, ISBN 978-0-470058-40-4.

[128] M. Banka, K. Rudion, "Integrated Simulation Environment for Investigation of Multi-Agent Systems in Smart Grids Applications," in *2019 Modern Electric Power Systems (MEPS)*, Wroclaw, Poland, Sep. 2019 - Sep. 2019, S. 1–6.

[129] Matpower Homepage. *MATPOWER – Free, open-source tools for electric power system simulation and optimization.* [Online]. Verfügbar: https://matpower.org/ (abgerufen: 14.06.2021).

[130] J. G. Gomez-Gualdron, M. Velez-Reyes, "Simulating a Multi-Agent based Self-Reconfigurable Electric Power Distribution System," in *2006 IEEE Workshops on Computers in Power Electronics*, 2006, S. 1–7.

[131] M. Sysel, "MATLAB/Simulink TCP/IP Communication," in *Proceedings of the WSEAS/NAUN international conferences, Corfu Island, Greece, July 14 - 17, 2011*, N. Mastorakis, V. Mladenov, Hrsg., Athens: WSEAS Press, 2011, S. 71–75.

[132] MathWorks Internetportal. *MATLAB S-Function Basics: Principles of S-function implementation.* [Online]. Verfügbar: https://de.mathworks.com/help/simulink/s-function-basics-matlab.html (abgerufen: 10.08.2020).

[133] Microsoft Internetportal. *About Winsock*. [Online]. Verfügbar: https://docs.microsoft.com/en-us/windows/desktop/winsock/about-winsock (abgerufen: 10.08.2020).

[134] Hydro-Québec, "Simscape™ Electrical™: Reference (Specialized Power Systems)." [Online]. Verfügbar: https://de.mathworks.com/help/releases/R2018b/pdf_doc/physmod/sps/pow ersys_ref.pdf (abgerufen: 11.09.2020).

[135] Mathworks Internetportal. *Curve Fitting Toolbox*. [Online]. Verfügbar: https://www.mathworks.com/products/curvefitting.html (abgerufen: 14.06.2021).

[136] Netze BW GmbH, „Strukturdaten," online Datensatz. [Online]. Verfügbar: https://assets.ctfassets.net/xytfb1vrn7of/4Yp0I93ZzomvVv0tUXQzzD/96c96 83655f0909e9cc81e8ef19c1434/IV_Netze-BW_2019_33-39_Strukturdaten_Strom_20200626.pdf (abgerufen: 27.08.2020).

[137] 50Hertz Transmission GmbH, Amprion GmbH, TenneT TSO GmbH, TransnetBW GmbH, "Bericht der deutschen Übertragungsnetzbetreiber zur Leistungsbilanz 2017-2021," Jan. 2019. [Online]. Verfügbar: https://www.netztransparenz.de/portals/1/Content/Ver%C3%B6ffentlichung en/Bericht_zur_Leistungsbilanz_2018.pdf (abgerufen: 27.08.2020).

[138] Y. Saint-Drenan, S. Bofinger, N. Gerhardt, M. Sterner, K. Rohrig, "Summenganglinien für Energie 2.0: Abschlussbericht," Institüt für Solare Energieversorgungstechnik, ISET e.V. Abteilung Energiewirtschaft und Netzbetrieb, Kassel, Apr. 2009. [Online]. Verfügbar: https://hans-josef-fell.de/wp-content/uploads/studienkund-analysen/20090615_ISET-Studie_zu_Energie_2_0.pdf (abgerufen: 27.08.2020).

[139] Bundesverband der Energie- und Wasserwirtschaft e.V., „BDEW-Kraftwerksliste: In Bau oder Planung befindliche Anlagen ab 20 Megawatt (MW) Leistung," 2019. [Online]. Verfügbar: https://www.bdew.de/media/documents/PI_20190401_BDEW-Kraftwerksliste.pdf (abgerufen: 27.08.2020).

[140] Bundesnetzagentur für Elektrizität, Gas, Telekommunikation, Post und Eisenbahnen, "Kraftwerksliste der Bundesnetzagentur: Stand: 01.04.2020," Apr. 2020. [Online]. Verfügbar: https://www.bundesnetzagentur.de/DE/Sachgebiete/ElektrizitaetundGas/Un terneh-men_Institutionen/Versorgungssicherheit/Erzeugungskapazitaeten/Kraftwer ksliste/kraftwerksliste-node.html (abgerufen: 27.08.2020.).

[141] Bundesverband der Energie- und Wasserwirtschaft e.V., „Standardlastprofile Strom." [Online]. Verfügbar: https://www.bdew.de/energie/standardlastprofile-strom/ (abgerufen: 28.11.2020).

[142] Stadtwerke Emmendingen GmbH, „Lastprofile | Stadtwerke Emmendingen GmbH." [Online]. Verfügbar: https://swe-emmendingen.de/stromnetz/lastprofile/ (abgerufen: 28.11.2020).

[143] O. Laribi, K. Rudion, H. Nägele, "Combined Grid-supporting and Market-based Operation Strategy for Battery Storage Systems," in *2020 6th IEEE International Energy Conference (ENERGYCon)*, 28.09.-01.10.2020, Tunis, Tunesia, S. 296–301.

[144] O. Laribi, *Optimized Planning of Distribution Power Grids considering Conventional Grid Expansion, Battery Systems and Dynamic Power Curtailment*, 1. Auflage., Dissertation, Institut für Energieübertragung und Hochspannungstechnik, Universität Stuttgart, Norderstedt: BoD – Books on Demand, 2022, ISBN 978-3-75685-1.

[145] T. Ochi, D. Yamashita, K. Koyanagi, R. Yokoyama, "The development and the application of fast decoupled load flow method for distribution systems with high R/X ratios lines," in *2013 IEEE PES Innovative Smart Grid Technologies Conference (ISGT)*, Feb 24-27,2013, Washington, DC, USA, S. 1–6.

[146] R. Zajczyk, "Stabilność napięciowa podsystemu elektroenergetycznego," *Acta Energetica*, S. 62–74, 2010. [Online]. Verfügbar: https://mostwiedzy.pl/pl/publication/stabilnosc-napieciowa-podsystemu-elektroenergetycznego,115154-1 (abgerufen: 13.03.2020).

[147] M. Brenna, E. D. Berardinis, F. Foiadelli, G. Sapienza, D. Zaninelli, "Voltage Control in Smart Grids: An Approach Based on Sensitivity Theory," *JEMAA*, Bd. 02, Nr. 08, S. 467–474, 2010, doi: 10.4236/jemaa.2010.28062.

[148] I. Bielchev, M. Richter, M. Banka, P. Trojan, Z. A. Styczynski, A. Naumann, P. Komarnicki, "Dynamic distribution grid management through the coordination of decentralized power units," in *IEEE Power & Energy Society general meeting, 2015: 26 - 30 July 2015, Denver, CO, USA*, Piscataway, NJ: IEEE, 2015. [Online]. Verfügbar: http://dx.doi.org/10.1109/PESGM.2015.7286124 (abgerufen: 03.05.2020).

[149] J. Silva, J. Sumaili, R. J. Bessa, L. Seca, M. A. Matos, V. Miranda, M. Caujolle, B. Goncer, M. Sebastian-Viana, "Estimating the Active and Reactive Power Flexibility Area at the TSO-DSO Interface," *IEEE Transactions on Power Systems*, Bd. 33, Nr. 5, S. 4741–4750, 2018, doi: 10.1109/TPWRS.2018.2805765.

[150] D. A. Contreras, K. Rudion, "Improved Assessment of the Flexibility Range of Distribution Grids Using Linear Optimization," in *2018 Power Systems Computation Conference (PSCC)*, 11-15 Jun. 2018, Dublin, Ireland, S. 1–7.

[151] Mathworks Internetportal. *Area of polyshape - MATLAB area*. [Online]. Verfügbar: https://www.mathworks.com/help/matlab/ref/polyshape.area.html?searchHi ghlight=polyshape&s_tid=srchtitle (abgerufen: 04.08.2021).

[152] C. Nguyen Mau, "Electric power system stability enhancement by voltage source converter based high voltage direct current technology," Disseration, Fakultät für Elektro- und Informationstechnik, Otto von Guericke Universität Magdeburg, 2012, ISBN 978-3-940961-84-6.

[153] J. Nocedal, S. J. Wright, *Numerical Optimization*. New York, NY: Springer Science+Business Media LLC, 2006, ISBN 978-0387-30303-1.

[154] MathWorks, "Simulink® Design Optimization™: User's Guide." [Online]. Verfügbar: https://de.mathworks.com/help/pdf_doc/sldo/sldo_ug.pdf (abgerufen: 08.10.2020).

[155] "Dioden," in *Vieweg Handbuch Elektrotechnik*, W. Böge, Hrsg., Wiesbaden: Springer Fachmedien, 2007, ISBN 978-3-8348-9217-1, S. 322–340.

[156] National Renewable Energy Laboratory, *System Advisor Model: SAM 2014.1.14*, [Online]. Verfügbar: https://sam.nrel.gov/download/version-2014-1-14.html (abgerufen: 11.09.2020).

[157] R. Haselhuhn, *Photovoltaische Anlagen. Leitfaden für das Elektro- und Dachdeckerhandwerker, für Fachplaner, Architekten, Bauherren und Weiterbildungsinstitutionen*, 3. Aufl., Berlin, DGS, 2008, ISBN 978-3-0002-3734-8.

[158] Mathoworks Internetportal. *Find minimum of function using genetic algorithm - MATLAB ga*. [Online]. Verfügbar: https://www.mathworks.com/help/gads/ga.html (abgerufen: 12.07.2021).